普通高等院校环境科学与工程类系列规划教材

物理性污染控制工程

（第2版）

主　编　何德文
副主编　薛生国　江　钧

中国建材工业出版社

图书在版编目(CIP)数据

物理性污染控制工程/何德文主编. --2版. --北京：中国建材工业出版社，2023.6

普通高等院校环境科学与工程类系列规划教材

ISBN 978-7-5160-3703-4

Ⅰ.①物… Ⅱ.①何… Ⅲ.①环境物理学—高等学校—教材 Ⅳ.①X12

中国国家版本馆CIP数据核字（2023）第007446号

内容简介

“物理性污染控制工程”是高等学校环境工程专业的一门重要专业必修课，编写本书的目的是让该专业师生将物理性污染与传统“三废”一并重视起来。本书较全面地介绍了噪声、振动、电磁场、放射性、热、光等物理要素的污染原理、危害及控制措施，并设计了相关的课程实验，涵盖面广，内容前沿、丰富，取材符合环境工程人才培养目标，符合该课程和实验教学的要求，能完整地表达本课程应有的知识，较好地反映学科的先进成果和技术进展。

本书可作为高等院校环境科学、环境工程、市政工程等专业的教材，也可作为从事环境保护工作的专业技术人员和管理人员的参考书。

物理性污染控制工程（第2版）

WULIXING WURAN KONGZHI GONGCHENG (DI-ER BAN)

主　编　何德文

副主编　薛生国　江　钧

出版发行：中国建材工业出版社

地　　址：北京市海淀区三里河路11号

邮　　编：100831

经　　销：全国各地新华书店

印　　刷：北京印刷集团有限责任公司

开　　本：787mm×1092mm　1/16

印　　张：13.75

字　　数：320千字

版　　次：2023年6月第2版

印　　次：2023年6月第1次

定　　价：49.80元

本社网址：www.jccbs.com，微信公众号：zgjcgycbs

请选用正版图书，采购、销售盗版图书属违法行为

本书如有印装质量问题，由我社市场营销部负责调换，联系电话：（010）57811387

本书编写委员会

主　编： 何德文　（中南大学）

副主编： 薛生国　（中南大学）
江　钧　（中南大学）

参　编： 陈　伟　（中南大学）
蒋崇文　（中南大学）
刘兴旺　（湘潭大学）
秦普丰　（湖南农业大学）
吴　川　（中南大学）
肖羽堂　（华南师范大学）
翟云波　（湖南大学）
张聪璐　（沈阳药科大学）
朱　锋　（中南大学）

前言（第2版） Preface

随着科学技术的进步和社会的发展，人们的生活水平显著提高，但几十年来人类赖以生存、发展的环境和资源却遭到破坏，除了大气、水和土壤的污染威胁着人们的生活外，城市的噪声、电磁辐射、热污染、光污染等物理性污染也成为影响和干扰人类生产生活、破坏生态环境的重要因素。为了避免环境污染和生态破坏，保证人体健康，提高生产效率，我们必须对物理性污染进行控制和治理。

“物理性污染控制工程”是高等学校环境工程专业的一门重要专业必修课，编写本书的目的是让该专业师生将物理性污染与传统“三废”一并重视起来。本书较全面地介绍了噪声、振动、电磁场、放射性、热、光等物理要素的污染原理、危害及控制措施，并设计了相关的课程实验，涵盖面广，内容前沿、丰富，取材符合环境工程人才培养目标，符合该课程和实验教学的要求，能完整地表达本课程应有的知识，较好地反映学科的先进成果和技术进展。

本书是在中国建材工业出版社 2015 年 9 月出版的《物理性污染控制工程》基础上经再次修订而成的。此次修订由中南大学、湖南大学、湘潭大学、湖南农业大学、沈阳药科大学相关专家完成。全书由中南大学何德文教授主编，中南大学薛生国教授和江钧副教授担任副主编，内容共分为 8 章。第 1、2 章由何德文、薛生国、吴川编写，第 3、4 章由翟云波、何德文、江钧编写，第 5、6、7 章由何德文、江钧、张聪璐、肖羽堂编写，第 8 章由薛生国、江钧、吴川、朱锋、陈伟编写，参与本书编写的还有秦普丰、蒋崇文、刘兴旺。全书由何德文教授修改定稿，江钧在全书的编写过程中做了大量的文字校对工作。

本书可作为高等院校环境科学、环境工程、市政工程等专业的教材，也可作为从事环境保护工作的专业技术人员和管理人员的参考书。

本书在编写过程参考了一些相关论文、书籍和手册等文献，在此对其作者一并表示感谢。

因时间关系以及编者水平所限，书中疏漏与不足在所难免，恳请读者予以批评指正。

编　者

2023 年 2 月

前言 | Preface

随着科技的进步、社会的发展，人们的生活水平显著提高，但人类赖以生存和发展的环境和资源遭到越来越严重的破坏，除了大气、水、土壤的污染威胁着人们的生活，同时城市的噪声、电磁辐射、热污染、光污染等也已成为影响和干扰人类生活、工作和学习的重要因素。为了避免环境污染和生态破坏，保证人类健康，必须对物理性污染进行控制和治理。

《物理性污染控制工程》是高等学校环境工程专业的一门重要专业基础课，编写本书的目的是将对物理性污染的认识与传统“三废”一并重视起来。本书较全面地介绍了噪声、振动、电磁场、放射性、热、光等物理要素的污染原理、危害及防范控制措施，涵盖面广，内容前沿、丰富，取材符合环境工程人才培养目标及课程教学的要求，能完整表达本课程应有的知识，较好地反映学科的先进成果和技术进展。

全书由中南大学何德文教授主编，沈阳药科大学张聪璐副教授和中南大学柴立元教授担任副主编，内容共分为7章，第1章由何德文、翟云波、张聪璐编写，第2章由何德文、柴立元、刘兴旺编写，第3章和第4章由翟云波、何德文编写，第5章和第6章由张聪璐、何德文编写，第7章由何德文、张聪璐编写。参加本书编写的还有黄锐、秦普丰，全书由何德文修改定稿，张聪璐在全书的编写过程中做了大量的文字校对工作。

本教材可作为高等院校环境科学、环境工程、市政工程等专业研究生、本科生和专科生教材，也可作为从事环境保护工作的专业技术人员和管理人员的参考书。

本书在编写过程中参考了一些相关论文、书籍和手册等文献，在此一并表示感谢。

最后因时间关系以及编者水平和知识所限，书中疏漏与不足之处在所难免，恳请读者予以批评指正。

编　者

目录 Contents

1 绪　　论

内容提要：本章主要介绍了环境、环境质量和环境问题的内涵，在此基础上引出物理环境及其污染，以及物理性污染的研究内容、防治策略和原则；概述了环境物理学的学科体系的内容框架以及与相关学科的联系。要求重点掌握物理性环境、分类以及物理性污染的定义和特点；明确学习物理性污染控制工程课程的目的和意义。

世界面临着严重的资源与环境危机，环境污染形势日益严峻。根据《环境工程技术分类与命名》（HJ 496—2009）的分类，环境工程技术分为水污染控制工程技术、大气污染控制工程技术、固体废物污染控制工程技术、物理污染控制工程技术、生态修复工程技术。物理环境中的声、光、热、电磁场等在环境中普遍存在，本身对人类无害，但在环境中的含量过高或过低时，将会造成污染或异常。“物理性污染控制工程”是环境工程专业的一门专业组成课，主要研究有关噪声、振动、电磁、放射性污染、热污染和光污染等物理性污染的概念、危害、评价及控制手段的一门专业课程，可以为物理性污染治理提供理论依据。

1.1 环境及环境问题

1.1.1 环境与环境质量

1. 环境概念

环境是人类生存和活动的场所，也是向人类提供生产和消费所需要的自然资源的供应基地。《中华人民共和国环境保护法》明确指出：“本法所称环境，是指影响人类生存和发展的各种天然的和经过人工改造的自然因素的总体，包括大气、水、海洋、土地、矿藏、森林、草原、湿地、野生生物、自然遗迹、人文遗迹、自然保护区、风景名胜区、城市和乡村等。”其中，“影响人类生存和发展的各种天然的和经过人工改造的自然因素的总体”，就是环境的科学而又概括的定义。它有两层含义：

第一，环境法所说的环境，是指以人为中心的人类生存环境，关系到人类的毁灭与生存。同时，环境又不是泛指人类周围的一切自然的和社会的客观事物整体。比如，银河系，我们并不把它包括在环境这个概念中。所以，环境保护所指的环境，是人类生存环境，是作用于人类并影响人类生存和发展的外界事物。

第二，随着人类社会的发展，环境概念也在发展。如现阶段没有把月球视为人类的生存环境，但是随着宇宙航行和空间科学的发展，月球将有可能成为人类生存环境的组成部分。

2. 环境质量

环境质量包括环境的整体质量（或综合质量），如城市环境质量和各环境要素的质量，即大气环境质量、水环境质量、土壤环境质量、生态环境质量。

表征环境质量的优劣或变化趋势常采用一组参数，可称为环境质量参数。它们是对环境组成要素中各种物质的测定值或评定值。例如，以 pH 值、化学需氧量、溶解氧浓度和微量有害化学元素的含量、农药含量、细菌菌群数等参数表征水环境质量。

为了保护人体健康和生物的生存环境，以对污染物（或有害因素）的含量做出限制性规定，或者根据不同的用途和适宜性，要将环境质量分为不同的等级，并规定其污染物含量限值或某些环境参数（如水中溶解氧）的要求值，这就构成了环境质量标准。这些标准就成为衡量环境质量的尺度。

1.1.2 环境组成与基本特性

1. 环境组成

人类生存环境是庞大而复杂的多级大系统，它包括自然环境和社会环境两大部分。

（1）自然环境

自然环境是人类赖以生存、生活和生产所必需的自然条件和自然资源的总称，即阳光、温度、气候、地磁、空气、水、岩石、土壤、动植物、微生物以及地壳的稳定性等自然因素的总和，用一句话概括就是“直接或间接影响到人类的一切自然形成的物质、能量和自然现象的总体”，有时简称为环境。

自然环境亦可以看作由地球环境和外围空间环境两部分组成。地球环境对于人类具有特殊的重要意义，它是人类赖以生存的物质基础，是人类活动的主要场所。据目前所知，在千万亿个天体中，能适于人类生存者，只发现地球这一个天体。外围空间环境是指地球以外的宇宙空间，理论上它的范围无穷大。不过在现阶段，由于人类活动的范围还主要限于地球，对广袤的宇宙还知之甚少，因而还没有明确地把其列入人类环境的范畴。

（2）社会环境

社会环境是指人类的社会制度等上层建筑条件，包括社会的经济基础、城乡结构以及同各种社会制度相适应的政治、经济、法律、宗教、艺术、哲学的观念与机构等。它是人类在长期生存发展的社会劳动中所形成的，是在自然环境的基础上，人类通过长期有意识的社会劳动，通过加工和改造所创造的物质生产体系，以及所积累的物质文化等构成的总和。社会环境是人类活动的必然产物，它一方面可以对人类社会进一步发展起促进作用，另一方面又可能成为束缚因素。社会环境是人类精神文明和物质文明的一种标志，并随着人类社会发展不断地发展和演变，社会环境的发展与变化直接影响到自然环境的发展与变化。人类的社会意识形态、社会政治制度，如对环境的认识程度，保护环境的措施，都会对自然环境产生重大影响。近代环境污染的加剧正是由于工业迅猛发展所造成的，因而在研究中不可把自然环境和社会环境截然分开。

中国以及世界上其他国家颁布的环境保护法规中，对环境一词所作的明确具体界定，是从环境学含义出发所规定的法律适用对象或适用范围，目的是保证法律的准确实施，它不需要也不可能包括环境的全部含义。如《中华人民共和国环境保护法》把环境定义为："影响人类生存和发展的各种天然的和经过人工改造的自然因素的总体，包括大气、水、海洋、土地、矿藏、森林、草原、湿地、野生生物、自然遗迹、人文遗迹、自然保护区、风景名胜区、城市和乡村等。"

随着人类社会的发展，环境概念也在发展。有人根据月球引力对海水潮汐有影响的事实，提出月球能否视为人类的生存环境？我们的回答是：现阶段没有把月球视为人类的生存环境，任何一个国家的环境保护法也没有把月球规定为人类的生存环境，因为它对人类的生存发展影响太小了。但是，随着宇宙航行和空间科学的发展，总有一天人类不但要在月球上建立空间实验站，还要开发利用月球上的自然资源，使地球上的人类频繁往来于月球和地球之间。到那时，月球当然就会成为人类生存环境的重要组成部分。特别是人们已经发现地球的演化发展规律，同宇宙天体的运行有着密切的联系，如反常气候的发生，就同太阳的周期性变化紧密相关。所以从某种程度上说，宇宙空间终归是我们环境的一部分，我们要用发展的、辩证的观点来认识环境。

2. 环境基本特性

环境的特性可以从不同的角度来认识和表述。从与环境影响评价有密切关系出发，可把环境系统的特性归纳为如下几点。

（1）整体性与区域性

环境的整体性体现在环境系统的结构和功能方面。环境系统的各要素或各组成部分之间通过物质、能量流动网络而彼此关联，在不同时刻呈现出不同的状态。环境系统的功能也不是各组成要素功能的简单叠加，而是由各要素通过一定的联系方式所形成的与结构紧密相关的功能状态。

环境的整体性是环境最基本的特性。因此，对待环境问题也不能用孤立的观点。任何一种环境因素的变化，都可能导致环境整体质量的降低，并最终影响到人类的生存和发展。例如，燃煤排放 SO_2，恶化了大气环境质量；酸沉降酸化水体和土壤，进而导致水生生态系统和农业生态环境质量恶化，因而减少了农业产量并降低了农产品的品质。

同时，环境又有明显的区域差异，这一点生态环境表现得尤为突出。内陆的季风和逆温、滨海的海陆风，就是地理区域不同导致的大气环境差异。海南岛是热带生态系统，西北内陆却是荒漠生态系统，这是气候不同造成的生态环境差异。因此研究环境问题又必须注意其区域差异造成的差别和特殊性。

（2）变动性和稳定性

环境的变动性是指在自然的、人为的、或两者共同的作用下，环境的内部结构和外在状态始终处于不断变化之中。环境的稳定性是相对于变动性而言的。所谓稳定性是指环境系统具有一定的自我调节功能的特性，也就是说，环境结构与状态在自然的和人类社会行为的作用下，所发生的变化不超过这一限度时，环境可以借助于自身的调节功能使这些变化逐渐消失，环境结构和状态可以基本恢复到变化前的状态。例如，生态系统的恢复、水体自净作用等，都是这种调节功能的体现。

环境的变动性和稳定性是相辅相成的。变动是绝对的，稳定是相对的。前述的"限度”是决定能否稳定的条件，而这种“限度”由环境本身的结构和状态决定。目前的问题是由于人口快速增长，工业迅速发展，人类干扰环境和无止境的需求与自然的供给不成比例，各种污染物与日俱增，自然资源日趋枯竭，从而使环境发生剧烈变化，破坏了其稳定性。

（3）资源性与价值性

环境提供了人类存在和发展的空间，同时也提供了人类必需的物质和能量。环境为人类生存和发展提供必需的资源，这就是环境的资源性。也可以说，环境就是资源。

环境资源包括空气资源、生物资源、矿产资源、淡水资源、海洋资源、土地资源、森林资源等。这些环境资源属于物质层面的。环境提供的美好景观、广阔的空间，是另一类可满足人类精神需求的资源。环境也提供给人类多方面的服务，尤其是生态系统的环境服务功能，如涵养水源、防风固沙、保持水土等，都是人类不可缺少的生存与发展条件。

环境具有资源性，当然就具有价值性。人类的生存与发展，社会的进步，一刻都离不开环境。从这个意义上来看，环境具有不可估量的价值。

对于环境的价值，有一个如何认识和评价的问题。从历史的发展来看，最初人们从环境中取得物质资料，满足生活和生产的需要，这是自然的行为，对环境造成的影响也不大。在长期的固有观念中，形成环境资源是取之不尽、用之不竭的观念，或者说环境无所谓价值，环境无价值。随着人类社会的发展进步，特别是自工业革命以来，人类社会在经济、技术、文化等方面都得到突飞猛进的发展，人类对环境的要求增加，干预环境的程度、范围、方式等，都大大不同于以往，对环境的索取力度加大。环境污染的产生，危害人类健康；环境资源的短缺，阻碍社会经济的可持续发展。人们开始认识到环境价值的存在。但不同的地区，由于文化传统、道德观念以及社会经济水平等的不同，所认为的环境价值往往有差异。

环境价值是一个动态的概念，随着社会的发展，环境资源日趋稀缺，人们对环境价值的认识在不断深入，环境的价值正在迅速被发现。有些原先并不认为有价值的东西，也变得十分珍贵了。例如，阳光、海水、沙滩，现称“3S”资源，在农业社会是无所谓价值的，但在工业社会和城市化高度发展的今天，它们已成为旅游业的资源基础。从这点出发，对环境资源应持动态的、进步的观点。

3. 环境功能

环境功能是指以相对稳定的、有序结构的环境系统为人类和其他生命体的生存发展所提供的有益用途和相对价值。对人类和其他生物来说，环境最基本的功能包含三方面：其一为空间功能，指环境提供人类和其他生物栖息、生长、繁衍的场所，且这种场所是适合生存发展要求的；其二为营养功能，这是广义上的营养，包含环境提供的人类及其他生物繁衍所必需的各类营养物质及各类资源、能源（后者主要针对人类而言）；其三是调节功能，如森林具有蓄水、防止水土流失、吸收二氧化碳、放出氧气、调节大气等功能。

对人类来说，当其开发利用自然环境系统或半自然半人工环境时，应通过环境建设来扩大它们的功能，逐步实现人类与自然的和谐；否则，环境功能就会逐渐衰退直至消失，人类和其他生命生存发展的环境资源遭到破坏，造成人类与自然的对抗。

1.1.3 环境问题

环境问题是指由于人类活动作用于周围环境所引起的环境质量变化，以及这种变化对人类的生产、生活和健康造成的影响。人类在改造自然环境和创建社会环境的过程中，自然环境仍以其固有的自然规律变化着。社会环境一方面受自然环境的制约，也以其固有的规律运行着。人类与环境不断地相互影响和作用，产生环境问题。当前世界面临如下环境问题：环境污染出现了范围扩大、难以防范、危害严重的特点，自然环境和自然资源难以承受高速工业化、人口剧增和城市化的巨大压力，自然灾害显著增加。

1. 环境问题的分类

环境问题分类的方法有很多，按照导致环境问题的因素进行分类，主要有原生环境问题和次生环境问题两类。

（1）原生环境问题

原生环境问题也称第一环境问题，是指由于自然力引起的环境问题。这类环境问题的产生是由地球自身物质与能量的分布不均衡造成的。一般情况下，原生环境问题多以自然灾害的形式出现，而且一般不可预见和预防。例如，火山爆发、地震、海啸、洪涝、干旱、台风、崩塌、滑坡、泥石流，以及区域自然环境质量恶劣所引起的地方病等。

（2）次生环境问题

由于人类活动引起的环境问题叫作次生环境问题，也叫第二环境问题。次生环境问题一般又分为生态破坏和环境污染两方面。

① 生态破坏。是指人类不合理的开发、利用造成森林、草原等自然生态环境遭到破坏，从而使人类、动物、植物的生存条件发生恶化的现象。如：水土流失、土地荒漠化、土壤盐碱化、生物多样性减少等。生态破坏造成的后果往往需要很长的时间才能恢复，有些甚至是不可逆的。例如，我国黄土高原的水土流失、西北的土地荒漠化等均属于此类情况。

② 环境污染。由于人为因素使环境的构成或状态发生变化，环境质量下降，从而干扰和破坏了生态系统和人们正常的生活和生产条件，叫环境污染。

造成环境污染的原因主要有人口增加、城市化和工农业高速发展。环境污染不仅包括物质造成的直接污染，如工业“三废”和生活“三废”，也包括由物质的物理性质和运动性质引起的污染，如热污染、噪声污染、电磁污染和放射性污染。环境污染还会衍生出许多环境效应，例如汽车尾气，除了造成大气环境质量下降之外，还会引起光化学烟雾。

2. 环境问题产生和发展

随着人类的出现、生产力的发展和人类文明水平的提高，环境问题也相伴产生，并由小范围、低程度危害，发展到大范围、对人类生存造成不容忽视的危害；由轻度污染、轻度危害向重污染、重危害方向发展。依据环境问题产生的先后和轻重程度，环境问题的发生与发展可大致分为三个阶段。

（1）环境问题的产生与生态环境早期破坏

此阶段包括人类出现以后直至产业革命的漫长时期，所以又称为早期环境问题。可以说，在原始社会，由于生产力水平极低，人类依赖自然环境，过着以采集天然动植物为生的生活。此时，人类主要是利用环境，而很少有意识地改造环境，虽然当时已经出现环境问题，但是并不突出，而且很容易被自然生态自身的调节能力所抵消。到了奴隶社会和封建社会时期，由于生产工具不断进步，生产力逐渐提高，人类学会了驯化野生动植物，出现了耕作业和渔牧业的劳动分工，即人类社会的第一次劳动大分工。由于耕作业的发展，人类利用和改造环境的力量与作用越来越大了，与此同时也产生了相应的环境问题。大量砍伐森林，破坏草原，引起严重的水土流失；兴修水利事业，往往又引起土壤盐渍化和沼泽化等。例如西亚的美索不达米亚和中国的黄河流域，是人类文明的发源地，但是由于大规模毁林垦荒，造成了严重的水土流失。

（2）城市环境问题突出和“公害”加剧

又称近代城市环境问题阶段，此阶段从产业阶段起到1984年发现南极臭氧空洞止。1776年瓦特发明了蒸汽机，迎来了英国产业革命，使生产力获得了飞跃的发展，特别是工业的发展，无论是同类企业、有生产协作关系的相关企业（如纺织厂和纺织机械厂），还是辅助性企业（如动力厂等）和相关部门（如金融、运输、通信等）设置在一起，确实有许多有利条件。这样就产生和形成许多新城市，老城市也发展扩大了。结果大批农民流入城市，城市人口迅速增加，因而城市的规模和结构布局也迅速扩大和变化。在产业化（主要是工业化）和城市化的发展过程中，出现了“城市病”这样的环境问题。

所谓“城市病”，就是城市基础设施落后，跟不上城市工业和人口发展的需要。城市基础设施主要是水（供水、排水）、电（供电、电讯）、热（供热、排热）、气（供气、排气）、路（道路和交通），此外还包括环境建设、城市防灾、园林绿化等。城市基础设施是城市社会化生产和居住生活的基本条件。城市基础设施落后，就会出现道路堵塞、交通拥堵；供水不足，排水不畅；电灯不亮，电话不通；“三废”成灾，污染严重等“城市病”的症状。

到了20世纪，人口增长迅速，世界各国城市化进程加快，城市人口占世界总人口的比重持续上升，能源和各种资源的消耗迅猛增加。人类自身的发展，人类对环境的开发利用强度之大，是人类历史上从未有过的。到了20世纪50年代末和60年代初，近地表范围内的环境污染发展到了高峰，并已成为绝大多数国家的一个重大的社会问题。

（3）全球性大气环境问题

即当代环境问题，此阶段始于1984年由英国科学家发现，1985年美国科学家证实在南极上空出现“臭氧空洞”，构成了第二次世界环境问题高潮。这一阶段环境问题的核心，是与人类生存休戚相关的“全球变暖”“臭氧层破坏”和“酸沉降”三大全球性大气环境问题，引起了各国政府和全人类的高度重视。与上次环境问题高潮相比，本次高潮有很大不同：

① 前后两次环境问题的不同。

a. 影响的范围与性质不同。前次环境问题高潮只是小范围（如城市、河流、农田）的环境污染问题；而后次环境问题出现的高潮，则是大范围的乃至全球性的环境问题。其性质不仅对某个国家、某个地区造成危害，而且对人类赖以生存的整个地球环境造成危害。由此是致命性的，又是人人难以回避的。这也就是国际社会对此大声疾呼的原因。

b. 人们关心的重点不同。前次环境问题人们关心的是环境污染对人体健康的影响，环境污染虽然也对经济造成很大损害，但问题还不突出，因此没有引起人们的应有重视。后次环境问题出现的高潮自然也包括了对人类健康的关心，但是更强调了生态破坏对经济持续发展的威胁。

c. 重视环境问题的国家不同。前次环境问题高潮主要出现在经济发达国家，而后次出现的环境问题，既包括经济发达国家，也包括了众多的发展中国家。发展中国家不仅认识到国际社会面临的环境问题已休戚相关，而且本国面临的诸多环境问题，像植被破坏和水土流失加剧造成的生态恶化循环，是比发达国家的环境污染更大、更难解决的环境问题。因此必须调整自己的发展战略，认真对待环境保护问题。

d. 解决环境问题的难易程度不同。首先污染的主要责任者直观性减弱。前次高潮出现的环境问题，污染来源较少，来龙去脉都可以搞清楚，只要一个工厂、一个地区、一个国家下决心，采取措施，污染就可以得到控制和解决。而后次出现的环境问题，污染源和破坏源众多，不仅分布广，而且来源杂，既来自人类的经济活动，又来自人类的日常活动，既来自发达国家，也来自发展中国家。解决这些环境问题只靠一国的努力很难奏效，需要众多的国家，甚至全球的共同努力才行，这就极大地增加了解决问题的难度。其次，就治理技术而言，过去的环境问题可以使用常规技术解决，而当前的环境问题却需要许多新型技术。而且，迄今为止，有些环境问题还缺乏经济、高效的新型治理技术。

两次环境问题高潮的不同，正说明第二次环境问题高潮的性质更严重，范围更广，人们关心的方面更多，重视环境保护的国家更普遍，更难于解决，环境问题确实是发展了。

综上所述，环境问题是随着经济和社会的发展而产生和发展的，老的环境问题解决了，又会出现新的环境问题。人类与环境这一对矛盾是不断运动、不断变化、永无止境的。

② 环境问题产生的原因。

a. 经济超速增长的结果。持这种看法的典型代表是罗马俱乐部梅多斯等专家学者，他们在 1972 年出版《增长的极限》一书中认为，当今人类社会所面临的环境问题，是经济呈指数增长超出环境系统供给能力的结果。据此，提出了关于增长极限和平衡发展的论点，提出“零增长”的主张。诚然，经济发展与环境问题的产生密不可分，但绝不能笼统地说，环境问题的根源就是经济发展。为了解决环境问题而停止经济发展也是不可能的，无论发达国家还是发展中国家，都不会自愿放弃发展而使国民生活水平降低或使自己的国家一直处于贫困状态。统筹协调好经济发展与环境保护的关系才是最根本的。

b. 人口快速增长的结果。截至 2016 年，全世界人口已经达到了 73 亿之多且仍在持续增长。毫无疑问，人口增长过快和由此带来的各种需求的增加，是引发全球生态危机和环境恶化的重要原因之一。所以，控制人口过快增长是缓解环境压力的重要措施。但是，将人口增长引发环境问题的重要性说成是唯一的也是不正确的，它并不是唯一的原因。而且，更为重要的是，这种观点忽略了人类对生态环境保护和建设的积极努力及取得的成就，也推卸了人类作为自然环境保护者而应负的责任。

c. 科学技术发展的产物。此观点认为，科学技术的进步导致了如今环境问题的产生与发展，即人类享受的全部现代文明生活，是因为科学技术的进步，而人类面临的全部环境问题和危机，同样也是因为科学技术的进步而引发的。应该承认，人类利用科技力量获得巨大物质财富的同时，有些技术的应用的确对自然环境造成了干扰和破坏，许多全球性环境问题的产生与现代工业的发展有关，特别是工业革命的开始阶段，对生态环境的破坏是非常严重的。但是，简单地把环境问题的产生归咎于科学技术的进步是片面的，它夸大了某些技术的负面效应，忽视了环境问题的解决主要依靠的正是科学技术不断进步这一客观事实。

上述观点的提出都有一定的客观性，但同时又都带有很大的片面性，主要是对环境问题产生根源的本质缺乏深刻认识。实际上，所谓环境问题，其实质是人类为其生存和发展，过度使用自然资源或污染环境所产生的危害人类自身生存与发展的各种负面效应。按其产生方式可将环境问题分为两大类，一类是不合理地开发和利用资源而对自然生态环境的破坏，以及由此衍生的各种问题，即通常所说的生态破坏；另一类是因工农业生产活动和人类生活排放的污染物和废物对环境所造成的损害，即环境污染。在某些地区，环境问题可能以生态破坏或某一类污染问题为主，但在更多的地区则是两类问题并存，而且，环境问题也是随着人类社会的发展而不断变化的。如现在的大气环境污染与工业革命初期就有所不同，已发展成为复合型的污染。所以，环境问题可视为人类社会发展的伴生产物。这种“伴生性”包括两个方面的内涵，一是人类生存的必然需求，决定了人类对环境存在着不可或缺的依赖关系，以及由此形成的无法回避的“天然矛盾”；二是供求关系存在的“可能性”，即供给者（环境资源系统）自身功能及其承载能力的大小，它决定着这种“伴生性”的质量和时长。

综合上述各种观点可以从中得到三点启示。其一，分析环境问题产生的原因不能离开人与环境是统一体这个基本前提，各种环境问题的出现与发展和演变既有人类对客观规律认识不够的原因，也与“人是自然界主宰者”这种观念有关，是人类社会发展过程中一些“违规行为”后果的积累；其二，生态环境问题的特殊性在于生物圈的各组分之间是相互联系和相互制约的整体，存在着紧密的“生态”联系，出现问题后往往呈链状或网状而非点状式反应，解决问题的途径和措施必须重视生态系统的承载力以及增强其组分间的相互协调性；其三，要树立人类是解决生态环境问题的“关键种”的理念，人类在享受生态系统提供的各种服务的同时，必须自觉地承担起保护和修复环境的责任。

目前人类社会所面临的环境问题具有全球化、多样化和复杂化的明显特点，造成的危害也更加广泛和深刻。因此，努力做到人与自然和谐共生，走生态文明的发展道路才是人类解决各种环境问题的唯一正确选择。

3. 环境问题表现

环境问题主要表现为环境污染和生态破坏两大类。

环境污染是由于人类任意排放废弃物和有害物质，引起大气污染、水污染、土壤污染、固体废弃物污染、噪声污染、放射性污染以及海洋污染，从而导致环境质量下降，危害人体健康。生态破坏是由于人类对环境的破坏，导致环境退化，从而影响人类生产和生活。如滥伐森林，使森林的环境调节功能下降，导致水土流失、土地荒漠化的加剧；由于不合理的灌溉，引起土壤盐碱化；由于大量燃煤和使用消耗臭氧物质，导致大气中二氧化碳的含量增加和臭氧层的破坏；由于生物的生存环境遭到破坏或过度捕猎等原因，加剧了物种的灭绝速度等。

尽管环境问题在各个不同国家和地域有着各自不同的表现，但它的严峻性和全球性最终危害到全人类的利益，其典型表现在以下几个方面。

（1）全球气候变暖

工业革命以来，由于人类生产生活方式的变化，石油、煤炭等矿物燃料和农用化肥被大量使用，大气中的温室气体浓度急剧增加，使得地球表面温度不断上升，在过去100年中，地球表面温度上升了0.3～0.6℃。全球气候变暖给人类带来的决不仅是一个“暖风熏得游人醉”的冬天，人类的整个生存环境面临严峻的考验。

（2）酸雨和酸性降水

酸雨产生的原理非常简单，大气中的二氧化硫和氮氧物与水蒸气结合便形成硫酸或硝酸等，这些酸再以雨、雪、雾的形式落回地面或直接从空气中沉积到植物或建筑物上，并产生酸蚀作用。导致酸雨的废气不仅是来自于工业生产方式（如以煤作为主要能源），也来自于人们的生活方式（如汽车等运输工具的大量使用）。到20世纪60年代，酸雨的危害全面呈现出来，受污染的淡水江河湖泊pH值降低，鱼类减少，森林、农作物死亡，土壤变酸，建筑物受侵蚀，人们的饮用水质量也下降。

（3）臭氧层的破坏

美国宇航局（NASA）科学家在南极洲上空观测到一个规模巨大的臭氧层空洞，面积达到2830万平方千米，相当于美国领土面积的3倍，这是迄今观测到的最大的臭氧层空洞，也是南极洲上空臭氧层严重受损的征兆。臭氧层空洞是因人类使用像含氯氟烃等化学药品而导致保护地球的臭氧严重受损而引起的，如果没有臭氧层的保护，到达地面的紫外线辐射就会达到使人致死的程度，整个地球生命就会像失去空气和水一样遭到毁灭。

（4）水资源的短缺和污染

20世纪以来，随着人口膨胀与工农业生产规模的迅速扩大，全球淡水用量飞快增长，从1900—1975年世界农业用水量增加了7倍，工业用水量增加了20倍，并且近几十年来，用水量正以每年4%～8%的速度持续增加，淡水供需矛盾日益突出，中国660个城市中，有300多座城市缺水，其中100余座城市缺水相当严重。在水资源短缺越发突出的同时，人们又在大规模污染水源，导致水质恶化，据联合国调查统计，全世界目前每年排放污水约为4260亿t，造成55000亿m^3的水体受到污染，约占全球径流量的14%以上。

（5）高速增长的城市生活垃圾污染

由于城市居民生活水平的日益提高，产生超出城市卫生管理能力的大量生活垃圾。这些未收集和未处理的垃圾腐烂时会滋生传播疾病的害虫和昆虫，垃圾中的干物质或轻物质随风飘扬，又会对大气造成污染。如果垃圾随意堆积在农田上，还会污染土壤。此外，垃圾中含有汞（来自红塑料、霓虹灯管、电池、朱红印泥等）、镉（来自印刷、墨水、纤维、搪瓷、玻璃、镉颜料、涂料、着色陶瓷等）、铅（来自黄色聚乙烯、铅制自来水管、防锈涂料等）等微量有害元素，如处理不当，就有可能随雨水渗入水网，流入水井、河流以及附近海域，被植物摄入，再通过食物链进入人的身体，影响人体健康。

（6）土壤资源退化

在过去几十年间，全球大约在面积达12亿公顷的有植被覆盖的土地发生了中等程度以上的土壤退化，相当于中国和印度国土面积的总和，其中3亿公顷土地发生了严重退化，其固有的生物功能完全丧失。土壤资源退化的最主要方式是土壤侵蚀、盐碱化和荒漠化。

（7）生物多样性灭绝

近几十年来，物种灭绝的速度显然加快了。有关研究表明：我国生物多样性损失严重，大约有200种植物已经灭绝，另有5000种植物处于濒危状态，占中国高等植物总种数的20%；大约有398种脊椎动物濒危，占中国脊椎动物总数的7.7%左右。世界上现存的大约4500种哺乳动物中，有24%面临绝种（约1080种），现存的大约9500种鸟类中，有12%即将灭绝（约1140种）。生物多样性的减少，必然造成生态环境恶化，生物资源匮乏，社会经济发展失去物质基础，人类生存出现危机。因此，保护生物多样性刻不容缓，保护生物多样性就是保护人类自己。

4. 环境问题变化趋势

原来的环境问题仅仅表现为地区性或区域性的环境污染与生态破坏，近年来这些问题在局部地区，尤其是在发达国家得到了较好的解决。但是，从世界范围和从整体上来看，环境污染与生态破坏问题并未得到解决，仍在不断恶化，并且打破了区域和国家的界限，演变为全球性问题，引起了世界各国的普遍关注。当前人类面临的全球性和地域性的环境问题主要有3类：

（1）全球性、广域性的环境污染：如全球气候变暖、臭氧层耗竭、大面积的酸雨污染、淡水资源的枯竭与污染。

（2）大面积的生态破坏：如生物多样性锐减，土壤退化及荒漠化正在加速，森林面积锐减等。

（3）突发性的严重污染事件和化学品的污染及越境转移。

这些环境问题具有共同特征：一是其影响范围明显扩大，都表现为大范围的，乃至全球性的环境污染和大面积生态破坏；二是污染事件的突发性及其危害后果明显严重，而且全球性的环境污染和生态破坏已威胁到全人类的生存与发展，阻碍经济的持续发展；三是污染源来源的众多性，污染源和破坏源不但分布广，而且来源杂，解决这些问题只靠一个国家很难奏效，要靠众多国家，甚至全人类的共同努力才行，这就极大地增加了解决问题的难度。

此外，一些先进技术、材料和产业的发展给环境带来很大的影响。如生物克隆技术的发展，使得大量的转基因生物开始出现，许多新型材料的应用以及IT业的长足发展，带来大量的信息垃圾或者电脑垃圾，势必引发新的环境问题。

1.2 物理环境及其污染

众所周知，在人类生存的环境中，各种物质都在不停地运动着，运动的形式有机械运动、分子热运动、电磁运动等。物质的运动都能表现为能量的交换和转化。这种物质能量的交换和转化构成了物理环境。

物理环境是指与人们生活和生产活动密切相关的小范围环境（如声环境、光环境、热环境、电磁环境和振动环境）。物理环境是自然环境的一部分，人类生存于它所适应的物理环境也影响着这种物理环境。物理环境可以分为天然物理环境和人工物理环境。

1.2.1 天然物理环境

天然物理环境即原生物理环境，自地球诞生就存在。火山爆发、地震、台风以及雷电等自然现象会产生振动和噪声。在局部区域内形成自然声环境和振动环境；地球本身具有磁场，火山爆发、太阳黑子和耀斑引起的磁爆以及雷电等现象会严重干扰自然电磁环境，地震会引起地磁场的快速变化，并与生物体磁场产生共鸣；天然放射性核素在衰变过程中释放出来的 α、β、γ 射线，形成自然的放射性辐射环境；太阳的光辐射和热辐射为自然环境提供天然光源和天然热源，构成天然光环境和热环境。这些自然声环境、振动环境、电磁环境、放射性辐射环境、热环境、光环境构成了天然物理环境。

1.2.2 人工物理环境

人工物理环境是指人类活动的物理因素不同程度地干预天然物理环境所生成的次生物理环境。各种人工物理环境与天然物理环境在地球表层交叠共存，相互作用。

人们生活的环境中存在各种各样的声波，其中有的声波是进行交流和传递信息、进行社会活动所需要的；有的声波则会影响人们的工作和休息，甚至危害人体健康，是人们不需要的声音，形成人工噪声环境。随着工业、交通运输业的发展，噪声越来越多、越来越强，城市噪声已经成为一种公害。

振动是一种很普遍的运动形式。当物体在其平衡位置围绕平均值或基准值进行从大到小，又从小到大的周期性往复运动时，就可以说物体在振动。在实际的工业生产、施工现场和交通运输等场所振动是不可避免的。工业振动源来源于铸造、破碎、球磨、切削以及动力等机械，矿山爆破、高压鼓风等；施工振动源主要指各类振动机、打桩机、碾压机等；交通运输振动源主要指各种车辆在行驶过程中与路面、铁轨等引起的结构振动。人类各种活动中引起的振动构成了人工振动环境。

所谓的电磁辐射就是能量以电磁波形式从辐射源发射到空间的现象。对我们生活环境有影响的电磁辐射分为天然电磁辐射和人工电磁辐射两种。大自然引起的如雷、电一类的电磁辐射属于天然电磁辐射类，而人工电磁辐射污染主要包括脉冲放电、工频交变磁场、微波、射频电磁辐射等。随着无线电广播、电视以及微波技术的发展，射频设备功率的不断增大，过度的人工电磁辐射形成了庞大的电磁场，给环境带来污染和危害。

在自然界和人工生产的元素中，有一些能自动发生衰变，并放射出肉眼看不见的射线。这些元素统称为放射性元素或放射性物质。在自然状态下，来自宇宙的射线和地球环境本身的放射性元素一般不会给生物带来危害。相比较而言，人的活动使得人工放射性物质大大增加，环境中的射线强度随之增强，危及生物的生存，从而产生了放射性污染。随着原子能工业的日益发展与核能、核素在各国和许多领域中的应用，放射性废物的排放量不断增加，已经严重威胁着人类与自然环境。

人的眼睛由于瞳孔调节作用，对一定范围内的光辐射都能适应，但光辐射增至一定量时，就会对环境及人体健康产生不良影响。光源与照明给人类带来现代文明的同时，也可能由于光源的使用不当或者灯具的配光欠佳而对环境造成光污染。

适合人类生活的温度范围是十分窄的。对于自然界剧烈变化引发的寒暑变化，人类创造了房屋、火炉、空调系统等设施，以减小外界气候变化对人类生活的影响，获得生存所必需的人工热环境；现代工业生产和人类生活排放废热造成的环境热化，达到损害环境质量的程度，便成为热污染。

1.2.3 物理性污染及其研究内容

1. 物理性污染及其特点

随着科学技术的发展，人们生活水平不断提高，对衣、食、住、行、通信等各个方面的要求也越来越高。就在这发展的过程中，各类物理性污染也随之悄悄地进入人们的生活，并且对人们的工作、生活、学习甚至身体健康都已经产生了严重的影响。这些物理性污染的一个最大共性就是隐蔽性大，不容易引起人们的高度重视，而且污染产生后的治理难度比较大，必须以防为主、防治结合才能收到较好效果。因此，深入了解物理性污染的产生源及其危害，是做好各种物理性污染防治工作、降低其危害的重要前提。

物理性污染是指由物理因素引起的环境污染，如放射性辐射、电磁辐射、噪声、光污染等。物理性污染有两个特点：一是物理性污染是局部性的，区域性和全球性污染比较少见；二是物理性污染在环境中不会有残余的物质存在，一旦污染源消除以后，物理性污染也随即消失。

2. 物理性污染的研究内容

物理性污染的研究内容主要包括物理性污染机理及规律、物理性污染评价方法和标准、物理性污染测试和监测、物理性污染的环境影响评价、物理性污染控制基本方法和技术。

物理性污染虽然能够利用技术手段进行控制，但是采取各种控制技术要涉及经济、管理和立法等问题，所以要对防治技术进行综合研究，获得最佳方案。物理学的基本原理不仅能够用来测量环境污染的程度，而且能用于控制污染改善环境，为人类创造一个适宜的物理环境。

1.2.4 物理性污染防治的途径和基本原则

物理性污染的防治需从污染产生、传播和受体三个途径采取技术措施，即从能量源、能量传播途径和能量受体三个环节进行管控和处理，以达到防治物理性污染的目的。对于人类生产生活所需的能量，应为它的产生、传播和接收提供良好的条件；而对于带来过多或过少能量的物理性污染，需要设法调节能量的产生、传播和对受体的干扰，从而采取针对性的防治措施。对于能量过高的物理性污染，我们可以从以下几个方面入手：

（1）在源头抑制其产生。这是最基本的措施，从源头抑制能量的产生，包括降低激发力，减少系统各环节对激发力的响应以及改变操作流程和工艺等。

（2）在能量传播途径中的控制。这是物理性污染防控中普遍采用的技术和措施，包括能量的转化、能量传播方向和距离的改变。

（3）受体防护。在某些时候，采用上述措施仍不能达到要求，或无法采取上述措施的情况下，需要从受体的角度采取防护措施。

（4）综合防治。在整体分析基础上，综合采取污染防治措施，可以从上述三个环节中，选取两个或三个同时进行处理，达到污染防治的目的。

物理性污染的特点决定了其防治的基本原则。首要的对策是控源，即对污染源采取控制措施，它一方面可以预防污染的产生，变被动治理为主动防控；另一方面，它可以通过技术手段革新提高能量的利用和转化效率，从而减少废弃能量和物质的排放，减轻对环境造成的污染，从而获得更好的社会效益和经济效益。其次，如果对污染源采取的措施还不能够完全解决污染问题，则可以在传播的途径上采取转化、阻断、隔离等措施加强能量衰减梯度以减轻污染对受体的影响。若在采取了控源和传播路径的防控措施后仍然不能彻底解决污染问题时，最后采取对受体的防护措施。当然，有时基于技术和经济等因素的考虑，也可以优先对受体采取防护措施。总之，物理性污染控制设计应坚持科学性、先进性和经济性的原则，努力达到控制措施科学、技术先进、经济合理等目标。

1.3 环境物理学

1.3.1 环境物理学的定义

环境物理学是由环境科学和物理学交叉发展起来的一门学科。着重从环境科学与物理学相结合的观点，研究发生在土壤圈、大气圈、水圈、冰雪圈和生物圈中的环境物理现象、规律及其理论，和人类社会相互作用及可持续发展的物理机制与途径。与其他交叉学科一样，环境物理学必然有它的科学和社会发展基础。它是环境问题成为全球性重大问题前提下产生的。环境物理学的提出是科学进步和人类社会发展的必然结果，也是人类对自然现象的本质和变化规律认识深化的体现。

1.3.2 环境物理学的产生

20世纪初期，人们开始研究声、光、热等对人类生活和工作的影响，并逐渐形成了在建筑物内部为人类创造适宜的物理环境的学科——建筑物理学。

50年代以后，物理性污染日益严重，不仅在建筑物内部，而且在建筑物外部，对人类造成越来越严重的危害，促使物理学的各分支学科，如声学、热学、光学、电磁学、力学等，开展对物理环境的研究，并取得一定成果。在此基础上，逐渐汇集，一门新的科学技术领域——环境物理学在20世纪80年代应运而生。

1.3.3 环境物理学的学科体系

环境物理学根据研究的对象可分为环境声学、环境振动学、环境光学、环境热学、环境电磁学、环境放射学和环境空气动力学等分支学科。

1. 环境声学

在环境物理学中，环境声学是较为成熟的分支学科。环境声学是在建筑声学和噪声控制学的基础上建立的。环境声学研究在人类生存环境中声音的产生、辐射、传播、接收；噪声的心理、生理、病理效应；对人体的影响、危害、测量和评价；制定恰如其分的噪声标准，以及行之有效的噪声控制技术，如吸声、隔声、消声、隔振、阻尼、有源消声等。

2. 环境振动学

环境振动学是研究振动环境及其同人类活动相互作用的科学。环境振动学的任务是揭示振动的发生机制，追踪其传播和接收的过程，评估其对不同受体的影响程度，提出有效的振动控制措施，从而减小振动的环境影响。主要研究振动的产生、传播、测试、评价以及消除其危害的技术措施。

振动本身可以产生噪声源，以噪声的形式影响和污染环境，因此，环境振动学与环境声学是密切相关的学科。

3. 环境光学

环境光学研究天然光环境和人工光环境与人类生存环境的关系，光环境对人类的生理和心理影响，如何利用天然光环境，如何防治光污染。太阳是光环境中最为重要的光源，如何充分有效地利用太阳光不仅是环境光学，而且是当代人类社会最为重要的课题之一。

4. 环境热学

环境热学研究热物理环境对人类和生态的影响，以及人类活动与热环境的相互作用，热污染的成因、监测、发展趋势和预测，探讨热污染控制的规划、战略、方法和措施。环境热学中全球暖化、热岛现象、温室效应已经成为当代人类关注的焦点。

5. 环境电磁学

环境电磁学探讨天然的和各种人为的电磁波辐射和传播的规律，电磁辐射电磁污染对人类生存环境包括对人类本身和电子仪器设备的影响。拟制定电磁辐射标准，探讨电磁污染控制技术和方法，如屏蔽、吸收、反射、滤波等。

6. 环境放射学

环境放射学，也有人称环境辐射学，研究天然的和人为的放射性物质污染在人类生存环境中的分布、转化、迁移、弥散规律，对人类和自然生态环境的影响和危害，风险估计，以及防护措施、体系、标准和方法。

7. 环境空气动力学

环境空气动力学是运用空气动力学基本理论研究大尺度气体运动的规律，运动的气体的相互作用，以及气体与其他物体之间的力、热、相变、扩散等规律，地球的重力和旋转等引起的大气相变以及雨、雾、风、云等，人类生存环境中的污染物对大气运动的影响，以及污染物质在力的作用下的扩散、下沉、漂移、传播等。研究空气动力环境对人类及生态的影响和控制。

1.3.4 环境物理学的研究特点

环境物理学是在物理学的基础上发展起来的一门热点学科，是环境科学的重要组成部分，是研究物理环境同人类交互作用的科学。物理环境和物理性污染的特征决定了环境物理学的研究特点主要是：①物理环境的声、光、热、电等要素都是人类所必需的，因而环境物理学的研究同环境科学的其他分支学科不同，它不仅研究污染控制，而且研究适宜人类活动的声、光、热、电等物理条件；②物理性污染程度是由声、光、热、电等在环境中的量决定的，因而环境物理学的研究同其他物理学科一样，注重物理现象的定量研究。环境物理学是正在形成中的学科，尚处于创立时期，需要更多的各个学科的工作者加入这个行业，促进环境物理学基础理论和应用技术的进一步发展和完善。

思考题

1. 简述环境的概念。
2. 什么是物理环境？
3. 什么是物理性污染？其特点有哪些？
4. 物理性污染的研究内容包括哪些？
5. 物理性污染的防治途径有哪些？
6. 环境物理学的学科体系包括哪些内容？
7. 结合身边的物理环境因子，谈谈你对物理性污染的认识。

思考题参考答案

2　噪声污染及其控制

内容提要：本章主要介绍了环境噪声的定义、特征和危害，噪声的度量和计算，环境噪声的预测与评价，以及吸声、隔声和消声等噪声控制措施和技术。要求了解噪声的主要特征、相关标准，重点掌握噪声的A声级、等效连续A声级、昼夜等效声级、统计噪声级等度量参数，声压级的相加、相减等相关计算，以及响度级、响度、等响曲线噪声评价量。还应了解吸声材料、吸声结构、隔声、消声等噪声控制技术。

声音与人类的生产、生活密切相关。噪声是最早被感知和研究的一类物理性污染，噪声污染与人民群众生活息息相关，越来越成为社会和广大人民群众关心的问题，也是较早被纳入环境保护范畴的内容之一。噪声污染防治不仅关系到民生福祉与社会和谐稳定，对完善污染防治领域法律体系、促进经济可持续发展、推进生态文明建设也具有重要意义。同时由于环境噪声污染不具有水污染、大气污染等典型环境污染所具有的累积性、时空迁移性等特征，致使环境噪声的评价与声环境质量具有直接相关性，《环境噪声污染防治法》第2条规定的"环境噪声污染"修改为"所产生的环境噪声超过国家规定的声环境质量标准，并干扰他人正常生活、工作和学习的现象"。与其他物理性污染因子相比，噪声污染防治的相关内容也最全面和深入。

2.1　噪声概述

2.1.1　基本概念

1. 声

在物理学上，声有双重含义，一方面指弹性介质传播的压力、应力、质点位移和质点速度等变化（客观存在的能量波），另一方面指上述变化作用于人耳所引起的感觉（主观听觉）。为清楚起见，前者称为声波，后者则称为声音。

2. 噪声

噪声有两种意义：第一，在物理学上指不规则的、间歇的或随机的声振动。第二，指任何难听的、不和谐的声或干扰，包括在有用频带内的任何不需要的干扰。这种噪声干扰不仅由声音的物理性质决定，还与人们的心理状态有关。

从保护环境的角度看，噪声就是人们不需要的声音。它不仅包括不协调的声音，而且也包括影响他人工作、休息、睡眠、谈话和思考的音乐等声音。因此，对噪声判断不仅仅是根据物理学上的定义，而且往往与人们所处的环境和主观感觉有关。

3. 环境噪声

严格地讲，环境噪声应当包括干扰人群正常活动的、连同自然噪声在内的一切声音。这里所讲环境噪声是指在工业生产、建筑施工、交通运输和社会生活中所产生的干扰周围生活环境的声音。

4. 环境噪声污染

环境噪声污染是指所产生的环境噪声超过国家规定的环境噪声排放标准，并干扰他人正常生活、工作和学习的现象。

2.1.2 环境噪声的主要特征

1. 环境噪声是感觉公害

评价环境噪声对人的影响有其显著特点，它不仅取决于噪声强度的大小，而且取决于受影响人当时的行为状态，并与本人的生理（感觉）与心理（感觉）因素有关。不同的人，或同一人在不同的行为状态下对同一种噪声会有不同的反应。因此，环境噪声标准要根据不同时间、不同地区和不同行为状态来确定。

2. 环境噪声是局限性和分散性的公害

这里是指环境噪声影响范围上的局限性和环境噪声源分布上的分散性。任何一个环境噪声源，由于距离发散衰减等因素只能影响一定的范围，超过一定范围就不再有影响，因此环境噪声影响是有局限性的。然而环境噪声源往往不是单一的，在人群周围噪声源无处不在，分布是分散的。

3. 噪声是短暂性的

这里是指噪声源停止发声，噪声即消失，声环境可以恢复到原来状态，不会留下能量的累积。

2.1.3 噪声源及其分类

1. 声源

声音是由物体振动而产生的。辐射声能的振动体称为声源。这些振动包括固体、液体和气体，通常为振动面或者振动的空气柱等。

2. 按产生机理分类

产生噪声的声源很多，若按产生的机理来划分有：

(1) 机械声源。

由机械碰撞、摩擦等产生噪声的声源，有简单声源和偶声源两类。

简单声源是最基本的声辐射体，也称球面声源或者点声源。在自由声场条件下，点声源向各方向均匀辐射声能，当声源尺寸比声波波长小得多时，只要辐射面的所有部分基本上以同相位振动时，辐射体不管什么形状，都可以看作是简单声源（点声源）。

偶声源是一对简单声源，它们之间距离很小并且振动相位相反。

(2) 空气动力性声源。

由气体流动产生噪声的声源，如空压机、风机等进气和排气产生的噪声。有单极子、偶极子和四极子，分别具有不同的辐射特性。

（3）电磁噪声源。

由电磁场变化引起的磁致伸缩产生噪声的声源。

3. 按噪声随时间的变化分类

按噪声随时间变化可分为稳态噪声和非稳态噪声两大类。非稳态噪声中又有瞬态的、周期性起伏的、脉冲的和无规则的噪声之分。在环境噪声现状监测中应根据噪声随时间的变化来选定恰当的监测量和监测方法。

4. 环境噪声的来源分类

环境噪声按其来源可分为以下四类：

（1）工业噪声。

在工业生产活动中使用固定的设备时所产生的干扰周围生活环境的声音。

（2）建筑施工噪声。

在建筑施工过程中所产生的干扰周围生活环境的声音。

（3）交通运输噪声。

机动车辆、铁路机车、机动船舶、航空器等交通运输工具在运行时所产生的干扰周围生活环境的声音。

（4）社会生活噪声。

人为活动所产生的除工业噪声、建筑施工噪声和交通运输噪声之外的干扰周围生活环境的声音。

5. 声环境影响评价的声源类型确定

在声环境影响评价中，对噪声源按其辐射特性及其传播距离，分为点声源、线声源和面声源三种声源类型。在对环境噪声评价中对不同类型声源可采用相应的预测公式进行计算。

对于小型设备，其自身的几何尺寸比噪声影响的距离小得多，或影响距离远大于噪声源本身的尺度，在评价中常把这种噪声辐射源视为点声源。

对于呈线性排列的设备，如矿山和选煤场的输送系统、繁忙的交通线等，其噪声传播是以近似线性形状向外传播，此类声源在近距离范围总体上可以视作线声源。

对于体积较大的设备，地域性的噪声发生体，其噪声往往是从一个面或几个面均匀地向外辐射，在近距离范围内，实际上是按面声源噪声的传播规律向外传播。这类噪声辐射源应视为面声源。

2.1.4 噪声的影响

噪声对人的影响主要有以下几个方面：

1. 听力损伤

长期在高噪声环境下工作和生活会耳聋。在80dB以下工作40年不致耳聋，80dB以上，每增加5dB噪声性发病率增加约10%。

2. 睡眠干扰

睡眠对人是极其重要的，它能够使人的新陈代谢得到调节，使人的大脑得到休息，从而使人恢复体力和消除疲劳，保证睡眠是人体健康的重要因素。

噪声会影响人的睡眠质量。连续噪声可以加快熟睡到轻睡的回转，使人熟睡时间

缩短。

3. 对交谈、工作思考的干扰

实验研究表明噪声干扰交谈。依据国内外大量的主观评价的调查，噪声超过55dB（A），人们感觉吵闹。统计结果表明，当环境噪声为55dB（A）时，会有15%的人感觉很吵，噪声为50dB（A）还有6%的人感觉很吵，只有噪声在45dB（A）以下时，才使一般人感到安静。

4. 噪声引起的心理影响

主要是烦恼，使人激动、易怒，甚至失去理智，因噪声干扰引发民间纠纷等事件是常见的。据统计，吵闹环境中儿童智力发育比安静环境中低20%。另外，噪声导致胎儿畸形、鸟类不产卵都有事例。

一般来说，环境噪声对人的影响是以造成对正常生活的干扰和引起烦恼为主，不会形成听力或者其他疾病伤害。

2.1.5 有关的环境噪声标准

1. 噪声的限值标准

近年我国根据生理与心理学研究，结合我国人民工作与生活现状和经济条件，提出了适合我国的噪声允许等效声级（表2-1）。这是一个基础标准。

表2-1 噪声允许等效声级 dB

适用条件	最高值	理想值
体力劳动（听力保护）	90	70
脑力劳动（语言清晰度）	60	40
睡眠	50	30

根据以上的噪声允许等效声级，我国制定了有关环境噪声标准，这些标准应作为对环境噪声进行评价的依据。

2. 声环境质量标准

(1)《声环境质量标准》(GB 3096—2008)

标准规定了6类声环境功能区类别环境噪声限值（表2-2），适用于城市区域。其中表中4b类声环境功能区类别环境噪声限值，适用于2011年1月1日起环境影响评价文件通过审批的新建铁路（含新开廊道的增建铁路）干线建设项目两侧区域。

表2-2 6类声环境功能区类别环境噪声限值（等效声级 L_{Aeq}） dB

类别	昼间	夜间
0	50	40
1	55	45
2	60	50
3	65	55
4a	70	55
4b	70	55

按区域的使用功能特点和环境质量要求，声环境功能区分为以下五种类型：

0 类声环境功能区：指康复疗养区等特别需要安静的区域。

1 类声环境功能区：指以居民住宅、医疗卫生、文化体育、科研设计、行政办公为主要功能，需要保持安静的区域。

2 类声环境功能区：指以商业金融、集市贸易为主要功能，或者居住、商业、工业混杂，需要维护住宅安静的区域。

3 类声环境功能区：指以工业生产、仓储物流为主要功能，需要防止工业噪声对周围环境产生严重影响的区域。

4 类声环境功能区：指交通干线两侧一定区域之内，需要防止交通噪声对周围环境产生严重影响的区域，包括 4a 类和 4b 类两种类型。4a 类为高速公路、一级公路、二级公路、城市快速路、城市主干路、城市次干路、城市轨道交通（地面段）、内河航道两侧区域；4b 类为铁路干线两侧区域。

（2）《机场周围飞机噪声环境标准》（GB 9660—1988）

标准规定了机场周围飞机噪声的环境标准，适用于机场周围受飞机通过所产生噪声影响的区域，见表 2-3。

表 2-3　机场周围飞机噪声环境标准和适用区域　　dB

适用区域	标准值
一类区域	≤70
二类区域	≤75

标准采用一昼夜的计权等效连续感觉噪声级作为评价量，用 L_{WECPN} 表示，单位为 dB。该标准是户外允许噪声级。

一类区域：特殊住宅区；居住、文教区。

二类区域：除一类区域以外的生活区

3. 环境噪声排放标准

（1）《工业企业厂界环境噪声排放标准》（GB 12348—2008）

该标准适用于工业企业噪声排放的管理、评价及控制。机关、事业单位、团体等对外环境排放噪声的单位也按本标准执行，各类厂界噪声标准值见表 2-4。

表 2-4　工业企业厂界噪声标准值（等效声级 L_{eq}）　　dB（A）

厂界外环境功能区类别	时段	
	昼间	夜间
0	50	40
1	55	45
2	60	50
3	65	55
4	70	55

（2）《建筑施工场界环境噪声排放标准》（GB 12523—2011）

本标准适用于周围有噪声敏感建筑物的建筑施工噪声排放的管理、评价及控制。市政、通信、交通、水利等其他类型的施工噪声排放可参照本标准执行。本标准不适用于抢修、抢险施工过程中产生噪声的排放监管，其噪声限值见表2-5。

表2-5 建筑施工场界噪声限值（等效声级 L_{eq}） dB（A）

昼间	夜间
70	55

当厂界距噪声敏感建筑物较近，其室外不满足测量条件时，可在噪声敏感建筑物室内测量，并将表中相应的限值减10dB（A）作为评价依据。

（3）《铁路边界噪声限值及其测量方法》（GB 12525—1990）

该标准规定了城市铁路边界处铁路噪声的限值及其测量方法，适用于对城市铁路边界噪声的评价。铁路边界噪声限值见表2-6。

表2-6 铁路边界噪声限值（等效声级 L_{eq}） dB（A）

昼间	70
夜间	70

铁路边界指距离铁路外侧轨道中心线30m处。

2.2 噪声度量与计算

2.2.1 噪声度量

1. 声、声速、波长、频率（周期）

（1）声

声音由振动而产生。物体振动引起周围媒质的质点位移，媒质密度产生疏、密变化，这种变化的传播就是声波。它是弹性媒质中传播的一种机械波。

（2）声速（C）

声波在弹性媒质中的传播速度，即振动在媒质中的传递速度称为声速，单位为m/s。

在任何媒质中，声速的大小只取决于媒质的弹性和密度，而与声源无关。比如常温下，在空气中的声速为345m/s；在钢板中的声速为5000m/s。在空气中声速（C）与温度（t）间的关系为

$$C=331.4+0.607t \tag{2-1}$$

（3）波长（λ）

一声波相邻的两个压缩层（或稀疏层）之间的距离称为波长，单位为m。

（4）频率（f）、周期（T）

① 频率（f）：为每秒钟媒质质点振动的次数，单位为赫兹（Hz）。人耳能感觉到的声波频率在20～20000Hz范围内，低于20Hz的叫次声，高于20000Hz的称为超声。

② 周期（T）：指波行经一个波长的距离所需要的时间，即质点每重复一次振动所

需的时间就是周期，单位为秒（s）。

对正波来说，频率和周期互为倒数，即

$$T=\frac{1}{f}\text{或}f=\frac{1}{T} \tag{2-2}$$

频率（周期）、声波和波长三者之间的关系为

$$C=f\lambda\text{ 或 }C=\frac{\lambda}{T} \tag{2-3}$$

2. 声压、声强、声功率

（1）声压（P）

当有声波存在时，媒质中的压强超过静止的压强值。声波通过媒质时引起媒质压强的变化（即瞬时压强减去静止压强），变化的压强称为声压。单位为 Pa。

$$1\text{Pa}=1\text{N/m}^2 \tag{2-4}$$

描述声压可以用瞬时声压和有限声压等。瞬时声压是指某瞬时媒质中内部压强受到声波作用后的改变量，即单位面积的压力变化。瞬时声压的均方根值称为有效声压。通常所说（一般应用时）的声压即指有效声压，用 P 表示。

人耳能听到的最小声压称为人耳的听阈，声压值为 2×10^{-5} Pa，如蚊子飞过的声音。使人耳产生疼痛感觉的声压，称为人耳的痛阈，声压为 20Pa，如飞机发动机的噪声。

（2）声强（I）

指单位时间内，声波通过垂直于声波传播方向单位面积的声能量，单位为 W/m^2。声压与声强有密切关系。在自由声场中，对于平面波和球面波某处的声强与该处声压的平方成正比，即：

$$I=\frac{P^2}{\rho C} \tag{2-5}$$

式中　P——有效声压，Pa；

ρ——介质密度，kg/m^3；

C——声速，m/s。常温时，ρC 为 $415\text{N}\cdot\text{s/m}^2$。

（3）声功率（W）

指声源在单位时间内向外发出的总声能，单位为 W 或 μW。

声功率与声强之间的关系为

$$I=\frac{W}{S} \tag{2-6}$$

式中　S——声波垂直通过的面积，m^2。

3. 声压级、声强级、声功率级

（1）声压级

声压从听阈到痛阈，即 $2\times10^{-5}\sim20$Pa，声压的绝对值相差非常大，达 100 万倍。因此，用声压的绝对值表示声音的强弱是很不方便的。再者，人对声音响度感觉是与声音强度的对数成比例的。为了方便起见，引进了声压比或者能量比的对数来表示声音的大小，这就是声压级。

声压级的单位是分贝（dB），分贝是一个相对单位，将有效声压（P）与基准声压（P_0）的比，取以 10 为底的对数，再乘以 20，就是声压级的分贝数。即：

$$L_P = 20\lg \frac{P}{P_0} \tag{2-7}$$

式中　L_P——声压级，dB；

P——有效声压，Pa；

P_0——基准声压，即听阈，$P_0 = 2\times10^{-5}$Pa。

典型环境的声压和声压级见表 2-7。

表 2-7　典型环境的声压和声压级

典型环境	声压/Pa	声压级/dB	典型环境	声压/Pa	声压级/dB
喷气式飞机喷气口附近	630	150	繁华街道旁	0.063	70
喷气式飞机附近	200	140	普通说话	0.02	60
锻锤、铆钉操作位置	63	130	微电机附近	0.0063	50
大型球磨机旁	20	120	安静房间	0.002	40
8-18 型鼓风机附近	6.3	110	轻声耳语	0.00063	30
4-72 型风机附近	0.63	90	农村静夜	0.000063	10
公共汽车内	0.2	80	人耳刚能听到	0.00002	0

（2）声强级

$$L_I = 10\lg \frac{I}{I_0} \tag{2-8}$$

式中　L_I——声强级，dB；

I——声强，W/m²；

I_0——基准声强，$I_0 = 10^{-12}$，W/m²。

（3）声功率级

$$L_W = 10\lg \frac{W}{W_0} \tag{2-9}$$

式中　L_W——声功率级，dB；

W——声功率，W；

W_0——基准声功率，$W_0 = 10^{-12}$，W。

4. A 声级、等效连续 A 声级、昼夜等效声级、统计噪声级、计权有效连续感觉噪声级

（1）A 声级（L_A）

环境噪声的度量，不仅与噪声的物理量有关，还与人对声音的主观听觉有关。人耳对声音的感觉不仅和声压级大小有关，而且也和频率的高低有关。声压级相同而频率不同的声音，听起来不一样响，高频声音比低频声音响，这是人耳听觉特性决定的。为了能用仪器直接测量出人的主观响度感觉，研究人员为测量噪声的仪器——声级计设计了一种特殊的滤波器，加 A 计权网络。通过 A 计权网络测得的噪声值更接近人的听觉，这个测得的声压级称为 A 计权声级，简称 A 声级。

声级也叫计权声级，指声级计上以分贝表示的读数，即声场内某一点的声级。声级计读数相当于全部可听声范围内按规定的频率计权的积分时间而测得的声压级。通常有 A、B、C 和 D 计权声级。其中 A 声级是模拟人耳对 55dB 以下低强度噪声的频率特性

而设计的，以 L_{PA}或 L_A表示，单位为 dB（A）。由于 A 声级能较好地反映出人们对噪声吵闹的主观感觉，因此，它几乎已成为一切噪声评价的基本值。

（2）等效连续 A 声级（L_{eq}）

A 声级用来评价稳态噪声具有明显的优点，但是在评价非稳态噪声时又有明显的不足。因此，人们提出了等效连续 A 声级（简称“等效声级”），即将某一段时间内连续暴露的不同 A 声级变化，用能量平均的方法以 A 声级表示该段时间内的噪声大小，单位为 dB（A）。

等效连续 A 声级的数学表示如下：

$$L_{eq} = 10\lg\left(\frac{1}{T}\int_0^T 10^{0.1L_{A(t)}\mathrm{d}t}\right) \tag{2-10}$$

式中　L_{eq}——在 T 段时间内的等效连续 A 声级，dB（A）；

$L_{A(t)}$——t 时刻的瞬时 A 声级，dB（A）；

T——连续取样的总时间，min。

进行实际噪声测量时采用的噪声测量方法，应根据噪声的实际情况而定。如果一日之内的声级变化较大，而每天的变化规律相同，则应选择有代表性的一天测量其等效连续 A 声级。若噪声级不但在日内变化，而且日间变化也较大，但却有周期性的变化规律，也可选择有代表性的一周测量其等效连续 A 声级。

由于噪声测量实际上是采取等间隔取样的，所以等效连续 A 声级又按下列公式计算：

$$L_{eq(A)} = 10\lg\left(\frac{1}{N}\sum_{i=1}^{N} 10^{0.1L_i}\right) \tag{2-11}$$

式中　L_i——第 i 次读取的 A 声级，dB（A）；

N——取样总数。

（3）昼夜等效声级（L_{dn}）

昼夜等效声级是考虑了噪声在夜间对人影响更为严重，将夜间噪声另增加 10dB 加权处理后，用能量平均的方法得出 24h（A）声级的平均值，单位为 dB（A）。

计算公式为：

$$L_{dn}=10\lg\left[\frac{16\times10^{0.1L_d}+8\times10^{0.1(L_n+10)}}{24}\right] \tag{2-12}$$

式中　L_d——昼间 T_d各小时（一般昼间小时数取 16）的等效声级，dB（A）；

L_n——昼间 T_n各小时（一般昼间小时数取 8）的等效声级，dB（A）。

（4）统计噪声级（L_n）

统计噪声级是指在某点噪声级有较大波动时，用于描述该点噪声随时间变化状况的统计物理量。一般用 L_{10}、L_{50}、L_{90}表示。

L_{10}表示在取样时间内 10%的时间超过的噪声级，相当于噪声平均峰值。

L_{50}表示在取样时间内 50%的时间超过的噪声级，相当于噪声平均中值。

L_{90}表示在取样时间内 90%的时间超过的噪声级，相当于噪声平均底值。

其计算方法是：将测得的 100 个或 200 个数据按大小顺序排列，第 10 个数据或总数 200 个的第 20 个数据即为 L_{10}，第 50 个数据或总数 200 个的第 100 个数据即为 L_{50}，同理，第 90 个数据或第 180 个数据即为 L_{90}。

（5）计权有效连续感觉噪声级（L_{WECPN}）

计权有效等效连续感觉噪声级是在有效感觉噪声级的基础上发展起来的，用于评价航空噪声的方法，其特点在于既考虑了24h时间内飞机通过某一固定点所产生的总噪声级，同时也考虑了不同时间内的飞机对周围环境所造成的影响。

一日计权有效连续感觉噪声级的计算公式如下：

$$L_{WECPN}=\overline{EPNL}+10\lg(N_1+3N_2+10N_3)-40 \quad (2\text{-}13)$$

式中 $\overline{EPNL}$——N次飞行的有效感觉噪声级的能量平均值，dB；

N_1——7时～19时的飞行次数；

N_2——19时～22时的飞行次数；

N_3——22时～7时的飞行次数。

2.2.2 噪声级（分贝）的计算

1. 噪声级（分贝）的相加

如果已知两个声源在某一预测点单独产生的声压级（L_1，L_2），这两个声源合成的声压级（L_{1+2}）就要进行级（分贝）的相加。

（1）公式法

根据声压级的定义，分贝相加一定要按能量（声功率或声压平方）相加，求合成的声压级L_{1+2}，可按下列步骤计算：

① 因$L_1=20\lg P_1/P_0$和$L_2=20\lg P_2/P_0$，运用对数换算得：

$$P_1=P_0\times 10^{\frac{L_1}{20}}\text{和}P_2=P_0\times 10^{\frac{L_2}{20}}$$

② 合成声压P_{1+2}，按能量相加则$(P_{1+2})^2=P_1^{\,2}+P_2^{\,2}$

即：

$$(P_{1+2})^2=P_0^{\,2}\times(10^{\frac{L_1}{10}}+10^{\frac{L_2}{10}}) \quad (2\text{-}14)$$

③ 按声压级的定义合成的声压级

$$L_{1+2}=20\lg P_{1+2}/P_0=10\lg(P_{1+2}/P_0)^2 \quad (2\text{-}15)$$

即：

$$L_{1+2}=10\lg[10^{\frac{L_1}{10}}+10^{\frac{L_2}{10}}] \quad (2\text{-}16)$$

几个声压级相加的通用式为：

$$L_{总}=10\lg\left(\sum_{i=1}^{n}10^{\frac{L_i}{10}}\right) \quad (2\text{-}17)$$

式中 $L_{总}$——几个声压级相加后的总声压级，dB；

L_i——某一个声压级，dB。

若上式的几个声压级均相同，即可简化为：

$$L_{总}=L_P+10\lg N \quad (2\text{-}18)$$

式中 L_P——单个声压级，dB；

N——相同声压级的个数。

（2）查表法

例如$L_1=100$dB，$L_2=98$dB，求$L_{1+2}=$？

先算出两个声音的分贝差，$L_1-L_2=2$dB，再查表2-8找出2dB相对应的增值$\Delta L=2.1$dB，然后加在分贝数大的L_1上，得出L_1与L_2的和$L_{1+2}=100+2.1=102.1$，取整数为102dB。

表2-8 分贝和的增值表 dB

声压级差（L_1-L_2）	0	1	2	3	4	5	6	7	8	9	10
增值ΔL	3.0	2.5	2.1	1.8	1.5	1.2	1.0	0.8	0.6	0.5	0.4

2. 噪声级（分贝）的相减

如果已知两个声源在某一预测点产生的合成声压级（$L_{合}$）和其中一个声源在预测点单独产生的声压级L_2，则另一个声源在此点单独产生的声压级L_1可用下式计算：

$$L_1=10\lg\left[10^{\frac{L_{合}}{10}}-10^{\frac{L_2}{10}}\right] \tag{2-19}$$

噪声级的平均值

一般来说，噪声级的平均值不能按照算术平均值计算，按下式计算：

$$\bar{L}=10\lg\left(\frac{1}{n}\sum_{i=1}^{n}10^{\frac{L_i}{10}}\right)=10\lg\left(\sum_{i=1}^{n}10^{\frac{L_i}{10}}\right)-10\lg n \tag{2-20}$$

式中 $\bar{L}$——n个噪声源的平均声压级，dB；

L_i——第i个噪声源的声压级，dB；

n——噪声源的个数。

2.2.3 噪声在传播过程中的衰减

1. 声衰减和声的吸收

（1）声的衰减

声波在传播过程中其强度随距离的增加而逐渐减弱的现象称为声波的衰减。引起声波的衰减有以下原因：第一，由于声波不是平面波，其波阵面面积随距离增加而增大，致使通过单位面积的声功率减小；第二，由于媒质的不均匀性引起声波的折射和散射，使部分声能偏离传播方向；第三，由于媒质具有耗散特性。使一部分声能转化为热能，即产生所谓声的吸收；第四，由于媒质的非线性使一部分声能转移到高次谐波上，即所谓非线性损失。这4部分损失是声波衰减的主要原因。

（2）声吸收

是指声波传播经过媒质或遇到媒质表面时声能量减少的现象。吸声的机制是由于黏滞性、热传导和分子弛豫吸收而把入射声能最终转变为热能。利用吸声机制可以用来设计生产各种吸声材料。

（3）声音三要素

是由物体振动而产生的，其中包括固体、液体和气体，这些振动的物体通常称为声源或发声体。物体振动发生的声能，通过周围介质（可以是气体、液体或者固体）向外界传播，并且被感受目标所接收。例如，人耳是人体的声音接受器官。在声学中，把声源、媒质、接收器称为声音的三要素。

2. 几何发散衰减

（1）点声源的几何发散衰减

① 无指向性点声源几何发散衰减的基本公式是：

$$L(r)=L(r_0)-20\lg\frac{r}{r_0} \tag{2-21}$$

式中 $L(r)$、$L(r_0)$ 分别是 r、r_0处的声级。

如果已知 r_0处的 A 声级，则下式与式（2-21）等效：

$$L_A(r)=L_A(r_0)-20\lg\frac{r}{r_0} \tag{2-22}$$

式（2-21）和式（2-22）中第二项代表了点声源的几何发散衰减：

$$A_{div}=20\lg\frac{r}{r_0} \tag{2-23}$$

如果已知点声源的 A 声功率级 L_{WA}，且声源处于自由空间，则式（2-22）等效为：

$$L_A(r)=L_{WA}-20\lg r-11 \tag{2-24}$$

如果声源处于半自由空间，则式（2-22）等效为：

$$L_A(r)=L_{WA}-20\lg r-8 \tag{2-25}$$

② 具有指向性声源几何发散衰减的计算式为：

$$L(r)=L(r_0)-20\lg\frac{r}{r_0} \tag{2-26}$$

$$L_A(r)=L_A(r_0)-20\lg\frac{r}{r_0} \tag{2-27}$$

式（2-26）、式（2-27）中，$L(r)$ 与 $L(r_0)$、$L_A(r)$ 与 $L_A(r_0)$ 必须是在同一方向上的声级。

③ 反射体引起的修正。如图 2-1 所示，当点声源与预测点处在放射体同侧附近时，达到预测点的声级是直达声与反射声叠加的结果，从而使预测点声级增高（增高量用 ΔL_r表示）。

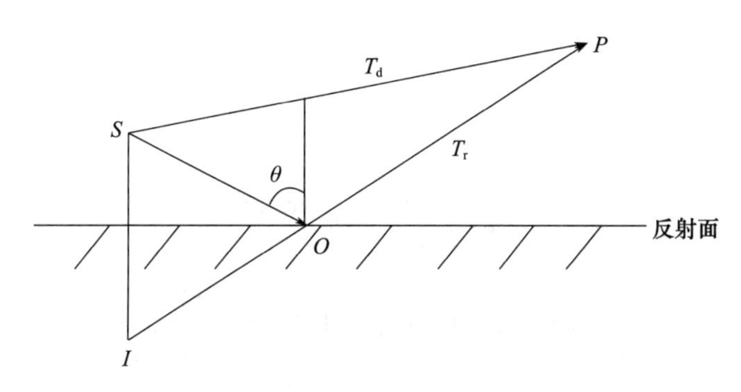

图 2-1 反射体的影响

当满足下列条件时需考虑放射体引起的声级增高：

a. 放射体表面是平整、光滑、坚硬的；

b. 反射体尺寸远远大于所有声波的波长；

c. 入射角 θ 小于 85°。

在图 2-1 中，被 O 点反射到达 P 点的声波相当于从虚点源 I 辐射的声波，记 $SP=T_d$，$IP=T_r$。在实际情况下，声源辐射的声波是宽频带的且满足条件 $T_d-T_r\gg\lambda$，反射引起的声级增高量 ΔL_r与 T_d/T_r有关；当 $T_d/T_r\approx1$ 时，$\Delta L_r=3$dB（A）；当 $T_d/T_r\approx1.4$ 时，$\Delta L_r=2$dB（A）；当 $T_d/T_r\approx2$ 时，$\Delta L_r=1$dB（A）；当 $T_d/T_r>2.5$ 时，$\Delta L_r=0$dB（A）。

（2）线状声源的几何发散衰减

① 无限长线声源。无限长线声源几何发散衰减的基本公式是：

$$L(r)=L(r_0)-10\lg\frac{r}{r_0} \tag{2-28}$$

如果已知 r_0 处的A声级，则下式与式（2-28）等效：

$$L_A(r)=L_A(r_0)-10\lg\frac{r}{r_0} \tag{2-29}$$

式（2-28）和式（2-29）中，r、r_0 为垂直于线状声源的距离。式（2-28）和式（2-29）中第二项表示了无限长线声源的几何发散衰减：

$$A_{div}=10\lg\frac{r}{r_0} \tag{2-30}$$

② 有限长线声源

如图2-2所示，设线状声源长为 l_0，单位长度线声源辐射的声功率级为 L_W。在线声源垂直平分线上距声源 r 处的声级为：

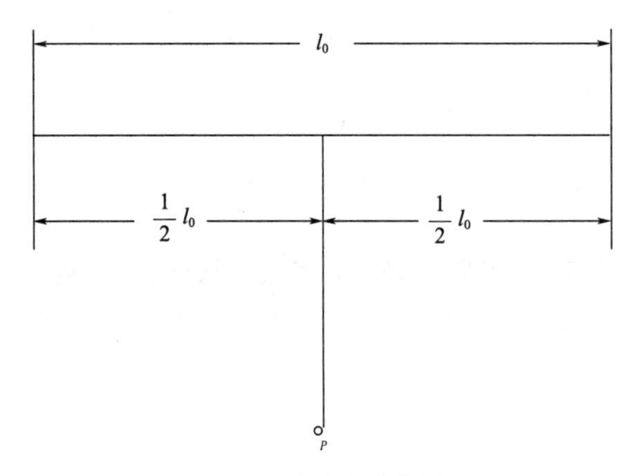

图2-2 有限长线声源

$$L_P(r)=L_W+10\lg\left(\frac{1}{r}\arctan\frac{l_0}{2r}\right)-8 \tag{2-31}$$

$$L_P(r)=L_p(r_0)+10\lg\left[\frac{\frac{1}{r}\arctan\frac{l_0}{2r}}{\frac{1}{r_0}\arctan\frac{l_0}{2r_0}}\right] \tag{2-32}$$

当 $r>l_0$ 且 $r_0>l_0$ 时，式（2-32）近似简化为：

$$L_P(r)=L_P(r_0)-20\lg\frac{r}{r_0} \tag{2-33}$$

即在有限长线声源的远场，有限长线声源可当作点声源处理。

当 $r<l_0/3$ 且 $r_0<l_0/3$ 时，式（2-33）近似简化为：

$$L_P(r)=L_P(r_0)-10\lg\frac{r}{r_0} \tag{2-34}$$

即在近场区，有限长线声源可当作无限长线声源处理。

当 $l_0/3<r<l_0$ 且 $l_0/3<r_0<l_0$ 时，可以作近似计算：

$$L_P(r) = L_P(r_0) - 15\lg\frac{r}{r_0} \tag{2-35}$$

（3）遮挡物引起的衰减

位于声源和预测点之间的实体障碍物，如围墙、建筑物、土坡等都起屏障作用。声屏障存在使声波不能直达某些预测点，从而引起声能量的较大衰减。在环境影响评价中，一般可将各种形式的屏障简化为具有一定高度的薄屏障。

如图 2-3 所示，S、O、P 三点在同一平面内且垂直于地面。

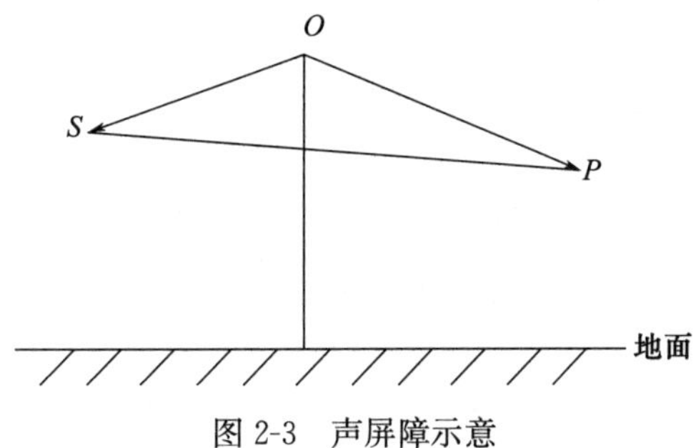

图 2-3　声屏障示意

定义 $\delta = SO + OP - SP$ 为声程差，$N = 2\delta/\lambda$ 为菲涅耳数，其中 λ 为声波波长。

声屏障插入损失的计算方法很多，大多是半理论半经验的，有一定的局限性，因此在噪声预测中，需要根据实际情况作简化处理。

① 有限长薄屏障在点声源声场中引起的声衰减计算

如图 2-4 所示，推荐的计算方法是：

a. 首先计算三个传播途径的声程差 δ_1、δ_2、δ_3 和相应的菲涅耳数 N_1、N_2、N_3；

b. 声屏障引起的衰减量为：

$$A_{\text{octbar}} = -10\lg\left(\frac{1}{3+20N_1} + \frac{1}{3+20N_2} + \frac{1}{3+20N_3}\right) \tag{2-36}$$

当屏障很长（作无限处理）时，则

$$A_{\text{octbar}} = -10\lg\frac{1}{3+20N_1} \tag{2-37}$$

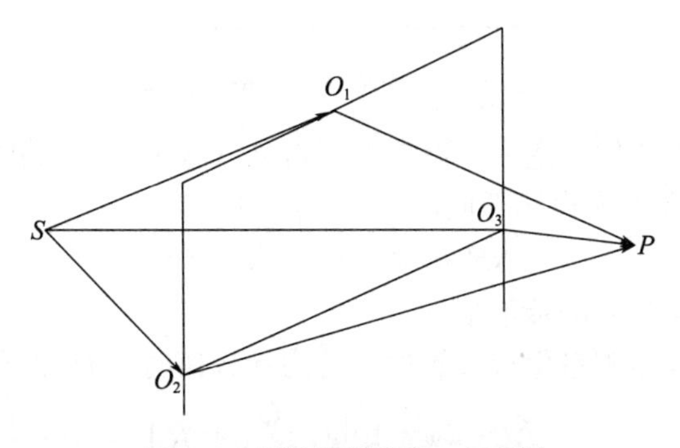

图 2-4　有限长薄屏障、点声源

② 有限长薄屏障在无限长线声源声场中引起的衰减计算，推荐的计算方法是：

a. 首先计算菲涅耳数 N。

b. 按图 2-5 所示的曲线，由 N 值查出相应的衰减量。

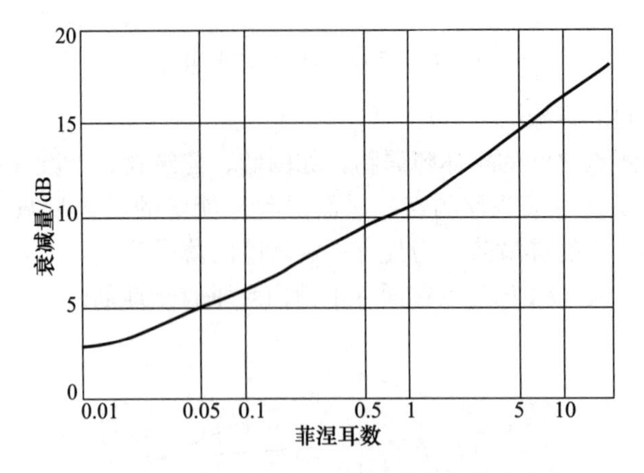

图 2-5 无限长屏障、无限长线声源的声衰减

· 对铁路列车、公路上的汽车流，在近场条件下，可作无限长声源处理；当预测点与声屏障的距离远小于屏障长度时，屏障可当无限长处理。

· 当计算出的衰减量超过 25dB 时，实际所用的衰减量应取其上限衰减量 25dB。

· 绿化林带的影响

绿化林带并不是有效的声屏障。密集的林带对宽带噪声的附加衰减量是每 10m 衰减 1～2dB（A）；取值的大小与树种、林带结构和密度等因素有关。密集的绿化林带对噪声的最大附加衰减量一般不超过 10dB（A）。

· 噪声从室内向室外传播的声级差计算

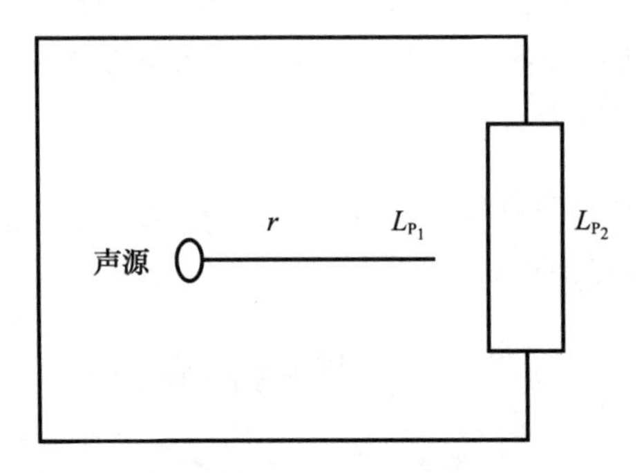

图 2-6 噪声从室内向室外传播

如图 2-6 所示，声源位于室内。设靠近开口处（或窗户）室内、室外的声级分别为 L_{P_1} 和 L_{P_2}。如声源所在室内声场近似扩散声场，则

$$NR=L_{P_1}-L_{P_2}=TL+6 \tag{2-38}$$

式中 TL 为隔墙（或窗户）的传输损失。

图 2-6 中，L_1 可以是测量值或计算值；若为计算值时，有如下计算式：

$$L_1=L_W+10\lg\left(\frac{Q}{4\pi r_1^2}+\frac{4}{R}\right) \tag{2-39}$$

（4）空气吸收引起的衰减

空气吸收引起的衰减量按下式计算：

$$A_{octatm}=\frac{a\ (r-r_0)}{100} \tag{2-40}$$

式中 r——预测点距声源的距离，m；

r_0——参考位置距离，m；

a——每 100m 空气吸收系数，dB。

a 为温度、湿度和声波频率的函数，一般根据当地常年平均气温和湿度相应的空气吸收系数预测计算（表 2-9）。

表 2-9 大气中的声衰减系数 dB/100m

温度/℃	1/3 倍频带中心频率/Hz	相对湿度/%								
		20	30	40	50	60	70	80	90	100
5	125	0.051	0.044	0.039	0.036	0.033	0.031	0.030	0.029	0.028
	250	0.115	0.096	0.086	0.079	0.074	0.070	0.066	0.063	0.061
	500	0.339	0.235	0.205	0.189	0.177	0.166	0.157	0.151	0.146
	1000	1.142	0.734	0.549	0.466	0.426	0.404	0.385	0.369	0.355
	2000	3.801	2.524	1.859	1.472	1.218	1.061	0.973	0.912	0.877
	4000	8.352	8.000	6.249	4.930	4.097	3.469	3.044	2.697	2.454
	8000	12.548	16.957	17.348	15.886	13.599	11.556	10.144	9.059	8.122
10	125	0.049	0.042	0.038	0.035	0.032	0.031	0.029	0.028	0.027
	250	0.109	0.093	0.083	0.077	0.072	0.068	0.065	0.062	0.059
	500	0.273	0.222	0.200	0.184	0.171	0.162	0.154	0.148	0.142
	1000	0.882	0.585	0.484	0.445	0.418	0.395	0.375	0.358	0.345
	2000	3.020	1.957	1.445	1.172	1.044	0.970	0.926	0.891	0.859
	4000	9.096	6.576	4.902	3.853	3.210	2.759	2.462	2.282	2.155
	8000	17.906	18.875	16.068	12.810	10.733	9.195	8.027	7.202	6.512
15	125	0.48	0.041	0.037	0.034	0.032	0.030	0.029	0.027	0.026
	250	0.106	0.090	0.081	0.075	0.070	0.066	0.063	0.060	0.038
	500	0.250	0.216	0.193	0.178	0.167	0.157	0.150	0.143	0.138
	1000	0.697	0.523	0.472	0.435	0.406	0.382	0.365	0.351	0.338
	2000	2.405	1.554	1.206	1.070	1.004	0.953	0.910	0.873	0.839
	4000	8.072	5.278	3.884	3.106	2.653	2.418	2.265	2.181	2.107
	8000	20.830	17.350	12.918	10.398	8.627	7.463	6.600	6.017	5.582
20	125	0.047	0.040	0.036	0.033	0.031	0.029	0.028	0.026	0.025
	250	0.102	0.088	0.079	0.073	0.068	0.064	0.061	0.059	0.056
	500	0.246	0.211	0.190	0.175	0.164	0.155	0.148	0.141	0.136
	1000	0.606	0.513	0.462	0.422	0.397	0.376	0.358	0.343	0.331
	2000	1.859	1.289	1.126	1.042	0.979	0.924	0.876	0.843	0.814
	4000	6.302	4.119	3.116	2.653	2.435	2.314	2.217	2.136	2.062
	8000	20.445	13.761	10.310	8.324	7.019	6.224	5.779	5.496	5.297

续表

温度/℃	1/3倍频带中心频率/Hz	相对湿度/%								
		20	30	40	50	60	70	80	90	100
25	125	0.045	0.093	0.035	0.032	0.030	0.027	0.025	0.024	0.023
	250	0.102	0.088	0.079	0.072	0.068	0.064	0.061	0.057	0.054
	500	0.238	0.205	0.184	0.170	0.159	0.150	0.143	0.137	0.132
	1000	0.579	0.501	0.448	0.414	0.388	0.367	0.350	0.336	0.323
	2000	1.561	1.223	1.117	1.032	0.960	0.911	0.872	0.838	0.807
	4000	5.088	3.399	2.791	2.555	2.407	2.288	2.186	2.095	2.017
	8000	16.939	11.233	8.486	7.008	6.249	5.826	5.608	5.419	5.253

（5）附加衰减

附加衰减包括声波传播过程中由于云、雾、温度梯度、风（称为大气非均匀性和不确定性）引起的声能量衰减以及地面效应（指声波在地面附近传播时由于地面的反射和吸收，以及接近地面的气象条件引起的声衰减效应）引起的声能量衰减。

在噪声环境影响评价中，不考虑风、温度梯度以及雾引起的附加衰减。

如果满足下列条件，需考虑地面效应引起的衰减：

① 预测点距离声源50m以上；

② 声源（或声源的主要发声部位）距地面高度和预测点距地面高度的平均值小于30m；

③ 声源与预测点之间的地面被草地、灌木等覆盖（软地面）。

若不满足以上条件，则不考虑地面效应。

地面效应引起的附加衰减量：

$$A_{exc}=5\lg\frac{r}{r_0} \tag{2-41}$$

不管距离多远，地面效应引起的衰减量上限为10dB。

如果在声屏障和地面效应同时存在的条件下，声屏障和地面效应引起的衰减量之和的上限为25dB。

2.3 噪声预测与评价

2.3.1 噪声预测

1. 预测的基础资料

建设项目噪声预测应掌握的基础资料包括建设项目的声源资料和建筑布局、声波传播条件、气象参数及有关资料等。

（1）建设项目的声源资料

建设项目的声源资料是指声源种类（包括设备型号）与数量、各声源的噪声级与发

声持续时间、声源的空间位置、声源的作用时间段。

声源种类与数量、各声源的发声持续时间及空间位置由设计单位提供或从工程设计书中获得。

（2）影响声波传播的各种参量

影响声波传播的各种参量包括当地常年平均气温和平均湿度；预测范围内声波传播的遮挡物（如建筑物、围墙等，若声源位于室内还包括门或窗）的位置（坐标）及长、宽、高数据；树林、灌木等分布情况、地面覆盖情况（如草地等）；风向、风速等。这些参量一般通过现场或同类类比现场调查获得。

2. 预测范围与预测点布置原则

（1）预测范围

噪声预测范围一般与所确定的噪声评价等级所规定的范围相同，也可稍大于评价范围。

（2）预测点布置原则

① 所有的环境噪声现状测量点都应作为预测点；

② 为了便于绘制等声级线图，可以用网格法确定预测点，网格的大小应根据具体情况确定；

③ 对于建设项目包含呈线状声源特征的情况，平行于线状声源走向的网格间距可大些（如100～300m），垂直于线状声源走向的网格间距应小些（如20～60m）；对于建设项目包含呈点声源特征的情况，网格的大小一般在20m×20m～100m×100m范围；

④ 评价范围内需要特别考虑的预测。

3. 拟建、扩建项目的环境噪声预测

拟建、扩建项目类型的噪声预测，基本上可以分为两种情况：一是在拟建、扩建企业建设项目进行可行性研究阶段所进行的噪声预测。在此阶段内，由于企业建设的具体位置，所选用的设备及其安装情况设计部门还无法提出，所能提出的只是大致的企业建设范围、生产能力等。这样，噪声预测只能是估算结果，噪声评价也只能给出大致的噪声污染范围；二是对拟建扩建工厂总体设计已经完成的情况下进行的噪声预测。在此阶段，拟建、扩建项目的主要噪声源（设备）的型号、类型、安装情况和主要建筑物（厂房、办公楼等）及其建筑位置都已确定下来。这样，所进行的噪声预测及其结果就比较精确。例如，我国安徽淮南潘谢矿区的环境噪声预测工作就具备上述两种情况。该矿区拟建七对大型矿井，矿区现状存在着建成、在建和拟建三种类型矿井区。

现以潘谢矿区为例，介绍拟建、扩建项目的环境噪声预测工作。

它的具体做法是，在对矿区声学环境和噪声源进行分析的基础之上，将环境进行区域（或称类型）划分，确定重点预测区和一般预测区，并根据各区域的特征及所掌握的预测参数，选用合理的预测模型，预测各个区域的环境噪声的影响，然后结合矿区的开发规模及其布局进行综合分析，确定整个矿区被开发时期的环境噪声污染水平。

在噪声预测的全部工作过程中，环境区域（或类型）的划分及预测模型的选取非常重要。潘谢矿区划分出如下的环境区域，并选取了相应的预测模型。

（1）对拟建各矿井的工业场地、选煤厂的环境噪声预测矿井的工业场地以谢桥矿工业场地为代表，选煤厂以潘二煤矿选煤厂为代表。

① 谢桥矿区的工业场地环境噪声预测工作有以下内容：

a. 工业场地的主要声源以及声源的频谱特征；

b. 设备噪声源的类比调查；

c. 工业场地环境噪声等压线的绘制；

d. 谢桥矿工业场地环境噪声预测结论。

② 潘工煤矿选煤厂环境噪声的预测工作有以下内容：

a. 类比设备噪声源；

$$L_1(A)=\begin{cases}L_\omega(A)-10\lg S & \text{自由声场}\\ L_\omega(A)-10\lg R+6 & \text{混合声场}\\ L_\omega(A)+10\lg(Q/\Omega\Gamma^2+4/R) & \text{半混合声场}\end{cases}$$

b. 环境噪声背景值的预估；

c. 环境噪声预测。

根据工业场地和选煤厂的噪声源及声学环境特征，选用如下数学模型来进行预测：

$$L_p(A)=L_1(A)+L_2(A)-L_3(A)-L_4(A)-L_5(A)-L_6(A)$$

式中 $L_1(A)$——室内声源传至室外某点的A声级；

$L_2(A)$——墙壁或门窗的实际隔声值；

$$L_2(A)=TL+10\lg a$$

$L_3(A)$——声级随距离的扩散衰减值；

$$L_3(A)=\begin{cases}20\lg\gamma_2/\gamma_1 & \text{点声源}\\ 10\lg\gamma_2/\gamma_1 & \text{线声源}\\ \text{近似}\ 0 & \text{面声源}\end{cases}$$

$L_4(A)$——静止、均质大气对声波吸收而产生的A声级衰减值；

$$L_4(A)=\frac{\alpha\gamma}{100}$$

$L_5(A)$——地面上的植被对声波的衰减值；

$$L_5(A)=(0.81\lg f-0.31)\gamma$$

$L_6(A)$——屏障所引起的衰减；

$$L_6(A)=20\lg\frac{\sqrt{2\pi N}}{\tanh\sqrt{2\pi N}}+5$$

$$N=\frac{2\delta}{\lambda}=\frac{2(A+B+C)}{\lambda}$$

式中 S——透声面积；

R——房间常数；

Q——指向性因素；

Ω——辐射空间角；

TL——构件隔声值；

α——每100m空气吸收值；

γ——距离；

N——菲涅耳数；

A——声源到屏障顶端距离；

B——评价点到屏障顶端距离；

C——声源到评价点直线距离。

(2) 对拟建的辅助企业中心及随矿井拟建的集镇之环境噪声预测

现仍以潘谢矿区为例说明问题。潘谢矿区东部辅助企业中心已经形成，西部辅助企业中心待建。西部辅助企业中心与东部辅助企业中心基本相似，以矿工生活区和其他辅助企业为主。污染环境的主要噪声源是生活噪声和社会噪声，其次是小型工业的生产噪声及流动声源（机动车辆所辐射的噪声）。因此，对待建的西部环境噪声选用环境类比方法进行预测是适宜的，也就是采用与东部辅助企业中心环境噪声现状测量结果相类比的方法，来预测西部辅助企业中心的环境噪声水平。

(3) 矿区公路交通噪声预测模型

公路交通范围也是煤矿区域内的一个环境分区。煤矿区公路交通噪声与城市交通噪声有一定差别，主要表现为矿区规划的公路为二、三级公路，车流量远低于城市干线的车流量。一般说来，正常行驶的车速高于干道车速。矿区两侧的建筑物很少，噪声的污染范围较城市广得多。所选用的预测模型为：

$$L_{\theta q}=L_{\omega(A)}+10\lg\frac{Q}{V}+10\lg\left(\frac{d_0}{d}\right)^{1+\alpha}+\Delta S+13 \tag{2-42}$$

式中 $L_{\omega(A)}$——为每一种车型声功率级；

ΔS——噪声屏障因子；

α——地面覆盖物吸收特性因子。

按上述分别求出客车、卡车、重型卡车每 1h 的 $L_{\theta q}$值，然后按对数叠加出每 1h 混合车流的总等效声级。

4. 道路交通噪声预测

在做道路交通噪声预测前，首先应预测新建道路上的交通流量，通过车的种类及其噪声状况分析，最后才能做出道路交通噪声的预测。

新建道路的交通流量预测有多种方法。作为噪声预测可按道路设计通行能力和全天交通总量进行预测。

在知道全天交通量后，需确定各不同时段的交通量。各时段的交通量可根据现有街道的调查结果获得。有关研究认为，日交通量因时间、季节、气候、天气状况而变动。除因气候、天气状况变动外，一般与星期一至星期六的日交通量变化图的倾向基本一致，星期日的流量则明显减少。如以 1d 为周期观察交通量的变化，虽然由于地点的不同，日变化特征不同，但在一定程度上还是有规律可循的。

交通噪声除和交通量有关外，还与车速有关，车辆噪声随速度的增加而增加。

摩托车噪声随车速的变化可以下式表示：

$$L_{PA}=77.5+20\lg\left(\frac{v}{88}\right) \tag{2-43}$$

国内在噪声预测方面已做过很多工作。同济大学和清华大学根据车头时距的负指数模型预报单车道双车种或多车道多车种车流路边的统计噪声级。其基本步骤为：

① 确定等效车道距测点的距离（DE）

$$DE=\sqrt{DF \cdot DN} \tag{2-44}$$

DN、DF——分别为测点离最近与最远一个车道的距离。

② 确定不同车种的声功率，一般国内车辆分为如下四种，见表2-10。

表2-10　车等级的划分和路边测得的各类车典型平均声压级（DE=10m）

车的等级	车种	平均声压级［dB（A）］
一等	重型卡机、拖拉机	80～82
二等	卡车、摩托车	76～78
三等	无轨电车、公共汽车	72～74
四等	小汽车、面包车、吉普车	66～68

③ 根据下式求出等效车流密度 λ_{eq}

$$\lambda_{eq}=\frac{1}{1000v}\cdot\frac{\sum_{j=1}^{4}P_jQ\,10^{(L_{Wj}/10)^2}}{\sum_{j=1}^{4}P_jQ\,10^{2L_{Wj}/10}} \tag{2-45}$$

式中　P_j——各等级车的比率；

Q——总流量；

L_{Wj}——j 种车的声功率；

v——车速，km/h。

④ 根据下列公式计算 L_0 的概率密度函数 P（L_0）。

$$P(L_0)=\frac{\lambda_{eq}L_n^{10}}{20\pi(1-\alpha)/2}10^{-\frac{L_0}{20}}\times\exp\left\{\pi^d(2\lambda_{eq}DE-4DF^2)\,10^{L_0/10}-\frac{\lambda_{eq}^2}{4}10^{-L_0/10}\right\}$$

$$\alpha=(\lambda_{eq}DE\pi)^2/[1+(\lambda_{eq}DE\pi)^2]$$

式中　L_0——表示声源声功率为零分贝时测点处的声压级。

⑤ 由式 $\int_{L_{x(0)}}^{\infty}P(L_0)\alpha L_0=x\%$ 求出 $L_{x(0)}$。

$L_{x(0)}$ 代表当声源声功率级为零分贝时求出的统计声级 $L_{x(0)}$。

⑥ 由式 $L_{Weq}=10\lg\left[\frac{\sum_{j=1}^{4}P_jQ^{2L_{Wj}/10}}{\sum_{j=1}^{4}P_jQ\,10^{L_{Wj}/10}}\right]$，求出 L_{Weq}。

⑦ 最后由式 $L_x=L_{Weq}+L_{x(0)}$ 得到统计声级值 L_x。为便于实用计算起见，还利用上述方式制定了 L_{10} 的预报表。知道车辆类型、行驶速度以及车流量，就可以推知路边等效距离为10m的交通噪声级。

2.3.2　噪声评价量

人们对于噪声的主观感觉与噪声强弱、噪声频率、噪声随时间的变化有关。如何才能把噪声的客观物理量与人的主观感觉结合起来，得出与主观响应相对应的评价量，用以评价噪声对人的干扰程度，这是一个复杂的问题。迄今为止的噪声评价方法已有几十

种，本节所叙述的内容是已基本公认的评价量和评价方法。

1. 响度级

为了定量地确定声音的轻或者响的程度，通常采用响度级这一参量。以 1000Hz 的纯音作标准，使其和某个声音听起来一样响，那么此 1000Hz 纯音的声压级就定义为该声音的响度级。响度级的符号为 L_N，单位为方（phon），当人耳感到某声音与 1000Hz 单一频率的纯音同样响时，该声音声压级的分贝数即为其响度级。响度级的 phon 值，实质上是 1000Hz 声音声压级的 dB 值。

2. 响度

声音的强弱程度叫作响度。响度是感觉判断的声音强弱，即声音响亮的程度，符号为 N，单位为宋（sone）。响度是与主观轻响程度成正比的参量，它是衡量声音强弱程度的一个最直观的量。其定义为正常听者判断一个声音响度级为 40phon 参考声强响的倍数。规定响度级为 40phon 时响度为 1sone。响度的大小主要依赖于声强，也与声音的频率有关，根据它可以把声音排成由轻到响的序列。对于同一频率的声音，响度随声强的增加不是线性关系。响度和响度级的关系为：

$$N=2^{0.1(L_N-40)} \tag{2-46}$$

$$L_N=40+100\log_2 N=40+33.22\lg N \tag{2-47}$$

式中 N——响度，sone；

L_N——响度级，phon。

响度级每增加 10phon，其响度则增加 1 倍。例如，响度级为 50phon 的声音其响度为 2sone，响度级为 60phon 的声音，其响度为 4sone。

3. 等响曲线

为了使不同声压级、不同频率的声音在人耳中感觉响的程度能量化，在一定条件下，测试了 18～25 岁听力正常者对不同频率、不同声压级声音的主观感觉，得出一簇达到同样响度级时频率与声压级的等响关系曲线，即等响曲线（图 2-7）。图 2-7 中每一条曲线都是用频率为 1000Hz 的纯音对应的声压级数值作为该曲线的响度级，单位为 phon。每一条曲线表示不同频率、不同声压级的纯音具有相同的响度级。最下面的曲线（虚线）是听阈曲线，即零方响度级曲线，这条曲线上的点表明人耳刚能听到的声音的频率和声压级，一般这条曲线下方的点所表示的相应频率和声压级的声音人耳是听不到。120phon 的曲线是痛觉的界限，称为痛阈曲线，超过此曲线的声音，人耳会感觉痛。从任意一条曲线均可看出，低频部分对应的声压级高，高频部分对应的声压级低（尤其是 2000～5000Hz），说明人耳对低频声不敏感，而对高频声敏感。当声压级高于 100dB，等响曲线逐渐拉平，说明当声压级高于 100dB 时，人耳分辨高、低频声音的能力变差，此时声音的响度级与频率关系已不大，而主要取决于声压级。

（4）斯蒂文斯响度

上面讲到的仅是简单的纯音响度、响度级与声压级的关系。然而，大多数实际声源产生的声波是宽频带噪声，并且不同频率的噪声之间还会产生掩蔽效应。斯蒂文斯（Stevens）和茨维克（Zwicker）注意到并研究了这种复合声响度的掩蔽效应，得出如图 2-8 所示的等响指数线。

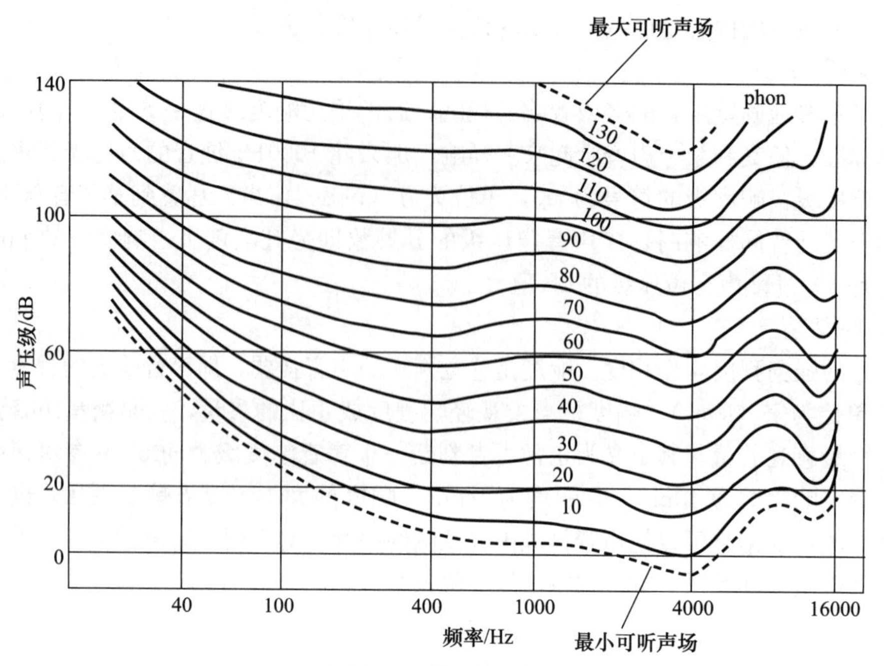

图 2-7　等响曲线

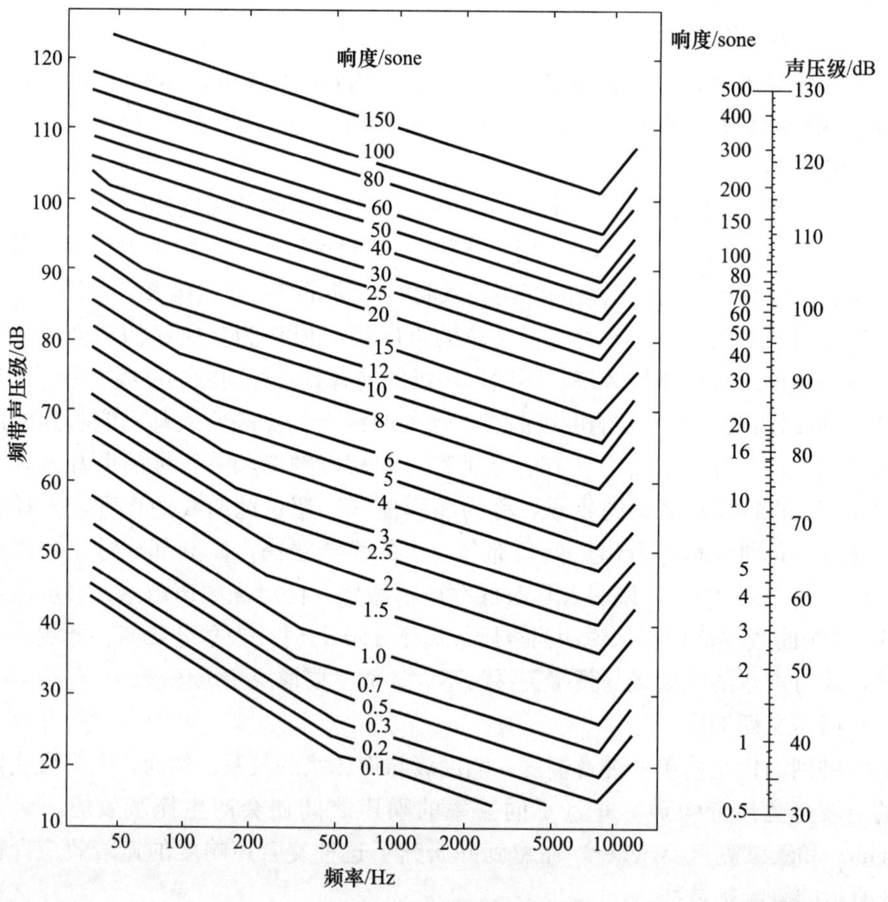

图 2-8　等响指数线

该线对带宽掩蔽效应考虑了计权因素，认为响度最大的频带贡献最大，而其他频带声音被掩蔽。因此，对宽频带噪声，总响度计算方法为：

① 测出频带声压级（倍频程、1/2倍频程或1/3倍频程）；

② 从图2-8上查出各频程声压级对应的响度；

③ 找出响度序列中的最大值 N_{max}，从各频带响度总和中扣除最大值 N_{max}，再乘以相应的计权因子 F，最后与 N_{max} 相加即为复合噪声的响度 N_t，用数学表达式可表示为：

$$N_t = N_{max} + F\left(\sum N_i - N_{max}\right) \tag{2-48}$$

式中 N_t——噪声的总响度，sone；

N_i——某频率和声压级对应的响度，sone；

N_{max}——N_i 中最大的一个响度，sone；

F——计权因子，它与频带宽有关，对于倍频程，$F=0.3$；1/2倍频程，$F=0.2$；1/3倍频程，$F=0.15$。

有时用响度下降的百分比衡量噪声治理后的响度下降的百分比 η 为

$$\eta = \left[(N_1 - N_2)/N_1\right] \times 100\% \tag{2-49}$$

式中 N_1、N_2——分别表示噪声治理前和治理后的响度，sone。

例题 某声源在指定测点处，测得治理前、后的声压级如表2-11中第2、3行所示。计算治理前、后的总响度和响度下降的百分比。

解：由图2-8查到各频率和声压级对应的响度列于第4行和第5行。

表2-11 测点治理前后频率、声压级及响度

中心频率/Hz	500	1000	2000	4000	8000
治理前声压级/dB	85	95	93	90	80
治理后声压级/dB	75	85	85	80	75
治理前响度/sone	19	50	53	50	30
治理后响度/sone	10	23	28	24	22

治理前：$N_t=53+0.3\times(202-53)=97.9$（sone）；

治理后：$S_t=28+0.3\times(107-28)=51.7$（sone）；

响度下降百分率：$\eta=\left[(97.7-51.7)/97.7\right]\times100\%\approx47.1\%$。

2.3.3 环境噪声评价

1. 噪声评价基本内容

（1）项目建设前环境噪声现状；

（2）根据噪声预测结果和环境噪声评价标准，评述建设项目施工、运行阶段噪声的影响程度、影响范围和超标状况（以敏感区域或敏感点为主）；

（3）分析受噪声影响的人口分布（包括受超标和不超标噪声影响的人口分布）；

（4）分析建设项目的噪声源和引起超标的主要噪声源或主要原因；

（5）分析建设项目的选址、设备布置和设备选型的合理性；分析建设项目设计中已有的噪声防治对策的适用性和防治效果；

（6）为了使建设项目的噪声达标，评价必须提出需要增加的、适用于评价工程的噪声防治对策，并分析其经济、技术的可行性；

（7）提出针对该建设项目的有关噪声污染治理、噪声监测和城市规划方面的建议。

2. 受噪声影响的人口预估

（1）城市规划部门提供的某区域规划人口数；

（2）若无规划人口数，可以用现有人口数和当地人口增长率计算预测年限的人口数。

3. 评价方法

根据不同目的，可有多种方法进行评价。现介绍影响指数法。该方法的基本程序如图2-9所示。

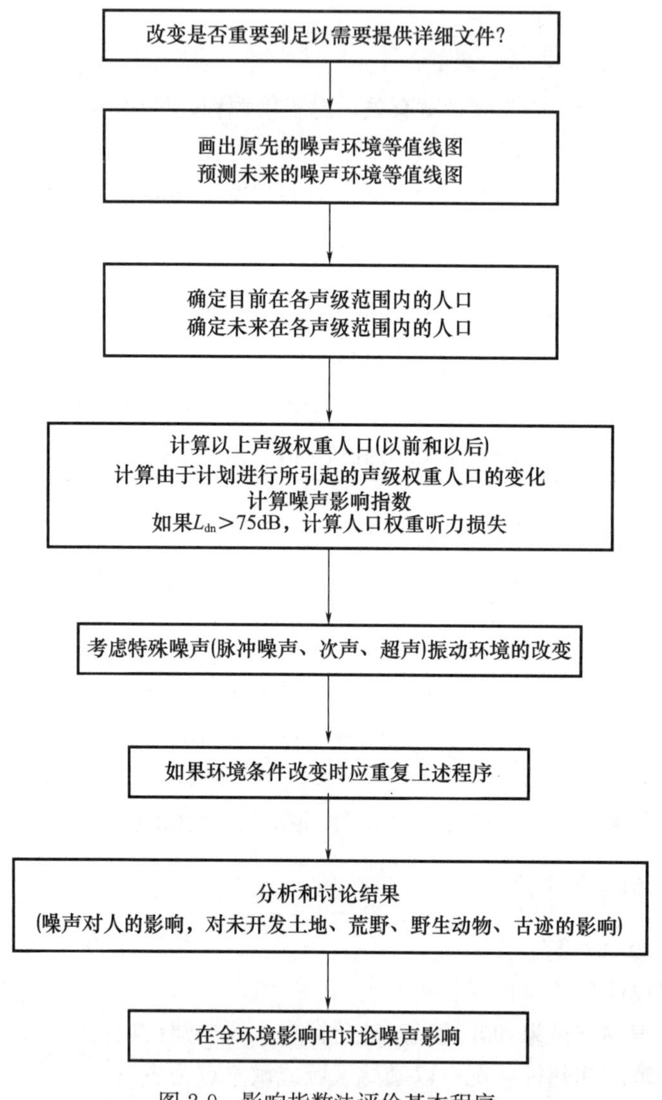

图2-9　影响指数法评价基本程序

在该评价中，噪声影响的定量值是按两种噪声潜在的长期影响为基础的：一是由于噪声环境的改变，在一个长时期内含有高烦恼的人数，二是由于长期暴露在高噪声级下，噪声导致听力损失的危险。

这两种影响可作为噪声对公众健康和幸福影响的主要指标。

当有两种计划方案时，比较两种噪声环境影响时，可采用如下的噪声影响指数。

$$N_{\text{II}} = T_{\text{WP}} \Big/ \sum_{1} P_i$$

式中 $\sum_{1} P_i$——在评价区域内的总人口；

$$T_{\text{WP}} = \sum_{1} W_i P_i$$

式中 P_i——在 i 声级区域内的人口；

W_i——为 i 声级下的无量纲权重系数。

声级一般可采用昼夜平均声级 L_{dn}，当作用时间较短时，也可采用等效连续声级 L_{eq}，一般采用 A 声级。W_i值见表 2-12。

表 2-12 各种昼夜平均声级的权重系数 W_i

L_{dn}范围/dB	W_i	L_{dn}范围/dB	W_i
35～40	0.01	65～70	0.54
40～45	0.02	70～75	0.83
45～50	0.05	75～80	1.20
50～55	0.09	80～85	1.70
55～60	0.18	85～90	2.31
60～65	0.32		

当评价项目导致人们每天暴露于等效连续声级 75dB 以上 8h 或更长时间时，将引起听力损失，使用上述权重系数是不够的。因此提出用于保护听力的权重系数 H_i，见表 2-13。

表 2-13 各种昼夜平均声级的权重系数 H_i

L_{dn}范围/dB	H_i	L_{dn}范围/dB	H_i
75～76	0.01	85～86	2.8
76～77	0.05	86～87	3.3
77～78	0.20	87～88	3.9
78～79	0.30	88～89	4.6
79～80	0.50	89～90	5.3
80～81	0.80	90～91	6.0
81～82	1.1	91～92	6.8
82～83	1.4	92～93	7.7
83～84	1.8	93～94	8.5
84～85	2.3	94～95	9.5

$$PHL = \frac{\sum_{i} H_i P'_i}{\sum_{i} P_i} \text{(dB)} \tag{2-50}$$

式中 P_i——表示昼夜平均声级超过 75dB 时，第 i 个范围内的人数；

H_i——在 i 个范围内表示听力保护的权重系数；

PHL——潜在的平均听力损失指数。

如果采用了 PHL 进行评价，仍需做 N_{II} 评价。

2.4 噪声控制技术

2.4.1 噪声控制措施

噪声控制的措施是多种多样的，一是管理方面的，二是技术方面的。用行政管理办法和技术管理办法控制噪声叫管理控制，用工程手段治理噪声叫工程控制。噪声控制的基本方法如图 2-10 所示。

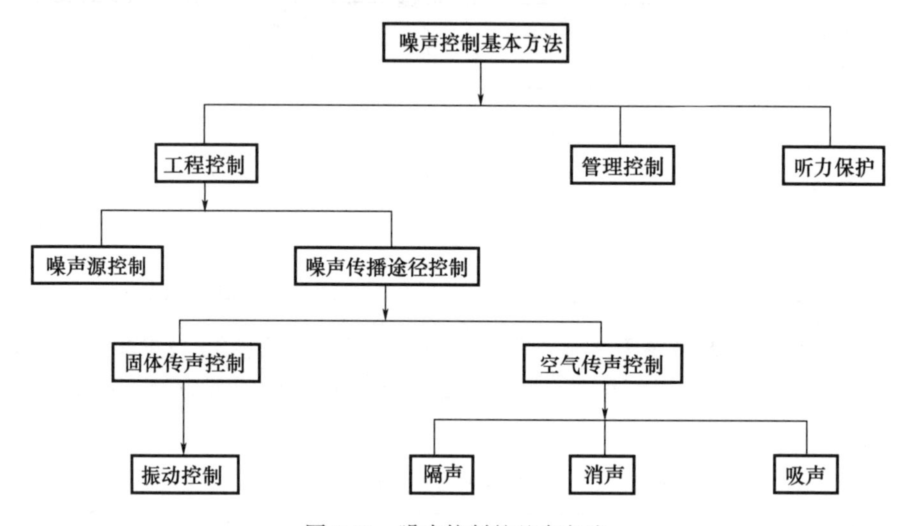

图 2-10　噪声控制的基本方法

首先，行政管理措施和合理的规划是十分重要的。为了防止和治理噪声，我国政府采取了积极的措施，其中也运用了法律手段。《中华人民共和国环境保护法》第四十二条规定：排放污染物的企业事业单位和其他生产经营者，应当采取措施，防治在生产建设或者其他活动中产生的废气、废水、废渣、医疗废物、粉尘、恶臭气体、放射性物质以及噪声、振动、光辐射、电磁辐射等对环境的污染和危害。《中华人民共和国治安管理处罚条例》第二十五条规定：对违反规定，在城镇使用音响器材，音量过大，影响周围居民的工作和休息，不听制止的处 50 元以下罚款。2008 年 10 月 1 日开始实施的《声环境质量标准》(GB 3096—2008)，《中华人民共和国环境噪声污染防治法》，从防治噪声污染，保障城乡居民正常生活、工作和学习的声环境质量出发，规定了五类环境功能区的环境噪声限值及测量方法。环境保护部 2008 年 8 月发布《工业企业厂界环境噪声排放标准》(GB 12348—2008)，从防治工业企业噪声污染、改善声环境质量出发，规定了工业企业和固定设备厂界环境噪声排放限值及其测量方法。

其次，是在工程方面的控制。所有的噪声问题都可以分为声源、传播途径、接受者三部分，因此，一般的噪声控制问题都是分为三部分来考虑，首先是降低声源本身的噪

声；如果技术上办不到，或者技术上可行而经济上不合算，则考虑从传播的路程中降低噪声；如果这种方法达不到要求或不合算，则可考虑接受者的个人保护。噪声的种类很多，因其产生的条件不同而异。地球上的噪声来源于自然界的噪声和人类活动产生的噪声。自然界的噪声主要是火山爆发、地震、潮汐、下雨和刮风等自然现象所产生的空气声、雷声、地声、水声和风声等。人为活动所产生的噪声包括交通噪声、工业噪声、施工噪声和社会生活噪声等。由于自然界所产生的噪声具有一定的不可避免性和难以预测性，因此我们现在所说的噪声主要是人类活动所产生的噪声。而且在治理上，我们要对于不同的噪声来源和种类采取不同的治理方法，将其重点放在不同的环节上，使之在技术上可行、经济上合理。

从工程的控制方法上，可以采取以下的方法对噪声进行控制。

1. 噪声源的控制

消除和减少声源是控制噪声的根本办法。例如，防止冲击、减少摩擦、保持平衡、去除振动等都是消除或减少声源的办法。此外，避免旋转流体无规律的运动，防止流体形成涡流运动都是消除和减少流体噪声的好办法。但是，在工程应用中，完全实现这些措施是很困难的。譬如，要抑制冲床的冲击，阻止风机的空气流动，除非停止机械的运转，否则是不可能的。所以，消除声源的关键是制止不适当的或可能减少的冲击及不必要的振动，设法把必然发出的声音降到最低限度。

但是，对于机械设计人员和使用者来说，他们没有使机械自身静止不动而进行工作的方法和手段，最多是改善安装、改进保护、不出杂声等。因此，使用中必须考虑能否用噪声小的机械代替噪声大的机械，或者采用别的生产工艺代替噪声大的工艺。

2. 传播途径的控制

在不能根本消灭声源的情况下，应从下面几个方面采取消声措施，避免噪声的危害：

(1) 声源密闭

声源密闭就是采用密闭方法切断声源向外传播的措施。这种措施的要点是，对于能够密闭的机械首先进行密闭。例如，用金属箱密闭机械，可使其产生的声音大幅度降低。但是，较薄的易振金属箱往往不能充分阻隔声音，这是因为声能积蓄，箱内声级上升，薄板不能充分消声的缘故。这时，在机械与箱体之间填充吸声材料如玻璃丝棉、聚苯板等，则会有更好的消声效果。

(2) 防振装置

安装机械设备时，多数情况下需要安装防振装置，以防止机械设备的振动传向地板和墙壁、形成噪声声源。当振动传给房屋时，会出现二次声音，并造成噪声污染。例如，车间、医院、办公室等，常常因为隔壁动力机械、电梯等的振动出现新的噪声源。常用的防振装置有防振垫、防振弹簧、防振圈等，这些防振措施，能简单而有效地防止振动，减少噪声。

(3) 消声装置

风机、水泵、空气压缩机等难以密闭的机械、最常用的消声办法是在设备的入口、出口或管道上安装消声器或类似的消声装置。用消声器消除高频噪声一般都会收到良好的效果，而消除低频噪声，效果往往不理想。为此，不得不设计和安装体积相当庞大的消声器，这又是不经济的。所以，在防止低频噪声时，宜采用共鸣措施等特殊手段，来达到消除噪声的目的。常用的消声器有以下几种：

① 阻性消声器

阻性消声器是把吸声材料，玻璃棉、木丝板、泡沫塑料等固定在气流通过的管道内壁或按一定排列方式放置在管道中，利用吸声材料使噪声能量耗损，达到降低噪声的目的。阻性消声器构造简单，设计、制造容易，对较宽范围的中、高频率的噪声有很好的消声效果。在气体流量小时，要用管式阻性消声器。当气体流量大时，往往把吸声材料安装成片式、蜂窝式或迷宫式，以提高消声效果。在应用中应注意避免把它用于高温、湿气的场合。

② 抗性消声器

这种消声器用声波的反射或干涉来达到消声的目的。它又分为膨胀腔式和共鸣式两类。膨胀腔式消声器又称扩张室式消声器。它是截面为 S_1 的管道上连接一段截面突然扩大为 S_2 的管段。为了提高消声效果，膨胀腔可由多段组成，或者在膨胀腔再加上微孔板等。抗性消声器适用于消除低、中频噪声，且具有耐高温、耐油污、耐潮湿等优点。

③ 多孔扩散消声器

多孔扩散消声器是让气流通过多孔装置扩散，从而达到降低噪声的目的。这种消声器降低噪声效果显著，一般可使噪声降低 30～50dB，而且结构简单，质量较轻。但容易积尘，造成小孔堵塞，所以在使用中要定期清洗。多孔扩散消声器多用于消除风动工具、高压设备等排气所产生的噪声，而不在排气管道之中使用。

④ 室内消声处理

上面的消声措施多数属于机械制造厂家需要考虑的范围。作为机械的使用厂家，为了减少噪声的危害，可以根据厂房或者房屋的具体情况进行种种消声处理，这也是减少噪声的一种有效方法。对噪声较大的机械厂房，充分利用吸声技术进行消声减噪处理，能够收到十分明显的效果。例如，在墙壁和顶棚上面粘木屑板、聚苯板等吸声材料，有可能使壁面的吸声能力增大数倍或十多倍，此时就能使厂房内的噪声减小数分贝。然而，对已具备某种程度吸声能力的厂房，要想再增加数倍吸声能力，就比较困难了，即使采取了一些措施，也不容易达到预期的效果。居住房屋或公用建筑的室内大体属于后一种情况。

如果不是室内产生的噪声，而是通过墙壁或窗户传来的声音，这时可以把墙壁和窗户当作声源来考虑。如果准备把噪声降低到什么级水平，就在壁面采取什么样的措施。例如，当大街上的汽车噪声或天空的飞机噪声传入室内时，就应考虑窗户为声源，密闭窗户并设法增加壁面的吸声能力，以便保持室内的环境条件。

⑤ 隔声壁

声音会从室内传到室外或从室外传到室内，也会从一个厂房传到另一个厂房。为了减少其传播应考虑墙壁本身的隔声功能，墙壁本身就是最好的隔声措施之一。

隔声墙一般都是用来隔断来自室外的种种声音。例如，防止火车声音的火车站、防止汽车声音的汽车站、防止道路上声音的电话亭、防止厂房内声音的控制室，这些场合的墙壁隔声都是很有效的。这是因为墙壁距离声源或受害者很近的缘故。如果墙壁距离

声源或受害者较远，隔声效果则不好，这就是宽阔的工厂厂界线上设置围墙往往对防止噪声无济于事的原因。在工厂周围植树，能够减少灰尘、美化环境，而对防止噪声多半只起到心理上的作用，而没有明显的实际效果。种植绿篱、灌木、花卉尤其是这样。

⑥ 用距离防止噪声

如果有条件的话，把噪声源与受害者分开一定的距离来防止噪声，会收到理想的效果。用距离防止噪声是一个防止噪声的技术措施。飞机场和飞行航线几乎都远离城市街道，就是这种技术应用的一个典型实例。

在工厂企业，把声源和受害者尽可能地隔开一些距离也是防止噪声的常用办法。例如，靠近居民区的工厂，在厂区配置时，应把噪声大的车间配置到远离居民区的一边，把没噪声的或噪声小的车间放到靠近居民区一边。处于居民区的工厂应把声源移到工厂中央，把仓库、办公室、洗澡间等房屋配置在四周。

3. 噪声的个人防护

当降低噪声在技术上或经济上有困难时，可采用个人防护的办法。最常用的个人防护品有耳塞、耳罩和防噪声头盔 3 种。

(1) 耳塞

耳塞用塑料、橡胶或浸蜡棉纱制成，有多种规格，每个人可根据自己的情况选用，适用于 115dB 以下的噪声环境。

(2) 耳罩

耳罩是仿照耳朵的外形，用塑料及吸声材料做成的，可降低噪声 10～30dB。适用于造船厂、金属结构厂、发动机试车站等噪声较高的场所。

(3) 防噪声头盔

防噪声头盔的外壳是硬塑料，内衬是吸声材料。它除了防止噪声外，还兼有防碰撞、防寒冷等功能。适用于打靶场、坦克舱等强噪声环境。

2.4.2 噪声控制技术

1. 吸声

在一般未做任何声学处理的车间或房间内，壁面和地面多是一些硬而密实的材料，如混凝土天花板、抹光的墙面及水泥地面等。这些材料与空气的特性声阻抗相差很大，很容易导致声波的反射。当室内声源向空间辐射声波时，接收者听到的不仅有从声源直接传来的直达声，还会有一次或多次反射形成的反射声。通常将经过一次或多次反射后到达受声点的反射声的叠加称为混响声。就人的听觉而言，当两个声音到达人耳的时间差在 50ms 之内时，就分辨不出是两个声音，因而由于直达声与混响声的叠加，会增强接收者听到的声强度。所以同一机器在室内时，常感到比在室外响得多。试验证明，在室内离噪声源较远处，噪声一般可比室外提高约十余分贝，若用可以吸收声能的材料或结构装饰在房间内表面，便可吸收部分入射到上面的声能，使反射声减弱，这时接收者听到的是直达声和已减弱的混响声，使总噪声级降低，这便是吸声降噪的基本思路。

能够吸收较高声能的材料或结构称作吸声材料或吸声结构。利用吸声材料和吸声结构吸收声能以降低室内噪声的办法称作吸声降噪，通常简称吸声。

吸声处理一般可使室内噪声降低3～5dB，使混响声很严重的车间降噪6～10dB。吸声是一种最基本的控制声音传播的技术措施。

（1）吸声材料

① 吸声系数。吸声材料或结构吸声能力的大小通常用吸声系数α表示。当声波入射到吸声材料或结构表面上时，一部分声能被反射，另一部分声能被吸收，还有一部分声能透过它继续向前传播，故吸声系数的定义为材料或结构吸收的声能（包括透过材料或结构继续传播的声能）与入射到材料上的总声能之比，计算式为

$$\alpha=(E_a+E_t)/E=(E-E_r)/E=1-r \tag{2-51}$$

式中 E——入射总声能，J；

E_a——被材料或结构吸收的声能，J；

E_t——透过材料或结构的声能，J；

E_r——被材料或结构反射的声能，J；

r——反射系数。

α值一般在0～1之间。$\alpha=0$，表示声能全反射，材料不吸声；$\alpha=1$，表示声能全部被吸收，无声能反射。α值愈大，材料的吸声性能愈好。通常，α大于0.2的材料方可称为吸声材料。实际应用中当然主要是希望材料本身吸收的声能E足够大，以增大α值。

吸声材料的吸声系数可由实验方法测定，常用的方法有混响室法和驻波管法两种，测试结果可相互转化。

② 吸声量。吸声量亦称等效吸声面积。吸声量规定为吸声系数与吸声面积的乘积，即

$$A=\alpha S \tag{2-52}$$

式中 A——吸声量，m^2；

α——某频率声波的吸声系数；

S——吸声面积，m^2。

若$50m^2$的某种材料，在某频率下的吸声系数为0.2，则该频率下的吸声量应为$10m^2$。或者说，它的吸声本领与吸声系数为1，面积为$10m^2$的吸声材料相同，此$10m^2$即为等效吸声面积。

如果组成厂房各壁面的材料不同，则壁面在某频率下的总吸声量A为

$$A=\sum_{i=1}^{n}A_i=\sum_{i=1}^{n}\alpha_i S_i \tag{2-53}$$

式中 A_i——第i种材料组成的壁面的吸声量，m^2；

S_i——第i种材料组成的壁面的面积，m^2；

α_i——第i种材料在某频率下的吸声系数。

③ 多孔吸声材料的吸声原理。在材料表面和内部有无数的微细孔隙，这些孔隙互相贯通并且与外界相通的吸声材料称作多孔吸声材料。其固定部分在空间组成骨架，称作筋络。当声波入射到多孔吸声材料的表面时，可沿着对外敞开的微孔射入，并衍射到内部的微孔内，激发孔内空气与筋络发生振动，由于空气分子之间的黏滞阻力以及空气与筋络之间的摩擦阻力，使声能不断转化为热能而消耗；此外，声波的传播过程实质上

就是空气的压缩与膨胀相互交替的过程，空气压缩时温度升高，膨胀时温度降低，由于热传导作用，在空气与筋络之间不断发生热交换，也会使声能转化为热能。声波在刚性壁面反射后，经过材料回到其表面时，一部分声波透射回空气中，一部分又反射回材料内部。如此反复，不断耗能直到平衡。这样，材料就“吸收”了部分声能。

（2）吸声结构

为改善低频吸声性能，利用共振原理研制的各种吸声结构，称作共振吸声结构。它基本可分为薄板（类似的还有薄膜）共振吸声结构、穿孔板共振吸声结构、微穿孔板吸声结构等几种类型，主要适用于对中、低频噪声的吸收。

① 薄板共振吸声结构。将薄的塑料、金属或胶合板等材料的周边固定在框架（称龙骨）上，并将框架牢牢地与刚性板壁相结合（图 2-11)，这种由薄板与板后的封闭空气层构成的系统就称作薄板共振吸声结构。

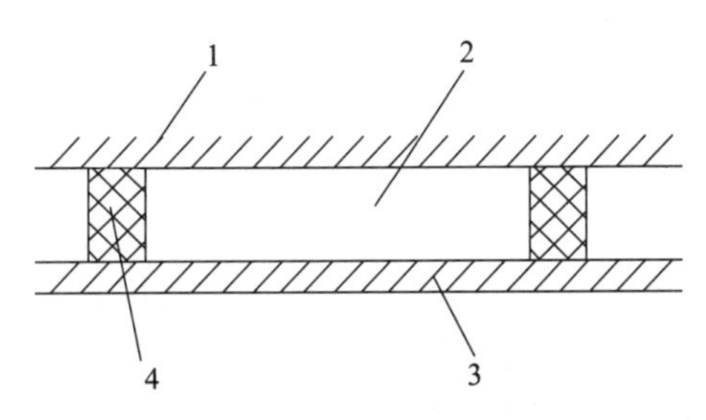

图 2-11 薄板共振吸声结构示意

1—刚性壁面；2—空气层；3—薄板；4—龙骨

薄板共振吸声结构实际近似于一个弹簧和质量块振动系统。薄板相当于质量块，板后的空气层相当于弹簧，当声波入射到薄板上，使其受激振后，由于板后空气层的弹性、板本身具有的劲度与质量，薄板就产生振动，发生弯曲变形，使声能转化为机械能；板的内阻尼及板与龙骨间的摩擦，便将振动的能量转化为热能。当入射声波的频率与板系统的固有频率相同时，便发生共振，板的弯曲变形最大，振动最剧烈，声能也就消耗最多。

薄板共振吸声结构的共振频率：

$$f_0=\frac{600}{\sqrt{MD}} \tag{2-54}$$

式中 M——板的面密度，kg/m^2，$M=mt$，其中 m 为板密度，kg/m^3，t 为板厚，m；

D——板后空气层厚度，cm。

【讨论】

M 增大或 D 增加，共振频率下降。

通常取薄板厚度 3～6mm，空气层厚度 3～10mm，共振频率多在 80～300Hz 之间，故一般用于低频吸声。

吸声频率范围窄，吸声系数不高，约为 0.2～0.5。

② 穿孔板共振吸声结构。在薄板上穿以小孔，在其后与刚性壁之间留一定深度的空腔所组成的吸声结构称为穿孔板共振吸声结构。按照薄板上穿孔的数目分为单孔共振吸声结构与多孔共振吸声结构。

a. 单孔共振吸声结构。单孔共振吸声结构又称作“亥姆霍兹”共振吸声器或单腔共振吸声器。它是一个封闭的空腔，在腔壁上开一个小孔与外部空气相通的结构（图 2-12），可用陶土、煤渣等烧制或水泥、石膏浇筑而成。

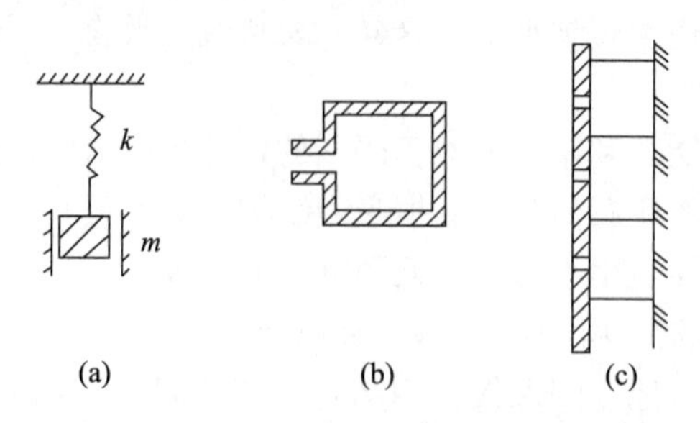

图 2-12　单腔共振吸声结构

（a）质量-弹簧系统；（b）单腔共振吸声结构剖面；（c）单腔共振吸声结构组合图

单孔共振吸声结构也可比拟为一个弹簧与质量块组成的简单振动系统［图 2-12（a）］，开孔孔颈中的空气柱很短，可视为不可压缩的流体，比拟为振动系统的质量 m，声学上称为声质量；有空气的空腔比作弹簧 k，能抗拒外来声波的压力，称为声顺；当声波入射时，孔颈中的气柱体在声波的作用下便像活塞一样做往复运动，与颈壁发生摩擦使声能转变为热能而损耗，这相当于机械振动的摩擦阻尼，声学上称为声阻。声波传到共振器时，在声波的作用下激发颈中的空气柱往复运动，在共振器的固有频率与外界声波频率一致时发生共振，这时颈中空气柱的振幅最大并且振速达到最大值，因而阻尼最大，消耗声能也最多，从而进行有效的声吸收。

单腔共振体的共振频率：

$$f_0=\frac{c}{2\pi}\sqrt{\frac{S}{Vl_K}} \tag{2-55}$$

式中　c——声波速度，m/s；

S——小孔截面积，m^2；

V——空腔体积，m^3；

l_K——小孔有效颈长，m。

若小孔为圆形则有

$$l_K=l+\frac{\pi}{4}d\approx l+0.8d$$

式中　l——孔颈的实际长度（即板厚度），m；

d——颈口的直径，m。

空腔内壁贴多孔材料时，有

$$l_K=l+0.2d$$

【讨论】

单腔共振吸声结构使用很少，是其他穿孔板共振吸声结构的基础。

b. 多孔穿孔板共振吸声结构。构造与吸声机理。多孔穿孔板共振吸声结构通常简称为穿孔板共振吸声结构，实际是单孔共振器的并联组合（图 2-13），故其吸声机理同单孔共振结构，但吸声状况大为改善，应用较广泛。

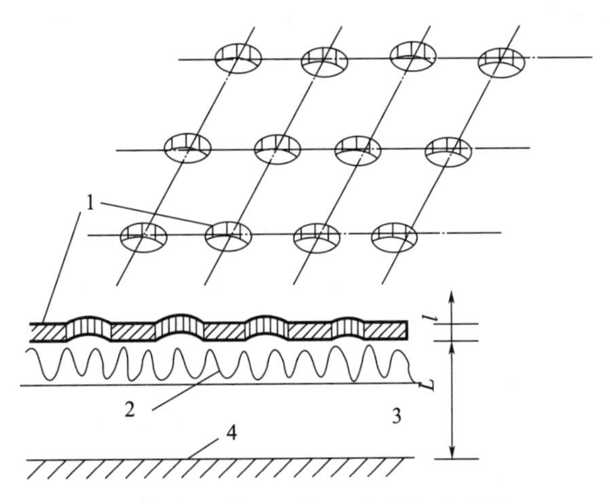

图 2-13 穿孔板共振吸声结构示意图

1—穿孔板；2—多孔吸声材料；3—空气层；4—刚性壁

吸声特性及其改善。对于薄板上孔均匀分布且孔大小相同的结构，则每一小孔占有的空间体积相同，故穿孔板结构的共振频率应与其单孔共振体相同。设 S_1 为每一小孔的面积，F 为每一共振单元所分占薄板的面积，h 为空气层厚度，则每个共振器占有空腔体积 $V=Fh$；设 P 为穿孔率，$P=S_1/F$；则穿孔板结构的共振频率为：

$$f_0=\frac{c}{2\pi}\sqrt{\frac{S_1}{Fhl_K}}=\frac{c}{2\pi}\sqrt{\frac{P}{hl_K}} \tag{2-56}$$

式中 S_1——单孔截面积，m^2；

c——声速，m/s；

l_K——小孔有效颈长，m；

h——空腔深度（空气层厚度），m。

设孔间距为 B、孔径为 d，若小孔按正三角形排列，则穿孔率为：

$$P=\pi(d/B)^2/(2\sqrt{3})$$

若小孔按正方形排列，则

$$P=\pi(d/B)^2/4$$

当空腔内壁贴多孔材料时

$$l_K=l+1.2d$$

c. 微穿孔板吸声结构。为克服穿孔板共振吸声结构吸声频带较窄的缺点，马大猷教授于 20 世纪 60 年代研制成了金属微穿孔板吸声结构。

在厚度小于 1mm 的金属薄板上，钻出许多孔径小于 1mm 的小孔（穿孔率为 1%～4%），将这种孔小而密的薄板固定在刚性壁面上，并在板后留以适当深度的空腔，便组成了微穿孔板吸声结构。薄板常用铝板或钢板制作，因其板特别薄并且孔特别小，为了与一般穿孔板共振吸声结构区别，故称作微穿孔板吸声结构，也有单层、双层与多层之分。

微穿孔板吸声结构实质上仍属共振吸声结构，因此其吸声机理相同，均是利用空气柱在小孔中的来回摩擦消耗声能，用腔深来控制吸声峰值的共振频率，腔越深，共振频率越低。但因为其板薄孔细，与普通穿孔板相比，声阻显著增加，声压级显著减小，因此明显地提高了吸声系数，增宽了吸声频带宽度。微穿孔板吸声结构的吸声系数很高，有的可达0.9以上；吸声频带宽，可达4～5个倍频程以上，因此属于性能优良的宽频带吸声结构。

2. 消声

消声器是一种在允许气流通过的同时，有效地阻止或减弱声能向外传播的装置。它是降低空气动力性噪声的主要技术措施，主要安装在进、排气口或气流通过的管道中。一个性能好的消声器，可使气流噪声降低20～40dB，因此在噪声控制中得到了广泛应用。

（1）消声器的分类

消声器的种类和结构形式很多，按其消声机理大体分为四大类：阻性消声器、抗性消声器、微穿孔板消声器和扩散消声器。

① 阻性消声器是一种吸收型消声器，它是把吸声材料固定在气流通过的通道内，利用声波在多孔吸声材料中传播时的摩擦阻力和黏滞阻力的作用，将声能转化为热能，达到消声的目的。其特点是对中、高频噪声有良好的消声性能，对低频消声性能较差。主要用于控制风机的进、排气噪声、燃气轮机进气噪声等。

② 抗性消声器适用于消除低、中频的窄频带噪声，主要用于脉动性气流噪声的消除，如用于空压机的进气噪声、内燃机的排气噪声等的消除。

③ 微穿孔板消声器具有较好的宽频带消声特性，主要用于超净化空调系统及高温、潮湿环境或其他要求特别清洁卫生的场合。

④ 扩散消声器也具有宽频带的消声特性，主要用于消除高压气体的排放噪声，如锅炉排气、高炉放风等。

在实际应用中，往往采用两种或两种以上的机理制成复合型消声器。另外，还有一些特殊型的消声器，例如喷雾消声器、引射掺冷消声器、电子消声器（又称有源消声器）等。

（2）消声器的评价

对一个消声器的好坏一般用以下四个指标进行评价：

① 消声性能。在使用现场正常工作状况下，对所要求的频带范围有足够大的消声量；

② 空气动力性能。要有良好的空气动力性能，对气流的阻力要小，阻力损失和功率损失要控制在实际允许的范围内，不影响气动设备的正常工作；

③ 结构性能。空间位置要合理，体积小、质量轻、结构简单，便于制作安装和维修；

④ 经济性。要价格便宜，经久耐用。

以上四个指标互相联系又互相制约，应根据实际情况有所侧重。

（3）消声器的声学性能评价量

消声量是评价消声器声学性能好坏的重要指标，常用以下四个量来表征。

① 插入损失L_{1L}。插入损失系指在声源与测点之间插入消声器前后，在某一固定测点所测得的声压级差，即

$$L_{1L}=L_{P_1}-L_{P_2} \tag{2-57}$$

式中　L_{P_1}——安装消声器前测点的声压级，dB；

　　L_{P_2}——安装消声器后测点的声压级，dB。

用插入损失作为评价量的优点是比较直观实用，测量也简单，这是现场测量消声器消声量最常用的方法。但插入损失不仅取决于消声器本身的性能，而且与声源、末端负载以及系统总体装置的情况紧密相关，因此适于在现场测量中用来评价安装消声器前后的综合效果。

② 传递损失 L_R。传递损失系指消声器进口端入射声的声功率级与消声器出口端透射声的声功率级之差，即

$$L_R = 10\lg W_1/W_2 = L_{W_1} - L_{W_2} \tag{2-58}$$

式中　L_{W_1}——消声器进口处声功率级，dB；

　　L_{W_2}——消声器出口处的声功率级，dB。

由于声功率级不能直接测得，一般是通过测最声压级值来计算声功率级和传递损失。传递损失反映的是消声器自身的特性，和声源、末端负载等因素无关，因此适宜于理论分析计算和在实验室中检验消声器自身的消声特性。

③ 减噪量 L_{NR}。减噪量系指消声器进口端和出口端的平均声压级差，即：

$$L_{NR} = \overline{L_{P_1}} - \overline{L_{P_2}} \tag{2-59}$$

式中　$\overline{L_{P_1}}$——消声器进口端平均声压级 dB；

　　$\overline{L_{P_2}}$——消声器出口端平均声压级，dB。

这种测量方法是在严格地按传递损失测量有困难时采用的一种简单测量方法，易受环境噪声影响，测量误差较大。现场测量用得较少，有时用于消声器台架测量分析。

④ 衰减量 L_A。衰减量指消声器通道内沿轴向的声级变化，通常以消声器单位长度上的声衰减量（dB/m）来表征。这一方法只适用于声学材料在较长管道内连续均匀分布的直通管道消声器。

3. 隔声

用构件将噪声源和接收者分开，阻断空气声的传播，从而达到降噪目的的措施称作隔声，隔声是噪声控制中最有效的措施之一。空气声和固体声的阻断是性质不同的两种方法，固体声的阻断主要是采用隔振的方法。本节只讨论空气声的阻断问题。

隔声所采用的方法有很多种：可以制作隔声罩，将吵闹的机器设备用能够隔声的罩形装置密封或局部密封起来；或者在声源与接收者之间设立隔声屏障；或者在很吵闹的场合中，开辟一个安静的环境，建立隔声间，如隔声操作室、休息室，以保护工人不受噪声干扰，保护仪器不受损坏等。

（1）隔声原理

声波通过空气传播，碰到匀质屏蔽物时，由于分界面特性阻抗的改变，使部分声能被屏蔽物反射回去，部分被屏蔽物吸收，剩余部分声能可以透过屏蔽物传到另一个空间去。显然，透射声能仅是入射声能的一部分。因此，设置适当的屏蔽物可以仅使小部分声能沿原传播方向传播。具有隔声能力的屏蔽物称作隔声构件或者隔声结构，如砖砌的隔墙、水泥砌块墙、隔声罩等。

（2）隔声的评价量

① 透声系数。隔声构件本身透声能力的大小，用透声系数 τ 来表示，它等于透射

声功率与入射声功率的比值。即

$$\tau=W_t/W \tag{2-60}$$

式中 W_t——透过隔声构件的声功率，W；

W——入射到隔声构件上的声功率，W。

由 τ 的定义出发，又可写作 $\tau=I_t/I=p_t^2/p^2$，其中 I_t、p_t 分别为透过声波的声强与声压；I、p 分别为入射声波的声强与声压。τ 又称作传声系数或透射系数（无量纲），它的值介于 0 ～ 1 之间。τ 值越小，表示隔声性能越好。通常所指的 τ 是无规入射时各入射角度透声系数的平均值。

② 隔声量。一般隔声构件的 τ 值很小，在 10^{-1} ～ 10^{-5}，使用很不方便，故人们采用 10lg（$1/\tau$）来表示构件本身的隔声能力，称作隔声量或透射损失、传声损失，记作 R，单位为 dB。即

$$R=10\lg(1/\tau) \tag{2-61}$$

$$R=10\lg(1/\tau)=20\lg(p/p_t)$$

例如，有两个隔声墙，透射系数分别为 0.01 与 0.001，隔声量则分别为 20dB 和 30dB。用隔声量来衡量构件的隔声性能比透声系数更为直观、明确，便于隔声构件的比较与选择。

③ 平均隔声量。隔声量的大小与隔声构件的结构、性质有关，也与入射声波的频率有关。同一隔声墙对不同频率的声音，隔声性能可能有很大差异。故工程中常用 125～4000Hz 的 6 个倍频程或 100～3150Hz 的 16 个 1/3 倍频程中心频率的隔声量的算术平均值来表示某一构件的隔声性能，称作平均隔声量。

④ 插入损失。插入损失定义为离声源一定距离某处测得的隔声结构设置前的声功率级 L_{W_1} 和设置后的声功率级 L_{W_2} 之差值，记作 IL，即

$$IL=L_{W_1}-L_{W_2} \tag{2-62}$$

插入损失通常在现场用来评价隔声罩、隔声屏障等隔声结构的隔声效果。

2.4.3 环境噪声的综合整治

1. 工业噪声源的综合整治

（1）建厂设计方面的考虑

① 工厂噪声环境影响评价。

工厂噪声的环境影响评价是在工厂筹建、厂址选择或初步设计阶段所编写的环境预评价报告中的一项内容，是根据工厂规模、生产工艺与设备等声源水平及其所在的位置，评价工厂噪声水平及对环境的污染程度和范围，以及为符合规范要求而采取的降噪措施和所需费用，以供建厂规划综合考虑。

工厂噪声环境影响评价是一项专门技术，需要有经验的声学专业人士，会同工艺、建筑等工程技术人员共同编制。

② 厂址选择。

从声学角度选择厂址，应首选工业区内而避开居民区、文教区或医疗区。对生产要求安静、对外部噪声敏感的工厂，应避免在高噪声环境中选址，并应远离铁路、公路干线和航空干线。工厂的选址，应充分利用天然缓冲地域以降低噪声的传播。

③ 总图布置。

工厂的总图宜按闹静分离的原则布置，即将生产区、行政办公区及低噪声车间与强噪声车间分开布置，并应在其间布置辅助车间、仓库、料场等，以分隔高噪声区对低噪声区的噪声干扰。此外，还应注意噪声的方向性，尽可能避免高噪声朝向噪声敏感的车间。

动力站房如空压站、氧气站及变电站等，往往布设在工厂的边界地区，如其噪声级超过厂界噪声限值的规定时，则应考虑降噪措施。

④ 生产工艺及设备的选择。

在满足生产要求的前提下，采用低噪声工艺，如以焊代铆、以液压代冲压、以液动代气动；避免高落差和直接撞击；机械和自动化操作等设备的选择，宜选用噪声较低、振动较小者；对一般的设备，如附有专用降噪装置，应考虑一并选用。

（2）机械噪声控制的基本原则

机械噪声的控制，主要是根据发声机理，采用低噪声结构，降低机械在运行时的撞击和不平衡激振所产生的噪声，隔绝（或衰减）在传播途径中辐射的噪声。

① 降低激振力。机械噪声主要是由激振力导致机械振动而发声。故根据不同的激振特征，可采用相应降低激振力的措施。

a. 改变运动部件的撞击状态。

在机械系统中，发生撞击的瞬时，零部件高速地产生应力与应变，并伴随产生强烈噪声。减少撞击激振的措施是延长构件的撞击时间，如在各种形式的接合处采用斜置或平滑形式，既使运动连续又延长冲击力的释放时间，缓慢释放动能，以降低撞击的发声。图 2-14 为平皮带的平接口改为斜接口。

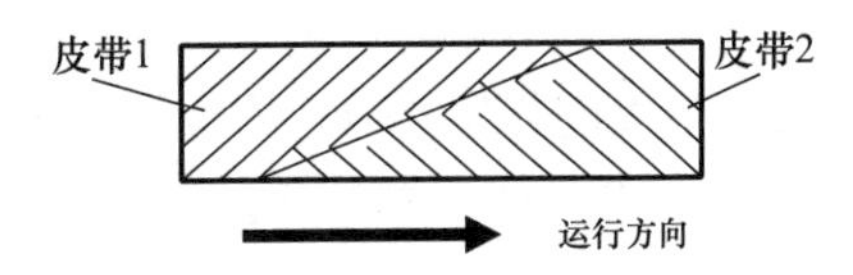

图 2-14 用斜置黏合的皮带平滑连接

b. 降低运动部件的碰撞速度。

如轧管车间的钢管收集装置，其钢管以一定高度（一般约 1m）跌入收集槽中，因落下加速度撞击而发声，噪声级可达 100dB。采用图 2-15 所示的斜面滑落和升降台的收集槽，减少下落加速度，可使噪声级降低到 85～95dB。

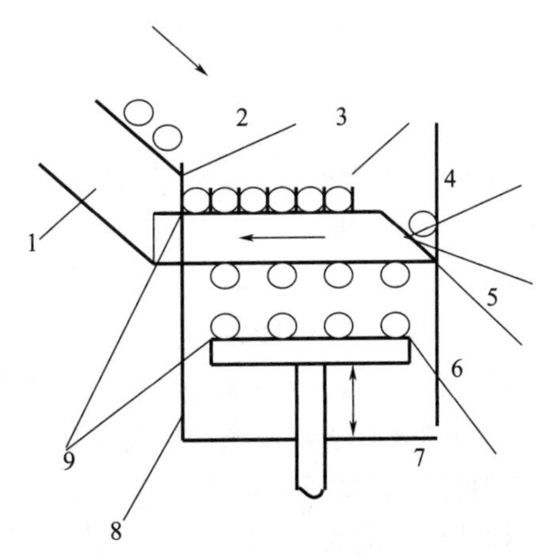

图 2-15 有输送板和升降台的集料槽

1—轧管下滑臂；2—止动块；3—挡块；4—输送板上衬阻尼材料；5—输送板的斜面；6—输送板；7—升降台；8—收集槽；9—轧制钢管

c. 提高机械运动部件的平衡精度。

机械运动部件的平衡，意味着减少不平衡离心惯性力及往复惯性力，从而减少激振力。高转速主轴的不平衡度会使其他结构产生机械振动而引起噪声。

② 降低机械系统中噪声辐射对激振力的响应。

a. 防止共振。

当激振频率 W_j 与机械部件固有频率 W_n 相等或接近时，系统结构响应振幅出现峰值并激起部件的共振，从而产生辐射噪声。为了有效地减少部件的振动和噪声，应改变共振部件的固有频率，如增加噪声辐射面的质量（减低固有频率）增加刚度（提高固有频率）。

提高机械结构的动刚度，可以提高抗振能力，从而使在相同激振条件下的振动与噪声得到明显降低。例如，改变机械结构的截面轮廓尺寸和截面形状，在结构的床壁上合理布设肋板，可以降低所辐射的噪声。

b. 改善机械结构的阻尼特性。

·接合面间的阻尼。提高接合面间阻尼的原则是使接合面上既具有较大的压力，又能在振动时作微小的相对滑移。

·附加高阻尼材料层。有时设计的结构和刚度不能改变，或仅能作微小的变动，在这种场合下对振动体进行阻尼处理，可获得较高的阻尼比。其作用是以最小的阻尼层来发挥最大的作用，以达到减轻结构质量和节约材料的目的。

③ 冲床噪声的控制。

由于冲床的构造和加工工艺各异，故对不同型号冲床的噪声控制也各不相同，这里仅对一般的控制措施予以简介。

a. 冲床噪声的测量。

冲床的噪声级可按《锻压机械噪声声压级测量方法》（GB/T 23281—2009）的规定测量。

由于冲床噪声是由不同机构逐次运行发生的，每一工作循环的声压级信号图形是重复的，所以可以记录冲床的声压时域型号数据，然后用计算机信息系统进行处理，求得噪声能量的三维分布，其所显示的各个循环时刻声能的频率及幅值，可对声源作出有效的诊断。

b. 改进冲床构造。

·增大冲床床身的整体刚度，即指床身、支架等部件的综合刚度，使冲床在冲料断裂瞬间，积聚在床身的变形能量迅速释放，从而使激励机床振动所辐射的噪声得以降低。

·提高床身的减振性，床身采用阻尼性能较好的铸铁，可使因振动而辐射的噪声比钢板焊接的床身要低。对钢板焊接床身，应在辐射噪声最大的部位处加焊肋板，以降低表面振速。亦有在冲床的立柱内填充砂子，以增加床身结构的阻尼，其阻尼损耗因子在800～4000Hz频段最高，降噪可达8dB。

·减少运动件的间隙。如冲床的滑块-连杆、连杆-曲轴、曲轴-轴承座间的间隙，在受力时可能出现反冲，引起撞击、振动而激发噪声。为此可在连杆盖与曲轴间设一弹簧，当冲床卸载连杆孔上表面与曲轴表面碰撞时，由于弹簧的变形而降低冲击力，起到减振降噪的效果。采用平衡机构对降低这类噪声亦有明显的作用。

·降低离合器噪声。冲床通常采用抽键式、转键式刚性和气动摩擦离合器。抽键式的噪声最高，转键式离合器次之，但制造比较困难。

气动摩擦离合是一种柔性接触的离合器，其噪声不大，比刚性离合器要低 10dB 以上，有代替刚性离合器的趋势。若再能降低它的离合噪声，可使离合噪声降低到 80dB 以下。为此亦有采用高压液压离合器的。

·电磁噪声。控制离合器动作的电磁铁，其噪声属高频脉冲噪声，声级达 85～90dB。由于其操作频繁，故噪声不可忽视。采用“压力机无级离合器安全装置”，可以免除电磁铁引起的噪声。

·齿轮噪声。一般冲床，齿轮传动的大齿轮加工精度不高，加之长期运行后的齿轮磨损，在啮合时会产生不可忽视的噪声。

有些冲床的送料机构也采用齿轮碰撞噪声。如对齿轮副中的小齿轮，改用尼龙齿轮，可使噪声降低，亦可采用同步齿形带传动，可使噪声降低约 10～15dB。

c. 降低冲载噪声的措施。

·延长冲载时间以降低冲载噪声。冲载力是根据工件材料的抗剪强度及冲载件的周长而定的。为此，可改变模具的形状来延长冲载时间，进而改善力学特性从而降低噪声。

·采用间隙小的模具。当冲头与模具间的间隙较小时，工件在冲载时会部分挤压在模具内，这种挤压力形成阻力而起缓冲作用，从而降低噪声。

·采用减振缓冲器。缓冲器的作用，是在材料断裂瞬间，给冲头和滑块加上阻力，使其受力时不致由于材料的突然断裂而迅速下降。构件所释放的弹性位能由缓冲器的弹性元件或节流元件所吸收，由此减少冲床结构振动的辐射噪声。

弹性缓冲器的元件可用聚氨酯、环形弹簧或特殊金属挡块构成，以减少冲床床身构件的振动和噪声。

液压缓冲器是利用液压缓冲缸或蓄能器，用冲头压入板料前的预压力来阻止材料突然断裂和冲载力突然消失，使冲床滑块等的变形能缓慢释放。各类液压缓冲器可使冲床的整机噪声降低 4～5dB，多者可达 10dB 以上。

·降低打棒噪声。为了将冲床加工时嵌在冲模内的冲压件推出，可采用推料系统的直打棒、推料器等。

·采取隔声的降噪措施。降低冲床噪声最有效而且较简便的做法是采用隔声罩。由此可降噪约 20～25dB。也有对冲床的强声源部分，如传动系统、曲柄连杆机构，可分别采用局部隔声罩。

2. 工业小区的防噪规划

工业小区防噪规划主要涉及规划布局问题。合理的规划布局，可使环境噪声污染得到最有效的控制。

（1）防噪功能区的规划原则

① 工业小区内工厂宜成片布置；

② 高噪声工厂宜尽可能集中，与低噪声的工厂分开布置，并采用密集绿化带或库房等措施，使吵闹车间与需要安静区域隔离开来；

③ 工业区规划尽可能充分利用生产区与居住区之间的天然地形，降低噪声的传播；

④ 工业区必须与居住区分开，住宅区要成片集中布置。在工厂区与居住区之间可用文化福利、公共设施作噪声缓冲带，并可设置密集林带予以隔离；

⑤ 铁路专用线、省境公路和区域性公路，不宜穿过工业小区，特别是居住区与工厂之间，而应布置在工业小区外围，尽量远离居民区。工业区内人流、车流频繁的干道不宜与铁路专用线平面交叉，应采用立体交叉；

⑥ 对于噪声大、构成危害环境的工业区，不得建设在城镇附近。高噪声工厂不宜布置在低噪声工厂的上风向，尤其是夏季风向；

⑦ 工厂备用场地，即规划发展地区应布置在远离居住区最外围地带，避免后期生产噪声可能造成的噪声污染；

⑧ 工业区的绿化用地布置，必须根据噪声污染情况决定。绿化结构、绿化树种应结合防噪要求进行设计，但不能过高地估计其效果。

（2）工业区与城镇之间的防噪要求

大型工业区一般均处于距城市较远的郊外，其噪声辐射不会影响到城市居民区。但在我国特别是老城区中则以小型工业区为主，分布在城市外围或城市居民混合小区中。在制定工业区防噪规划时，应将靠近工业区的小城镇，作为工业区整体来考虑工业区噪声对城镇噪声的影响。除考虑工业区外围的环境噪声达到国家标准外，还要注意到某些突发噪声，如放空排气噪声等对居民的影响。当工厂离城镇不足2000m时，在工业区与城镇之间应设置缓冲带或密集绿化林带。当两者连片时，还需考虑运输和公共交通噪声对居住区和工厂厂区的影响。

（3）生产用地的合理布局

一个工业小区的生产用地防噪规划，大致可分为三个步骤：

① 查清各工厂的噪声污染状况，详细了解各工厂的总平面布置特征，应有高噪声设备的分布及其噪声传播特性等方面的资料；

② 将各工厂的噪声污染状况予以分类，即污染较强、一般和少污染或无污染等三类；

③ 按分类将最吵闹的工厂设置在远离居民区的一边，并于工业区主导风向（以夏天风向为主）的下风向布置；将少污染或无污染的工厂布置在靠近居民区；将一般的污染工厂布置在最吵闹与较少污染的工厂之间。各类厂区与居民区之间，宜用仓库、隔离屏或绿化带等措施予以分离。

3. 交通运输线路的规划和噪声控制

交通运输噪声是城市环境中最主要的噪声源，如线路规划不合理、交通管理不善，将对城市居民构成严重的威胁，因此，交通运输线路的防噪规划是城市总体防噪规划的重要组成部分。

（1）铁路运输线规划

在旧的工业城市中，因运输规划中缺乏环境意识，以至造成交通功能紊乱，人流与车流混杂。不合理的线路规划，给工业区留下隐患。

在城市铁路规划中，首要问题是确定线路、站场位置的布局，使之既满足铁路运

输的功能，又能使之产生噪声干扰的影响面小。铁路在城市中布局须遵循的原则如下：

① 城市铁路布局应同城市近期与远期总体规划密切配合，统一考虑，以免顾此失彼。

② 规划中应避免在已有铁路线两侧和近、远期规划线路两侧建设噪声敏感区，如住宅、文教区、医院、疗养院、宾馆和机关等。对于特殊情况必须设置在铁路两侧的噪声敏感建筑，应由建设单位负责采取防噪措施，使之达到国家噪声标准，至少在室内的声级应达到规定要求。

③ 逐步调整铁路两侧已有的噪声敏感区，对难以调整的建筑应逐步实行防噪工程措施，使之符合国标要求。

④ 铁路布局中应避免穿过噪声敏感区，尽量布置在城市边缘外围。对必须通过的噪声敏感区，必须加强防噪措施，以达到相应标准。

⑤ 铁路线与站场应和建筑物之间设置防护带。防护带内通常应种植密集防护林带，也可设置仓库、屏障或非居住性建筑等；建筑物与铁路的最小安全距离须大于 30m。

⑥ 对交通发达的城市，可以适当将客运站设在距市中心稍远处的市区边缘。但既要减少噪声干扰，又要兼顾到旅客集散方便。对于现代化的大城市也可采取地下道方法将客运站设在城市中心，既可防治噪声干扰，又方便旅客集散。

⑦ 当客运站位置选定后，因客运站到发列车频繁，运输噪声势必十分严重。因此，附近不宜设置居民区、文教区等噪声敏感区，对于站前的宾馆或行政办事机构需作防噪措施。

⑧ 铁路货运站，是城市货物运输集散地，因作业频繁，各运输工具和装卸机械噪声又大，不宜设在市内，但应靠近公路干线。还应防止人流与车流交叉，若在平面上无法防止时，应设置立交路口。

(2) 道路运输线路规划和噪声控制

① 道路运输线的规划。道路交通车辆是城市中最突出的流动性噪声源。对于一个工业区，通常是车种多，以载重量大的货车较多，运输系统又复杂，除了生产区的运输系统外，还有生产作业区与居住区之间的交通网络。大型工业区相当于一个小城镇，噪声影响面广。

对于商业繁华市区干道交通噪声也较突出，在主干道上峰值声级 L_{10} 可达 85dB 以上。对于新建城区，应采取防噪措施，如控制噪声防护距离。

② 以屏障对于交通噪声的作用。道路两侧的屏障，如各种建筑物、防噪声屏障，以及自然地理条件的土堤、路堑对控制道路交通噪声均有一定作用。

声屏障的降噪效果取决于噪声源的分布状况、声源的发声频率、声源离地高度、声源至屏障的距离、屏与接受点的距离、屏的高度，以及声屏障的声学特性等因素。

③ 街道两侧建筑物的反射影响。在道路两侧均有屏障或建筑物时，声衰减很缓慢，成为多次反射的“半混响声场”。

根据交通流量和噪声级确定不同用途的房屋与车行道间距离的要求，见表 2-14。

表 2-14　根据联邦德国规范（TGL/10687）

噪声发生地	每小时车流量不大于/辆	距车行道 3m 的平均声级 L_{pa}/dB	居住和公共建筑（除去医院和办公室外）离流动噪声源的最小距离/m			备注
			居住用地	混合用地	工业用地	
1	2	3	4	5	6	7
街道	100	63	10	—	—	1. 医院建筑应按第四行；2. 对居民点的汇集街道（主要干道）其距离应加倍，对城市主要街道和高速干道可减半
	200	69	20	10	—	
	300	72	35	20	10	
	400	75	40	—	—	
	500	77	65	35	20	
	600	79	75	40	—	
	700	80	80	—	—	
	800	81	100	50	25	
	900	82	120	60	30	
	1000	83	140	70	35	
高速干道和市外交通	1000	—	200	100	50	
	任意		100	50	25	
城市快速铁路	每小时火车数					
	1		50	25	—	
	10		100	50	25	
	10 列以上		200	100	50	
装卸站			1000	500	250	

④ 阳台对室内噪声的影响。沿交通干线的建筑物朝向道路一侧的阳台，可以挡去地面交通噪声入射到上一楼层室内，但其底面，即其下面一层楼房的防雨篷，如果设计不当，则会产生发射声，入射到下层室内，增加噪声，如图 2-16 所示。

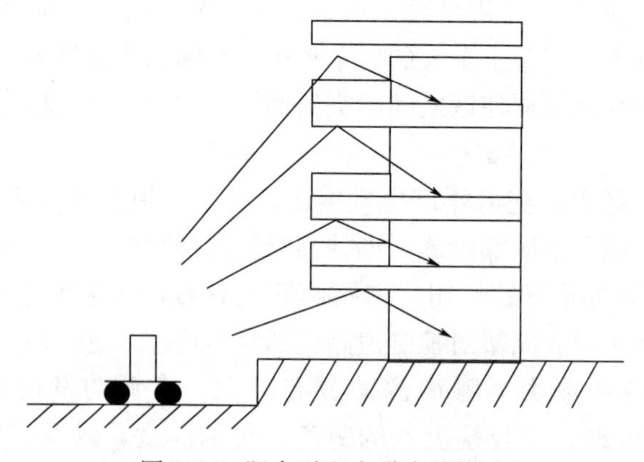

图 2-16　阳台对室内噪声的影响

a. 阳台设计要点。

阳台挡板的隔声性能，以实体为佳，但为了建筑上的美观，可建造假镂空挡板。挡板越高，降噪效果越好。为降低交通噪声可在雨篷上进行吸声处理。

b. 阳台的降噪效果。

阳台的挑出部分可以遮挡地面交通噪声直接向室内辐射声音，它随声源的距离越近，作用越佳。

不同高度栏板的降噪效果与至噪声源的距离有关。1m 高栏板当至声源距离 7.5～15m时，其降噪效果近窗为 0～1dB，室中央为 0～4dB；1.4m 高栏板，当至声源距离为 7.5～15m 时，其近窗降噪效果均为 2dB 左右，室中央为 3.5～5dB。

阳台的降噪效果随建筑物的高度而增加。

(3) 机场防噪规划

机场噪声强度的分布范围是沿着跑道轴线方向扩展的。跑道两侧方向噪声的影响范围远比轴线方向要小得多。因此减少飞机的噪声影响，宜采取下列措施：

① 城市中生活设施，尤其是居民区、疗养院、宾馆、学校和机关等噪声敏感地区应尽量避免布置在机场跑道的轴向。居民区边缘与跑道侧面距离至少大于 5km。

② 对于已建成的旧机场，噪声敏感区离机场太近的，应逐步调节布局。

③ 严格执行国家标准《机场周围飞机噪声环境标准》(GB 9660—1988)：对于一类地区，包括特殊住宅区、居民文教区的计权等效连续感觉噪声级值≤70dB；除上述地区外的二类地区的计权等效连续感觉噪声级值≤75dB。对于夜间的定期班机，可根据机场与人口稠密区之间的距离采取严格的管理措施。

④ 在飞行过程中，尤其是起飞或降落，应选用最佳航行操纵技术，以减少因飞机驾驶的操作不当而增加的噪声。

⑤ 机场辅助设施，包括飞机维修、试车均需设置必要的防噪装置，并与严格的噪声管理措施相结合。

⑥ 跑道轴线延长线不得穿越市区，尤其是居民区。无论机场的等级如何，居住区边缘与跑道近端的距离至少大于 30km，机场位置宜在城市的主导风向两侧为宜，即机场跑道轴线宜与城市市区平行或与城市边缘相切。

4. 住宅区的防噪规划

(1) 住宅区与工业小区分离

上述工业小区的防噪规划原则上也适用于居民住宅区。对于工业小区的作业场所与居民住宅区的防护距离在通常情况下取 1～1.5km 较合适，当两者之间有附加降噪装置时，则距离可缩短。但实际上，规划有时受到用地条件的限制，两者距离较近，则可利用山坡作为天然屏障或修建土堤，将声源和生活区分离。

(2) 绿化林带降噪

绿化林带的声衰减主要是由树干散射、树叶和地面吸收等多方面因素造成的。衰减量的大小与树干和树叶的密度等因素有关。

据大量的实验证实对绿化降噪效果不能估计过高，而对洁净空气、美化环境，尤其是人们的心理感觉则有良好的效应。

城市街道上经常遇到的观赏及遮阳绿化，降噪量甚微，只有采用种植灌木丛或者多层森林带构成茂盛的成片绿林带，才能在主要声频段内达到平均噪声降低量 0.15～0.18dB/m的效果。如松林为 0.15dB/m。

防噪林带一般选择带状绿化为主，其带宽应根据总图布置的建筑红线要求和土地利用的可能而定，但不宜偏窄，树林要密集。

（3）城市建设的合理规划

合理的城市建设与规划，对未来的城市噪声控制具有十分重要的意义。城市建设规划可以从城市人口控制、土地的合理使用、城市环境噪声功能区域的划分，以及建筑物的布局等方面予以综合考虑。

① 城市噪声功能区的划分。城市噪声功能区划分是实施区域环境噪声标准、加强环境建设和污染管理的一项基础性工作。划分原则为：

a. 以保障城市中大多数居民夜间能安睡，昼间不妨碍正常工作、生活、学习和思考为目标，避免迁就环境现状，忽视环境主导功能而任意降低噪声指标。

b. 考虑到规划中布局紊乱的历史原因，在划分城市噪声功能区过程中，在不违背区域主导噪声功能的前提下，局部必须服从整体，以小块区域定性，不以点划区，对区域中个别特殊噪声地带做特殊处理为原则。

c. 噪声功能区的划分必须便于管理，促进治理，并考虑现状和实施的可能性；对某些特殊地带暂时无法确定噪声主导功能区域时，可分阶段使之逐步过渡到区域的主导功能。

d. 促进城市的改造和合理布局，以利于城市总体规划的实施。为保持区域划分的相对稳定，不因城市建设规模发展而改变区域的功能，必须以城市总体规划为准则，使环境噪声功能区域划分与城市总体规划建设相互协调一致，最终促进城市建设和经济的发展。

e. 为了促进区域噪声治理，并限制噪声新污染源的增长，现行划定的区域噪声限值在总体上必须低于现有环境噪声水平，以利于改善声环境质量。

f. 对区域划分范围内新增加的建筑区域或新规划区应从严控制，要求一次达到国家环境标准。

有关区域类别的确定，尤其是“一类混合”和“二类混合”区域，涉及因素颇多，有定性的也有定量的，甚至是“模糊”的。为防止区域划分中出现主观判断的片面性，国内比较流行用主观判断与客观数据统一的“模糊综合评判”法。

在模糊综合评判中定量因子包括：区域内住宅面积占整个区域的面积百分比；居民人数占区域总人数的百分比；受噪声干扰人数占地区人数的百分比；区域内的噪声污染指数；区域内按网点法求得的等效声级等。这些因子通过专家评判，确立特征参数的临界值和各因素的权重分配，再按逻辑乘与逻辑和等方法得到“一类混合”和“二类混合”区的从属度。当从属度相近难以判断时，还可以引入某些非定量的参考因素。例如，地区噪声综合整治的可能性，调整布局的可能性和城市总体规划的一致性等。

② 城市人口的控制。城市噪声强度的分布与人们的活动有密切关系，人口密度的增长，道路交通的汽车流量因而增多，城市主要噪声随之升高。根据美国一些典型大城市的统计，得出人口密度与城市噪声的关系为；

$$L_{dn}=10\log p+C \tag{2-63}$$

式中　L_{dn}——昼夜等效声级，dB；

p——城市人口密度，人/km^2；

C——与车辆鸣号和车辆种类有关的常数，如仅为小汽车，则为 26。

由上式可见，当人口密度加倍，L_{dn}将增加 3dB（A）。因此，严格控制城市人口密度的增加对降低城市环境噪声效果比较显著。为了解决城市人口过于集中，并随之带来的工业、商业、交通运输业的集中，许多国家采取在城外围建立卫星城的办法，有助于改善城市环境噪声的质量。

③ 合理地使用土地与噪声功能区域划分。合理地使用土地与噪声功能区域划分是城市建设规划中减少噪声对人们干扰的有效方法。因此应根据不同建筑物的使用目的和噪声标准，选择建立学校、住宅区和厂区等建筑物的合适位置。在进行建筑施工之前，在对相应环境噪声进行预测和评价的基础上，确定是否符合区域的环境噪声标准。对于拟建噪声污染比较严重的工矿企业，必须慎重选址，并作出必要的防噪规划和技术措施。

在区域规划中，尽量避免居民小区、吵闹的工业区、商业小区相互交叉混杂。考虑到工厂噪声对环境的影响，可以将工厂相对地集中到机场附近，一般可设置在城市的外围。商业区则布置在轻污染工厂区的邻近地带。居民文教区设置在城市中心地带，毗邻商业区，用林带或其他减噪措施予以分离。图 2-17 为城市规划较为合理的布局图例。

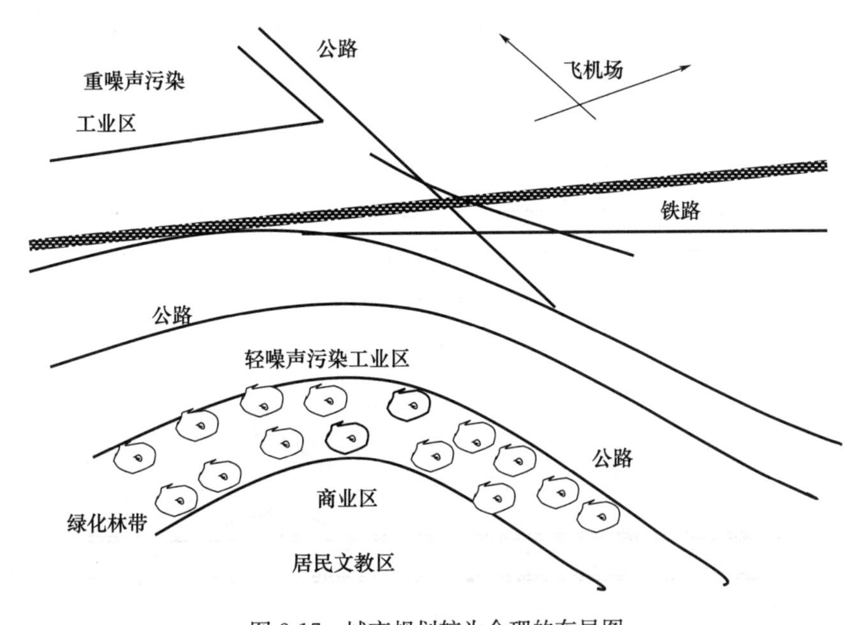

图 2-17　城市规划较为合理的布局图

④ 道路设施和道路两侧的建筑布局。道路设施和建筑合理布局对减少交通噪声具有很明显的效果。对通过居民区地段的干道两旁除常用声屏障或绿化环境来降低噪声外，也可利用临街商亭、手工艺工厂作屏障。在沿着快车道路外沿建造商亭，使商亭背面成为广告墙而面向道路一侧，商亭可以面向居民区建筑物的一侧，使之不仅成为理想的防噪屏，且对美化城市环境、保障交通安全也十分有利。

沿道路侧的建筑布局，应考虑到使噪声的影响减少到最小程度。图 2-18 是建筑物避免噪声反射的正确与不正确布置的示意图。

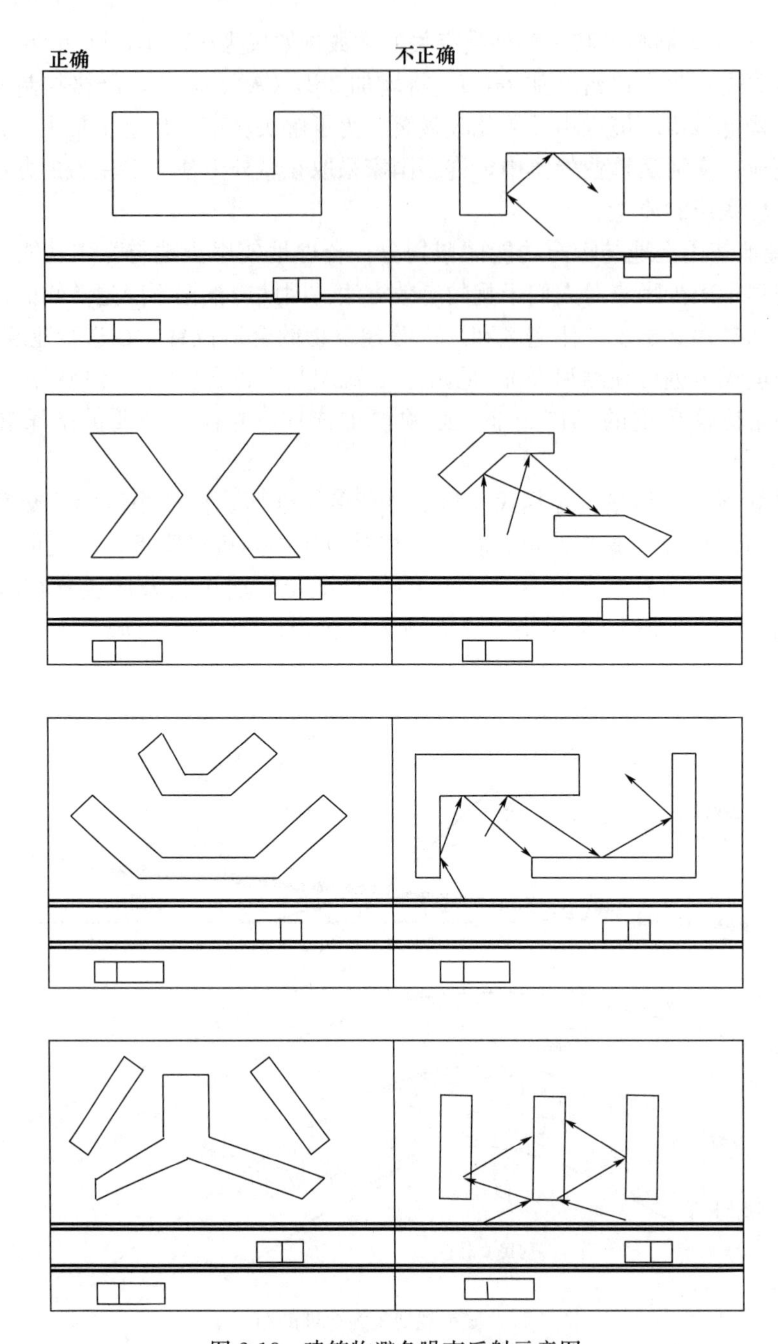

图 2-18 建筑物避免噪声反射示意图

思考题

1. 什么是噪声？噪声污染有什么特点？噪声的危害有哪些？
2. 噪声在传播过程中的衰减有哪几种？

3. 在某企业测点处测得一台噪声源的声压级如表Ⅰ所示，依据声压级叠加原理或参照表Ⅱ分贝和的附加值，试求测点处的总声压级。

表Ⅰ 噪声源声压级实测值

中心频率/Hz	63	125	250	500	1000	2000	4000	8000
声压级/dB	70	70	73	82	89	90	93	100

表Ⅱ 分贝和的附加值

ΔL_P	0	1	2	3	4	5	6	7	8	9	10	11，12	13，14	15以上
$\Delta L_P'$	3	2.5	2.1	1.8	1.5	1.2	1.0	0.8	0.6	0.5	0.4	0.3	0.2	0.1

4. 某声源在指定测点处测得治理前、后的声压级如表Ⅲ所示。计算治理前、后的总响度和响度下降的百分比。

表Ⅲ 测点处频率、声压级及响度

中心频率/Hz	500	1000	2000	4000	8000
治理前声压级/dB	88	96	93	91	90
治理后声压级/dB	75	85	85	80	75
治理前响度/sone	24	48	54	50	30
治理后响度/sone	10	24	28	23	22

5. 某工人在91dB（A）下工作1h；在90dB（A）下工作3h；在86dB（A）下工作2h，其余时间在78dB（A）以下工作（每天工作8h）。计算等效连续A声级。

6. 什么是等效连续A声级？

7. 什么是统计声级？L_{90}、L_{10}、L_{50}分别代表什么？

8. 吸声材料的吸声原理是什么？吸声结构有哪几种？吸声原理是什么？

9. 有一个房间大小为25m×10m×5m，500Hz时地面吸声系数为0.02，墙面吸声系数为0.04，平顶吸声系数为0.25，求平均吸声系数和总的吸声量。

10. 什么是隔声？怎么计算透声系数和隔声量？

11. 什么是消声？消声器的声学性能评价量有哪些？

12. 环境噪声的综合整治措施有哪些？

思考题参考答案

3 振动污染及控制

内容提要：本章主要介绍了振动的定义和分类、振动的危害以及相关的评价标准、振动测量的方法、振动测定的相关仪器、振动控制的方法和技术。重点掌握振动的度量和测量方法，振动的监测、评价和相应的标准，以及振动控制技术中隔振系统的设计以及隔振材料、器件的分类和选择。

环境中的振动污染与环境噪声污染具有相似性，从物理学的角度来看，两者都是因为物体的振动所产生的波，只不过其传播的介质不同，声波通过空气传播，而振动则是通过固体或者液体的传播，环境振动污染控制是环境科学发展起来的一个分支。振动是造成工程结构损坏和寿命缩短的原因，同时，振动也将导致机器和仪器仪表的工作效率、工作质量和工作精度降低。此外，振动对人体也会产生很大的危害，长期暴露在振动环境中的工作人员会产生多方面的病症。因此，振动的研究不仅有利于改善人们的生活环境和生活水平，也有助于提高机械设备的使用寿命，提高生产效率。

3.1 振动概述

3.1.1 振动的定义与分类

振动是指在力学系统的观察时间内，它的位移、速度或加速度反复经过极大值和极小值变化的现象。我们也可以说当一个物体处在周期性往复运动的状态时，就可以说这个物体在振动。振动在自然界里是很普遍的现象之一，在人们平时的生产、生活中极为常见，比如自然界的声、光、热等都包含着振动；动物和人类的生命活动都离不开振动，如心脏的搏动、耳膜和声带的振动等。在人类的生产活动中如桥梁和建筑的振动，飞机和船舶在行驶当中的振动，机床和打桩机打桩时的振动，各种动力机械的振动等。

振动污染主要是人为振动，虽然人为振动不像地震那样具有强大的破坏力，但是它对于人体健康的损害是持久且深远的。因而振动被视为一种污染。人为振动所产生的声波形式主要以次声波为主，次声波的特点是低频、长波、穿透力强，可以传播较远的距离但是能量衰减很少。环境振动污染即振动超过一定界限时，对于人体的健康和设施产生损害，对人们的生产和生活环境产生干扰，或者使机器、设备和仪表不能正常运转。振动污染与噪声污染一样都具有较强的主观意识，是一种危害人体健康的感觉公害。振动污染是局部性的污染，在振动传递的过程中随着距离的增加其污染性随之衰减，仅涉及振动源周围的区域，是一种瞬时性能量污染，不会引起环境其他变化。近年来，随着

经济的快速发展，接触振动作业的人数逐年增多，振动污染所引起的职业危害也越来越引起人们的重视和关注。

振动污染源分为自然振源和人工振源两大类，自然振源包括地震、海浪和风等；人工振源包括各种动力设备、建筑工地设备、行驶中的交通工具、电声系统中扬声器、人工爆破等。振动按其动态特征又可以分成四类：(1) 稳态振动，即观测时间内振级变化不大的环境振动，如空气压缩机、柴油机、发电机等；(2) 冲击振动，即具有突发性振级变化的环境振动，如锻压设备以及建筑施工机械等；(3) 无规则振动，即任何时刻不能预先确定振级的环境振动，如道路交通振动、居民生活振动、房屋施工、地震等；(4) 铁路振动，即由铁路列车行驶带来的轨道两侧 30m 外的环境振动。

3.1.2 振动的危害

振动作用于人体，会损伤人的机体。引起循环系统、消化系统、神经系统、代谢系统、感官的各种病症，损伤人体中的各个脏器。振动对人体的影响可以分为全身振动和局部振动。全身振动是指人体直接位于振动物体上时所受到的振动，全身振动对于人体的危害是多方面的，会对人体带来严重伤害。局部振动是指人体接触振动物体时引起人体部分振动，它只作用于人体的某一部分。

1. 振动频率对人体的影响

人体能够感受到的振动频率分为三个波段：低频段为 30Hz 以下；中频段为 30～100Hz；高频段为 100Hz 以上。对于人体最具危害性的振动频率是与人体某些器官固有的频率吻合的频率（引起共振）。比如人体的固有频率在 6Hz 左右；内脏器官在 8Hz 左右；头部在 25Hz 左右；神经中枢则是在 250Hz 左右；而低于 2Hz 的次生振动甚至有可能引起人的死亡。

2. 振动的振幅和加速度对于人体的影响

振动的振幅或加速度的不同对于人体的影响所产生的效应是不同的。当振动频率较高的时候，振幅起主要的作用。比如作用于全身的振动频率为 40～120Hz 时，当振幅达到 0.05～1.3mm 时对全身有害。高频振动主要对人体和组织的神经末梢发生作用，引起末梢血管痉挛的最低频率是 35Hz。

在振动处于低频率时，振动加速度起主要作用。当人体处于匀速状态时是没有什么感觉的，而且匀速的大小对于人体的健康是不产生任何影响的。但是，当人体处于变速运动状态时，就会受到影响，也就是加速度对于人体会产生影响。考虑到对于人体振动的影响则以重力加速度 g 来表示。一般情况下频率为 15～20Hz 时，加速度在 4.9m/s^2 以下，对人体不至于造成有害的影响。人在短时间内可以忍受较大的加速度，例如人体直立向上运动时能忍受的加速度为 156.8m/s^2，而向下运动时为 98m/s^2，横向运动时为 392m/s^2。但是，随着振动加速度的增大，当超过一定数值时，便会引起前庭功能失调以致造成内脏损伤、血液位移，甚至造成皮肉青肿、骨折、脑震荡等损伤。

3. 振动对人体的影响与作用时间有关

振动的作用时间越长，对人体的影响就越大。因此，评价振动对人体是否有危害，必须考虑人体暴露在振动环境中时间的长短。

（4）振动对人体的影响与人的体位、姿势有关

立位时对于垂直振动比较敏感，而当处于卧位时对于水平振动比较敏感。人的神经组织和骨骼都是良好的振动传导体。

3.1.3　振动对于机械设备和环境的危害

在工业生产中，由于机械设备运转中产生的振动大多是具有危害性的。振动导致机械设备的疲劳和磨损，从而导致机械设备的使用寿命缩短，甚至可以引起机械设备发生刚度和强度的破坏。例如，振动过大会导致机床的加工精度降低；飞机飞行的过程中机翼的颤振、机轮的摆动和发动机的异常振动，都有可能造成飞行事故；振动干扰设备和仪表的正常运转，降低其工作精度；振动能够减弱建筑物的结构强度，在较强振源的长期作用下，建筑物会出现墙壁裂缝、地基下沉，严重的会发生建筑物的坍塌现象。各种机械设备、运输工具都会引起附近地面的振动，这种振动会以弹性波的形式沿着建筑结构进行传播，使相邻的建筑物间/中发生振动，并产生辐射声波引起所谓的结构噪声。由于固体声衰减慢，可以传递到很远的地方，所以常常造成大面积的结构噪声污染。

3.2　振动的度量与测量

3.2.1　振动的主要参数

1. 振动的位移

振动的位移是指物体振动时相对于某一个参照系统的位置移动，单位为 m。振动位移能够很好地描述振动的物理现象，常用于机械结构的强度、变形研究。在振动测量中常用位移级 L_S（单位为 dB）来表示：

$$L_S=20\lg\frac{S}{S_0} \tag{3-1}$$

式中　S——振动位移，m；

S_0——位移基准值，一般取 8×10^{-12}m。

2. 振动速度

振动速度，即物体振动时位移的时间变化率，单位为 m/s。人体受到振动影响的程度取决于振动速度，当振动比较小、频率比较高时，振动速度对人们的感觉起到主要的作用。在振动的测量中常用速度级 L_V（单位为 dB）来表示：

$$L_V=20\lg\frac{V}{V_0} \tag{3-2}$$

式中　V——振动位移，m；

V_0——速度基准值，一般取 5×10^{-8}m/s。

3. 振动加速度和振动级

人体受到振动影响的程度也取决于振动的加速度。振动加速度是物体振动速度的时间变化量。当振幅比较大、频率比较低时，加速度起主要作用。振动加速度一般在研究

机械疲劳、冲击方面被采用。现在也普遍用来评价振动对于人体的影响，常用重力加速度 g 作单位。分析和测量振动加速度时常用加速度级 L_a（单位为 dB）来表示：

$$L_a = 20\lg \frac{a_e}{a_0} \tag{3-3}$$

式中 a_e——加速有效值，m/s^2；

a_0——加速度基准值，一般取 $10^{-6} m/s^2$。

振动级的定义为修正的加速度级，用 $L_a{}'$ 表示：

$$L_a{}' = 20\lg \frac{a_e{}'}{a_0} \tag{3-4}$$

式中 $a_e{}'$——修正的加速有效值，m/s^2。

$$a_e{}' = \sqrt{\sum a_{fe}{}^2 \cdot 10^{\frac{c_f}{a_{fe}}}} \tag{3-5}$$

式中 a_{fe}——频率为 f 的振动加速度有效值；

c_f——振动修正值，参见表 3-1。

表 3-1　垂直与水平振动的修正值

中心频率/Hz	1	2	4	8	16	31.5	63	90
垂直方向修正值/dB	−6	−3	0	0	−6	−12	−18	−21
水平方向修正值/dB	3	3	−3	−9	−15	−21	−27	−30

振动位移、速度、加速度之间存在一定的微分和积分关系。因此，在实际测量中，只要测量一个量就可以用积分或微分来分别对两个量进行求解。比如，利用加速度计测量的加速度，再利用合适的积分器进行积分运算，一次积分可以求得振动速度，二次积分求得振动位移。

4. 振动周期与频率

在振动过程中振幅由最大值→最小值→最大值变化一次所需的时间称之为振动周期（单位为 s）。振动频率是指在单位时间内振动的周期数（单位为 Hz）。简谐振动只有一个频率，其数值为周期的倒数；非简谐振动称为谐振动，具有很多个频率，周期只是基频的倒数。这些频率分量的振幅作为频率的函数以图形表示，就称为频谱。

3.2.2 振动的测量

1. 物体振动的测量

对辐射噪声体物体的振动测定，其测量点的选择应根据实际情况而定。不仅要测量发声物体的振动，还要测量振源的振动和传导物体的振动。在声频范围里的振动测量，一般所选择的范围是 20～20000Hz 的均方根振动值，用窄带来分析振动的频谱。振动值可以用加速度、速度或位移来表示。当测量的振动频率在 20Hz 以下时，可以按照振源基座三维正交方向测量振动加速度，在测量过程中，加速度计必须与被测物体有良好的接触，以避免在水平或者垂直方向上产生相对运动，影响测量结果。常用的压电加速度计可用金属螺栓、绝缘螺栓、永久磁铁、黏合剂、蜡膜黏附等方法附着固定在振动物体上。

使用加速度计测振时，加速度计的感振方向和振动物体测点位置的振动方向应该一致。如果两个方向之间有夹角 α，则测量值的相对误差为 $1-\cos\alpha$。对于质量小的振动物体，附在它上面的加速度计要足够小，以免影响振动的状态。估算加速度计附加质量的影响，通常按下式计算：

$$a_T = a_s \frac{m_s}{m_s + m_a} \tag{3-6}$$

式中 a_T——附有加速度计时，对结构加速度计产生的响应；

a_s——为无加速度计时，对结构加速度的响应；

m_s——为振动结构的等效质量；

m_a——为加速度计的质量。

此外，测量前应该充分了解温度、湿度、声场和电磁场等环境条件，以使加速度计和其他仪器能有效地工作。

2. 环境振动的测量

环境振动是指使人整体暴露在振动环境中的振动。它具有振动强度范围广的特点，加速度有效值的范围为 $3\times10^{-3}\sim3\text{m/s}^2$，振动频率为 1～80Hz 或 0.1～1Hz 的超低频率。因此，测量环境振动的仪器应当选择高灵敏度的加速度计，低频振动测量放大器和窄带滤波器，使用装有国际标准化的频率计权网络的环境振动测量仪，通过计权网络测量得到振动级。环境振动测量一般测量 1～80Hz 范围内的振动，在 x、y、z 三个方向上的加速度有效值通过测量值与振动标准值比较来进行评价。为了保证测量的准确性，振动测量点应当尽量选择在振动物体或人体表面接触的地方。在住宅、医院、办公室等建筑物内测量时，应在室内地面中心附近选择几个点进行测量。在对楼房进行振动测量时，由于楼房对振动具有振动放大的作用，所以应该选择在每层的几个房间进行测量。测量道路两侧由于机动车引起的地面振动时，应当在距离道路边缘 5m、10m、20m 处选择测量点，测量时测振器应当水平放置于坚硬的地面，避免放置于草地、泥地、沙地上。为了了解环境振动源的振动特征和影响范围，应在振动源的基座上，以及距离基础座 5m、10m、20m 等位置上选择测量点，进行振动测量。

3.2.3 振动测量分析系统

振动测量分析系统通常由传感器、放大器、衰减器、频率计权网络、频率限止电路、有效值检波器、指示器、接口电路等部分组成，它们有两种组合方式。

（1）整体式

将传感器、放大器、记录分析和显示仪表组成一个完整的测量仪器，可以直接在表头上读出有关的量级，这种称为测振仪的振动仪器一般适合于现场测振使用。

（2）组合式

由各个独立的仪表，如传感器、放大器、滤波器、显示仪、记录仪和分析仪等组成一个完整的振动测量分析系统。

测量振动的传感器，是将接收的振动信号变换成与振动位移、振动速度、振动加速度相应的电信号。目前，常用的传感器有以下几类：输出电量与输入振动位移成正比的位移式传感器；输出电量与输入振动速度成正比的速度式传感器；输出电量与输入振动加速度成正比的加速度式传感器。一般情况下，传感器常采用压电式加速度计，传感器

可以是三轴向的，环境振动只需要单轴向的。传感器垂直放置时，测量垂直方向的振级；水平放置时测量水平方向的振级。

放大器和衰减器又称为二次仪表，分为电压放大器和电荷放大器两种，就是将微弱的电信号放大，而当输入电信号较大时又要将其进行衰减，扩大测量范围。目前常用的是电荷放大器，这是一种输出电压与输入电荷成正比的前置放大器，在实际的测量中要先根据待测目标的振级、频率范围等选择合适的电荷放大器和传感器，选用绝缘性能好的电缆将电荷放大器和传感器牢固地连接。测量前应当将加速度计上的积聚电荷，选择合适的高低通滤波器范围和合适的衰减输出量程进行测量。

环境振动测量一般使用垂直频率计权网络以测量垂直方向振级，但是仪器往往也包含有水平频率计权网络以测量水平方向振级，而且还有“平直”频率响应加速度特性，测量振动加速度级。频率限止电路由高通和低通滤波器组成，使振级测量频率范围限制在 1～80Hz。有效值检波器用来对放大后的交流信号进行检波，检波器输出的直流信号与输入的交流信号成比例。指示器用来指示被测环境振动的测量结果，一般使用的是幅值或级指示器。指示器可以是电表，也可以是数字显示器。接口电路用来将仪器连接到外部计算机，以便由计算机对测量数据进行分析处理。

3.2.4 振动测定的常用仪器

1. 公害测振仪

公害测振仪是专门用于振动测量的常用性仪器，一般由传感器、放大器和衰减器、频率计权网络、频率限止电路、有效检波器、振幅或振级指示器组成。作为公害的地面振动所涉及频率一般都在 20Hz 以下。人的可感振动频率最高为 1000Hz，对 100Hz 以下的振动才较为敏感，最为敏感的频率与人体的共振频率数值相等或者相近。人体的共振频率：直立时为 4～10Hz，俯卧时为 3～5Hz。依据人体对于振动的感觉，公害测振仪对于加速度灵敏度高，加速度小至 $10^{-3}m/s^2$ 的振动可以进行测量。

2. 压电式加速度计

加速计是一种固有频率很高的传感器，它的固有频率比激励频率高得多。目前，压电式加速度计是运用最广的加速度计，它能够将振动的加速度转换为相应的电信号以便利用电子仪器进一步测量并分析其频谱。其结构示意图如图 3-1 所示。该加速度计换能元件为两个压电片（石英晶体或陶瓷），压电片上放置一个振动物，它借助于弹簧把压电片夹紧，整个结构放置于具有坚固厚底座的金属壳中。在测量振动时，将传感器固定于被测振的物体上方。当传感器受到振动作用时，振动体对压电片施加与振动加速度成正比的交变作用力。在压电效应的作用下，两片压电片上产生一个与交变作用力成正比的交变电压。这个交变电压被传感器以电信号的形式输出，用来确定振动的振幅、频率等。此外，该加速度计还可以与电子积分网络联合使用，可以获得与位移或速度成正比的交变电压。

压电式加速度计具有谐振频率高、尺寸小、质量小、灵敏度高和坚固等优点，它具有较宽的频率响应和加速度测量范围，可以在－150～260℃温度范围内使用，结构简单，方便使用，所以在振动测量中获得了广泛的应用。但是它的抗低频率性能差、阻抗高、噪声较大，特别是利用它进行二次积分测量位移时，干扰影响很大。

测量时选择合适的加速度计并进行固定是十分重要的。选择加速度计时主要考虑灵敏度和它的频率特性。其次考虑测量的环境条件，如湿度、温度和强噪声的影响。灵敏度和频率特性是相互制约的，对于压电式加速度计，尺寸小则灵敏度低，但是可以测量的频率范围较宽。为保证加速度计在一些高温、强声场和有电子干扰的环境中使用的可靠性，加速度计在选取时还应该注意以下几点。加速度计的质量要小于待测物体质量的1/10；工作频率上限要小于加速度计谐振频率的10倍，下限要小于待测对象工作频率下限的4倍左右；连续振动加速度值要小于最大冲击额定值的1/30。

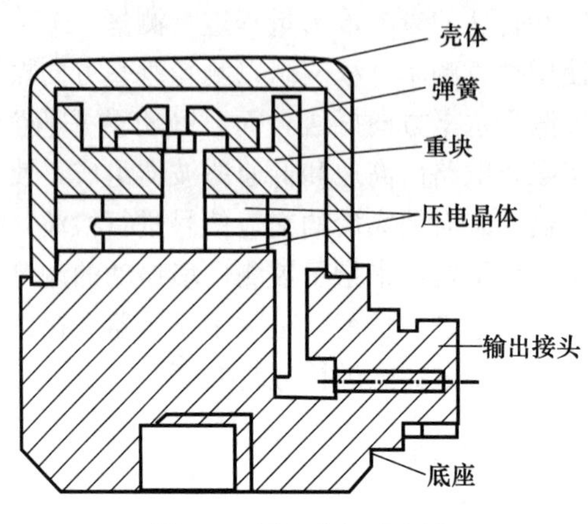

图3-1　压电式加速度计

3. 利用声级计测量振动

当把声级计上的电容传感器换成振动传感器（如加速度计），再将声音计权网络换成振动计权网络，就组成了一个振动测量的基本系统，如图3-2所示。当测量加速度时，将声级计头部的传声器取下换上积分器，将积分器的输入端与加速度计连接起来，加速度计固定在被测物体上，积分器起到了一组积分网络的作用。利用声级计测量振动比较方便，但是它有一定的使用范围，它仅限于声频范围内的振动测量。

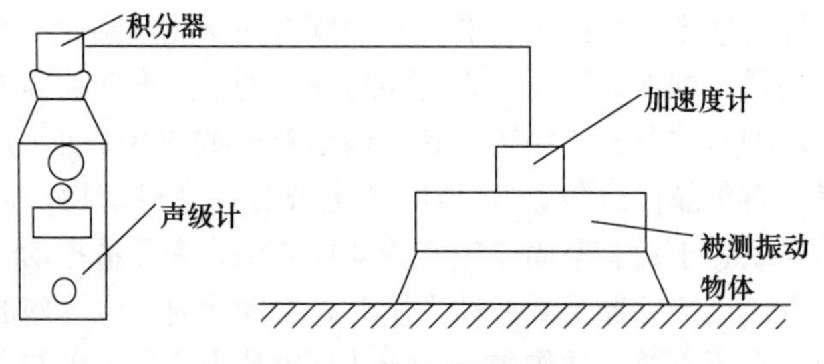

图3-2　声级计测量振动

4. 利用激光测量振动

激光是20世纪60年代出现的一种新光源，它具有相干性、方向性、单色性好和高亮度等特点。利用激光源做成的干涉仪测量振动比一般的光干扰仪器要精确。所以激光干涉仪已被用做加速度计的一级标准。此外，激光全息干涉测振法也已广泛应用。全息照相利用光的干涉原理记录由振动引起的干涉条纹，用于比较部件的振动也可以显示物体表面的振动方式，在各种频率下拍摄全息图就可以观察各种振动方式。采用连续曝光

时间平均法来记录振动物体的全息图可以测得振动平面上幅度分布的时间平均值。在振动节点处产生亮纹，而“腹点”则产生暗纹。对于处在波节与物体上已知静止点之间的轮廓加以计数，便可求得该物体上各振动点的幅度。

3.3 振动评价与标准

3.3.1 振动监测技术

1. 振动监测基本原理

振动测量技术的核心是如何运用实地的测量和模拟实验的方法来观察、研究系统的振动特性，如位移、速度、加速度的幅值、频率、相位、频谱等。由于系统振动的位移、速度、加速度等参量之间存在着一定的关系，因此，原则上只要测量其中的一个量就可以计算出其他的两个量。一般来说，测量位移使用静电式换能器，测量速度使用动圈式换能器，测量加速度使用动圈式换能器。三者相对来说，位移测量比较容易，而位移在很多实际问题中不一定是振动的主要特性。因此，位移测量用在运动振幅是主要因素的情况下，在声辐射的控制问题中要测量速度。在机械零件损伤是主要测量因素的地方则测量加速度最为有用。

环境振动测量一般在 x、y、z 三个方向上分别测量振动。为了保证测量的准确性，振动测量点应当尽量选择在振动物体或人体表面接触的地方。在建筑物内测量时，应当选择在室内地面中心附近选择几个点进行测量，然后取平均值。对振源的测量则应该在基础上及其附近测量，当测量道路两侧由于机动车引起的地面振动时，应当在距离道路边缘处选择测量点，测量时测振器应当水平放置于坚硬的地面。

2. 振动监测仪器使用环境条件

振动监测仪器必须牢固地安装在被测的物体上。否则除了仪器本身固有的共振峰之外，又附加了稍低频率范围内的共振峰。除此之外还要考虑仪器本身质量的影响问题，比如对于薄板的振动测量将会引起测量值的降低；避免环境中的强磁场和温度剧变的影响，放置于混凝土坚硬表面上时，不要移动；表面易滑动时，要注意将仪器固定牢固；放置于沥青坚硬的地面时候，轻轻放稳即可；要尽量避免放置于柔软的地面，不得已时，要先将地面充分踩实后放置。

3. 环境振动监测布点原则

当测量振动位于室内时，在室内居中位置选择一个测量点，一般在室内较为空旷的地方选择一处居中位置。当测量振动位于室外时，如居民区、机关、医院、学校等环境，在室外距建筑物外墙 1m 处选择测量点，对于建筑稠密区可以将测量距离缩短到 0.5m。测量工厂厂界振动时，在工厂的法定时边界线上布置测量点，如果工厂有围墙时，则在围墙外 1m 处布点。测量铁路振动时，距离铁路中心线 7.5m 处选择测量点，为掌握铁路振动的传播规律和影响，则在 15m、30m 处增加测量点。测量交通干线振动时，应在公路便道上距离公路边缘 0.5m 处选择测量点，距路口距离应大于 50m，为掌握铁路振动的传播规律和影响，则在距离边缘 2.5m、5m、10m 处增加测量点；测量建筑施工振动时，应该在规定的工地边界上选择测量点。

3.3.2 振动评价及其标准

环境振动的影响是多方面的，它损害或影响从事振动作业工作人员的身心健康和工作效率，干扰居民的正常工作和生活，会对建筑物、机械设备和精密仪器造成影响和损害。评价振动对于人体的影响是比较复杂的，根据人体对于振动刺激的主观感觉和生理反应的各项物理量，国际标准化组织和一些国家提出或推荐了不少标准，主要分为以下几类。

1. 振动对人体影响的评价标准

振动对于人体的影响是比较复杂的，它与人体接收振动时所处的体位，接受振动的器官，以及振动的方向、频率、振幅和加速度等都有很大的关系。振动的强弱常用振动加速度来评价。人体对于振动的感觉标准是：人体刚感觉到振动是 0.03m/s^2，不舒适的感觉是 0.49m/s^2，不可以容忍的感觉是 4.9m/s^2。振动加速度的数学表达式为：

$$L_a = 20\lg \frac{a_m}{\sqrt{2}a_0} \tag{3-7}$$

式中　a_m——振动时的加速度；

a_0——常数，常取 3×10^{-4}m/s^2。

对于振动频率不同、振动加速度相同的情况下，对人的主观感觉造成的影响进行如下修正：

$$V_L = L_a + C_n \tag{3-8}$$

式中　V_L——振动级；

C_n——感觉修正值，如表 3-1 所示水平和垂直振动的修正值。

振动级与感觉的关系见表 3-2。

表 3-2　振动级与感觉的关系

振动级/dB	振动感觉状况
60	人体能感觉到振动
70	门窗振动
80	电灯摇摆，门窗发出响声
90	容器中的水溢出水瓶倒地等
100	墙壁出现裂缝

根据振动强弱对人的影响，大致有以下四种情况：

（1）振动的“感觉阈”。

在此范围内人体刚能感觉到振动的信息，但是一般人体不会感觉到不舒适，此时大多数人都可以容忍。

（2）振动的“不舒适阈”。

当振动增加到使人感觉到不舒适，或有厌烦的反应，此时就是不舒适阈。这是一种大脑对振动的本能反应，不会产生心理上的影响。

（3）振动的“疲劳阈”。

当振动的强度使人体进入到“疲劳阈”时，这时候人体不仅能对振动产生生理反

应，而且出现了心理反应，如出现注意力转移、工作效率低下等，但是当振动停止时，这种心理反应也会随之消失。

（4）振动的“危险阈”。

当振动的强度不但对人体心理产生影响，而且还造成生理性的伤害，这时候振动强度就达到了“危险阈”。超过危险阈的振动将使人体的感觉器官和神经系统产生永久性的病变，即使振动停止也不能够恢复。

2. 振动的标准

根据振动强弱对人体的影响，国际化标准组织对局部和整体振动提出了相应的标准。

（1）局部振动标准

1981年国际标准化组织起草了《人体接触手传振动的测量与评价导则》（ISO 5349）。该标准规定了8～1000Hz不同暴露时间的振动加速度和振动速度的允许值，用来评价手传振动对于人体的损伤，如图3-3所示为暴露评价标准曲线。从标准曲线可以看出，人对加速度最为敏感的振动频率范围是6～16Hz。

（2）整体振动标准

1978年国际标准化组织公布推荐了《关于全身振动评价指南》（ISO 2631），如图3-4和图3-5所示。该标准规定了人体暴露在振动作业环境中的允许界限，振动的频率为1～80Hz。这些界限按三种公认准则给出，即“舒适性降低界限”“疲劳-功效降低界限”和“暴露极限”。这些界限分别按振动频率、加速度值、暴露时间和对人体躯干的作用方向来规定。图3-4和图3-5分别给出了纵向振动和横向振动“疲劳-功效降低界限”曲线，横坐标为1/3倍频程的中心频率，纵坐标是加速度的有效值。当振动暴露超过这些界限值时，常会出现明显的疲劳和工作效率降低，“暴露极限”和“舒适性降低界限”具有相同的曲线，当“疲劳-功效降低界限”相应的量级提高一倍（即+6dB）为“暴露极限”的曲线，当相应值减去10dB即可以得到“舒适性降低界限”的曲线。

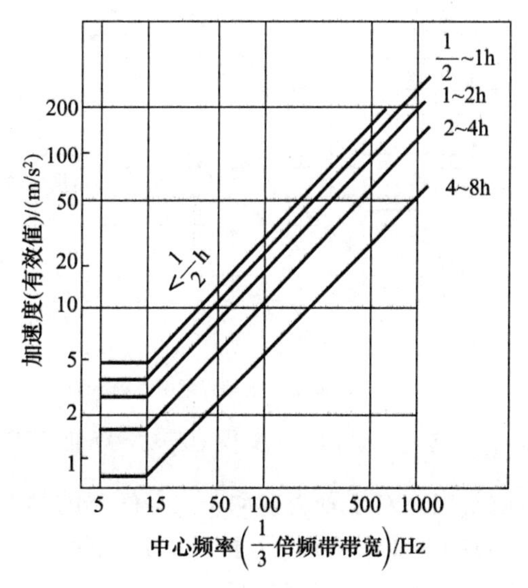

图3-3 手暴露的评价标准

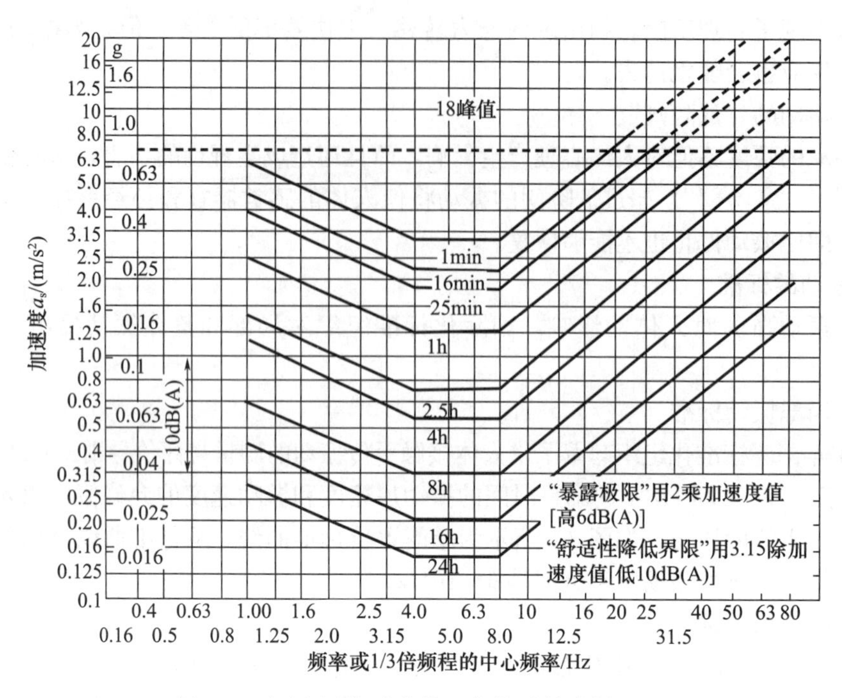

图 3-4　垂直振动标准曲线（疲劳-功效降低界限）

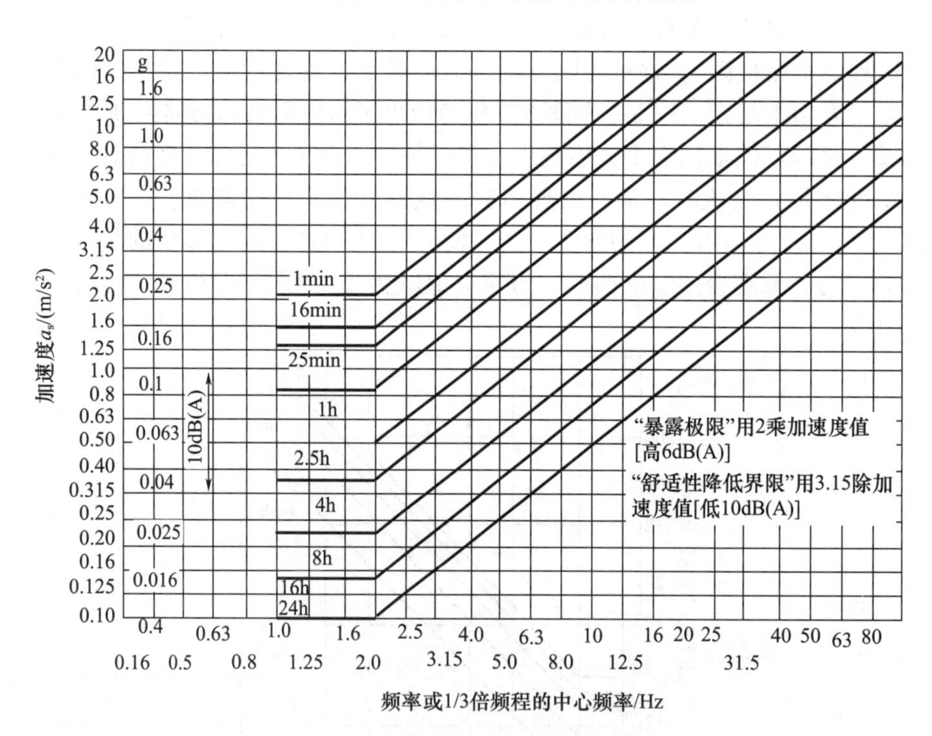

图 3-5　水平振动标准曲线（疲劳-功效降低界限）

从图 3-4、图 3-5 可以看出，对于垂直振动，人最敏感的频率范围是 4～8Hz；对于水平振动人最敏感的振动范围是 1～2Hz。低于 1Hz 的振动会出现许多传递形式，并产生一些与较高频率完全不同的影响。例如引起晕动症和晕动并发症等，0.1～0.63Hz 的振动传递到人体引起从不舒适到感到极度疲劳等病症，《关于全身振动评价指南》（ISO 2631）对于0.1～0.63Hz人体承受z轴方向上的全身振动极度不舒适限定值见表3-3。在高于80Hz的振动下，感觉和影响主要取决于作用点的局部条件，目前还无80Hz以上关于人体整体的振动标准。

表3-3　z轴方向用振动加速度数值表示的极度不舒适限定值

1/3倍频程的中心频率/Hz	加速度/（m/s^2）			1/3倍频程的中心频率/Hz	加速度/（m/s^2）		
	振动时间				振动时间		
	30min	2h	8h		30min	2h	8h
0.1	1.0	0.5	0.25	0.315	1.0	0.5	0.25
0.125	1.0	0.5	0.25	0.40	1.5	0.75	0.37
0.16	1.0	0.5	0.25	0.50	2.15	1.08	0.54
0.2	1.0	0.5	0.25	0.63	3.15	1.60	0.80
0.25	1.0	0.5	0.25				

（3）城市环境振动的评价标准

人们在城市之中，由于各种机械设备、交通工具产生的振动污染，对于人们的生活和工作产生了较大的影响。我国已经制定了《城市区域环境振动标准》（GB 10070—1988）和《城市区域环境振动测量方法》（GB 10071—1988）。表3-4是我国为控制城市振动污染而制定的《城市区域环境振动标准》中的标准值和适用的相关区域。表中的标准值适用于连续发生的稳态振动、冲击振动和无规则振动。对于每日只发生几次的冲击振动，其最大值昼间不允许超过标准值10dB，夜间不超过标准值3dB。

表3-4　城市各类区域垂直方向振级标准值

适用地带范围	昼间/dB	夜间/dB
特殊住宅区	65	62
居民、文教区	70	67
混合区、商业中性区	75	72
工业集中区	75	72
交通干线道路两侧	75	72
铁路干线两侧	80	80

表3-4中适用地带范围的划定为：特殊住宅范围是指那些特别需要安静的住宅区；居民、文教区是指居民和文教机关区；混合区是指一般商业与居民混合区，以及工业、商业、少量交通与居民混合区；商业中心区是指商业集中的繁华地区；工业集中区是指在一个城市或区域内规划明确的工业区；交通干线道路两侧是指车流量每小时100辆以上的道路两侧；铁路干线两侧是指每日车流量不少于20列的铁道外轨30m外两侧的住宅区。

（4）机械设备的评价标准

目前，世界各国对于机械设备的振动评价（振动的频率范围一般在10～1000Hz），1974年国际标准化组织颁布的《转速为10～200r/s机器的机械振动—规定评价标准的基础》（ISO 2372）里规定以振动的强烈度作为评价机械设备振动的指标。它是在指定的测点和方向上，测量机械设备振动速度的有效值，再通过各个方向上平均值的矢量和，来表示机械的振动烈度。振动等级的评定按振动的烈度大小来划分，设为以下四等。

① A级。不会使机械设备的正常运转发生危险，通常标为“良好”。

② B级。可验收、允许的振级，通常标为“许可”。

③ C级。振级是可以允许的，但是有问题，不满意，应加以改进通常标为“可容忍”。

④ D级。振级太大，机械设备不允许运转，通常称为“不允许”。

对机械设备进行评价时，可先将机器按照下述标准进行分类，参考表3-5进行具体评价。

第一类：在其正常工作条件下与整机连成一个整体的发动机及其部件，如15kW以下的电机产品。

第二类：刚性固定在专用基础上的300kW以下发动机和机器；设有专用基础的中等尺寸的机器，如输出功率为15～75kW的电机。

第三类：装在振动方向上刚性或重基础上的具有旋转质量的大型电机和机器。

第四类：装在振动方向上相对较软的基础上的具有旋转质量的大型电机和机器，如结构轻的透平发动电机组。

表3-5 机械设备的评价

<table>
<tr><th>振动烈度的量程/（mm/s²）</th><th colspan="4">判定每种机器质量的实例</th></tr>
<tr><th>量程</th><th>第一类</th><th>第二类</th><th>第三类</th><th>第四类</th></tr>
<tr><td>0.28</td><td rowspan="3">A</td><td rowspan="4">A</td><td rowspan="5">A</td><td rowspan="6">A</td></tr>
<tr><td>0.45</td></tr>
<tr><td>0.71</td></tr>
<tr><td>1.12</td><td rowspan="2">B</td></tr>
<tr><td>1.8</td><td rowspan="2">B</td></tr>
<tr><td>2.8</td><td rowspan="2">C</td><td rowspan="2">B</td></tr>
<tr><td>4.5</td><td rowspan="2">C</td><td rowspan="2">B</td></tr>
<tr><td>7.1</td><td rowspan="6">D</td><td rowspan="2">C</td></tr>
<tr><td>11.2</td><td rowspan="5">D</td><td rowspan="2">C</td></tr>
<tr><td>18</td><td rowspan="4">D</td></tr>
<tr><td>28</td><td rowspan="3">D</td></tr>
<tr><td>45</td></tr>
<tr><td>71</td></tr>
</table>

（5）建筑物的允许振动标准

建筑物允许的振动标准与其上部结构、底基的特性以及建筑物的重要性有关。德国于1999年颁布的标准DIN 4150-3-1999中规定，在短期振动作用下，使建筑物开始遭受损坏，如墙体开裂或原有裂缝扩大时，作用在建筑物基础上或楼层平面上的合成振动速度限值见表3-6。

表 3-6 建筑物开始损坏时的振动速度限值

结构形式	振动速度限值 v/（mm/s）			
	基础			多层建筑物最高一层楼层平面
	频率范围/Hz			混合频率/Hz
	10 以下	10～50	50～100	
商业或工业用的建筑物与类似设计的建筑物	20	20～40	40～50	40
居住建筑和类似设计的建筑物	5	5～15	15～20	15
不属于上述所列的对振动特别敏感的建筑物和具有纪念价值的建筑物（如要求保护的建筑）	3	3～8	8～10	8

（6）精密仪器和设备的允许振动

精密仪器和设备的允许振动是一个比较复杂的问题。目前，国内外提出的一些精密仪器和设备的允许振动（或称防振指标），大都是对实际工作状态进行调查和试验的结果，并不是真正的允许振动，但是很具有参考价值。

允许振动是指在保证仪器和仪表正常工作条件下，设备的支撑结构（台座或基础）上表面的极限允许振动考虑一个安全系数后的振动值。这是衡量精密仪表和设备抵抗振动能力的一个标准。允许振动的数值越大，精密仪表和设备的抗振能力就越强，反之则越弱。应当指出，精密仪器和设备的计量和加工精度，并不代表它们的允许振动。这两者之间有本质的区别，比如光电光波干涉仪的计量精度为±0.03μm，仅为允许振幅 2%以下，在一般情况下仪器越精密允许的振动越小。仪器和设备的支持台座的振动必须小于其允许的振动，否则影响其加工精度或测试精度，缩短其使用寿命。重者会使仪器和设备无法正常运转，甚至导致损坏。

影响精密仪器和设备的允许振动的主要因素包括：

① 振动方向。

振动的方向不同允许振动特性的曲线和数值就不一样。对于某些仪器和设备来说，差别就可能很大，此时仪器和设备允许振动的控制方向就为允许振动数值的最小方向。

② 振动频率。

振动频率与仪器设备或设备的允许振动关系很大，通常不同的干扰频率就有不同允许振幅。允许振动的物理量可能是位移也可能是速度，以加速度控制的比较少见。

③ 持续时间。

仪器和设备每个工作过程持续的时间不同，允许振动也不一样，持续工作时间长，其允许振动小。

④ 工作原理。

相同的同一类型的设备，其允许振动的物理量是相同的，但是具体数值不一样。不同工作原理和精度的设备，允许振动的特性是不同的。

3.4 振动控制技术

3.4.1 振动控制的基本方法

振动是一种普遍存在的自然现象，振动的来源可以分为自然振源和人工振源两大类：自然振源如地震、海浪、风振等；人工振源如各类动力机器的运转、交通运输工具的运行、建筑工地打桩和人工爆破等。人工振源产生的振动波，一般是在地表中传播，通过建筑物的基础或地坪传至人体、精密仪器设备或建筑物本身，这将会对人体和物体产生危害。因此，控制振动污染也就需要从以下三个方面入手：控制振源，传递过程中的振动控制和对受振动对象采取控制措施。

1. 振动源的控制

振动的来源不同，指振动源本身的不平衡力引起的对设备的激励。城市区域的环境振动源主要有工厂振动、交通振动、工程振动等。对于振动源控制的最有效方法是提高和改进振动设备的设计、提高制造加工装配精度等，使其振动最小是最有效的控制方法。

强力撞击在机械加工中经常见到，强力撞击会引起被加工零件、机械部件和基础振动。控制此类振动最有效的方法是改进加工工艺，即用不撞击方法代替撞击方法，如用焊接替代铆接、用压延替代冲压、用滚轧替代锤击等。由曲柄连杆机构所组成的往复运动机械，如柴油机、空气压缩机、曲柄压力机等，是常见的振动机械，我们应当采取各种平衡方法来改善其平衡性能，可以通过负载质量平衡装置（平衡质量块），使其在运转的过程中产生反作用力以抵消惯性力，从而减少振动。高压水泵、蒸汽轮机、燃气轮机等旋转机械，大多属高速旋转类，每分钟在千转以上，其微小的质量偏心或安装间隙的不均匀常带来严重的危害。为此，应尽可能调好其静、动平衡，提高其制造质量，严格控制安装间隙，以减少其离心偏心惯性力的产生。转动轴系的振动，随各类转动机械的要求不同而振动形式不一，会产生扭转振动、横向和纵向振动，对这类轴系通常应使其受力均匀，转动扭矩平衡，并有足够的刚度等，以改善其振动情况。管道振动在人们的生产生活中越来越多，随传递输送介质的不同而产生的管道振动也不一样，通常在管道内流动的介质，其压力、速度、温度和密度等往往是随时间而变化的，这种变化又常常是周期性的，如与压缩机衔接的管道系统，由于周期性地注入和吸走气体，激发了气流脉动，而脉动气流形成了对管道的激振力，产生了管道的机械振动。为此，在管道设计时，应注意适当配置各类管道元件，以改善介质流动特性，避免气流共振和降低脉冲压力；采用橡胶、金属波纹软管，设置缓冲器、降压稳压装置，有目的地控制气流脉动，从而改善和减少管道机械振动；正确选择支承架间距和支承方式，隔振悬吊，以改善管道系结构动力特性及隔离振动传递。

共振的防止，共振是振动的一种特殊状态。共振是指机械系统所受激励的频率与该系统的某阶固有频率接近时，系统振幅显著增大的现象。振动机械激励的振动频率，若与设备的固有频率一致，就会引起共振，使设备振动得更厉害，起了放大作用，其放大倍数可有几倍到几十倍。共振的特性，它不仅是一种能量的传递，而且是一种具有特殊

作用的能量传递形式，它具有放大性传递、长距离传递的特性。只要某物体处于共振状态，即使在微小的外力作用下，也可得到足够的响应力。共振如一个放大器，小的位移作用可得大的振幅值。共振又像一个储能器，它以特有的势能与弹性位能的同步转换与吸收，能量越来越大。共振带来的破坏和危害是十分严重的。因此，防止和减少共振响应是振动控制的一个重要方面。控制共振的主要方法有：

(1) 改变设施的结构和总体尺寸或采用局部加强法等，以改变机械结构的固有频率；

(2) 改变机器的转速或改换机型等以改变振动源的扰动频率；

(3) 将振动源安装在非刚性的基础上以降低共振响应；

(4) 对于一些薄壳机体或仪器仪表柜等结构，用粘贴弹性高阻尼结构材料方法增加其阻尼，以使能量远散，降低其振幅。

2. 振动传递过程中的控制

(1) 加大振源和受振对象之间的距离

振动在介质中传递，由于能量的扩散和传递介质等对振动能量的吸收，一般是随着距离的增加振动逐渐衰减，所以加大振源和受振对象之间的距离是振动控制的有效措施之一，一般采用以下几种方法：

① 建筑物选址。

对于精密仪器和设备的厂房，在其选址时要远离铁路、公路以及工业上的强振源。对于居民楼、医院和学校等建筑物选址时，也要远离强振源，对于防振要求较高的精密仪器设备，尚应考虑远离由于海浪和台风影响而产生较大地面脉动的海岸。

② 厂区总平面布置。

工厂中防振等级较高的计量室、中心实验室、精密机床车间等最好单独另建，并且远离振动较大的车间，如锻工车间、冲击车间以及压缩机房等。在厂区的规划时应当尽可能地将振动较大的车间布置在厂区的边缘地段。

③ 车间内的工艺布置。

在不影响工艺的情况下，精密机床以及其他防振对象，尽可能远离振动较大的设备。为计量室及其他精密设备服务的空调制冷设备。在可能的条件下，也尽可能使它们与防振对象远离一些。

④ 其他加大振动传播距离的方法。

将动力设备和精密仪器设备分别置于楼层中不同的结构单元内，如设置在伸缩缝(或沉降缝)、抗振缝的两侧，这样的振源传递路线要比直接传递长得多，对振动衰减有一定的效果。缝除应满足工程要求外，不得小于 5cm。缝不需要其他材料的填充，但是应当采取弹性的盖缝措施。

(2) 防振沟

对于冲击振动或频率大于 30Hz 的振动，采取防振沟有一定的隔振效果；对于低频率振动则效果甚微，甚至几乎没有什么效果。一般来说防振沟越深、隔振的效果就越好，而沟的宽度几乎对隔振效果没有影响。研究表明，当沟的宽度取振动波长的 1/20，沟的深度为振动波长的 1/4，振动幅值将减少 1/2；当沟深为波长的 3/4 时，振幅将减少 1/3；当沟深进一步增加不仅施工困难，而且隔振效果也不明显。防振沟可用在积极防振上，即在振动的机械设备周围挖掘防振沟；也可用于消极防振，即在怕振动干扰的机械设备附近，在其垂直方向上开挖防振沟。

3. 对防振对象采取的振动控制

对防振对象采取的措施主要是指对精密仪器、设备采取的措施，一般方法为：

（1）采用黏弹性高阻尼材料。对于一些具有薄壳机体的精密仪器，宜采用黏弹性高阻尼材料增加其阻尼，以增加能量耗散，降低其振幅。

（2）保证精密仪器、设备的工作台的刚度。精密仪器、设备的工作台应采用钢筋混凝土制的水磨石工作台，以保证工作台本身具有足够的刚度和质量，不宜采用刚度小、易晃动的木质工作台。

（3）为避免外界传来的振动和室内工作人员的走动影响精密仪器和设备的正常工作，应采用混凝土地坪，必要时可以采用厚度大于530mm的混凝土地坪。当必须采用木地板时，应将木地板用热沥青与地坪直接粘贴，不应采用在木隔栅上铺木地板架空做法，否则由于木地板刚度较小，操作人员走动时候产生较大的振动，对精密仪器和设备的使用是很不利的。

3.4.2 隔振技术

1. 隔振原理

隔振就是利用波动在物体间的传播规律，将振动源与地基、地基与防振设备之间安装具有一定弹性的装置，使原有的刚性连接改为弹性连接，以防止或减弱振动能量的传播，从而实现减振降噪的目的（图3-6）。隔振技术分为两类：积极隔振技术和消极隔振技术。所谓积极隔振就是为了减少动力设备产生的扰动力向外的传递，对动力设备所采取的措施，目的是减少振动的输出。所谓消极隔振，就是为了减少外来振动对防振对象的影响，对受振物体采取的隔振措施，目的是减少振动的输入。

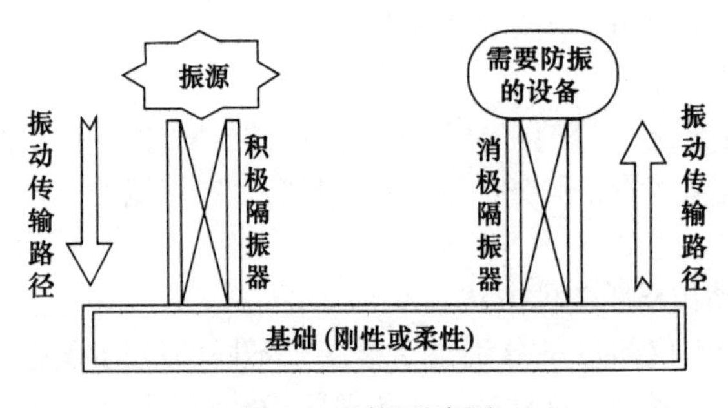

图3-6　隔振示意图

2. 振动的传递和隔离

如图3-7所示为一个单自由度系统的受迫振动模型，该系统的运动方程为：

$$M\frac{d^2y}{dt^2}+\delta\frac{dy}{dt}+Ky=F_0\cos\omega t \quad (3\text{-}9)$$

式中　M——物体质量，kg；

δ——阻尼系数，N·s/m；

K——弹簧刚度系数，N/m；

F_0——简谐激励力，N；

ω——激励力振动角频率，rad/s；

t——时间，s。

其中角频率与简谐振动频率 f 的关系为：

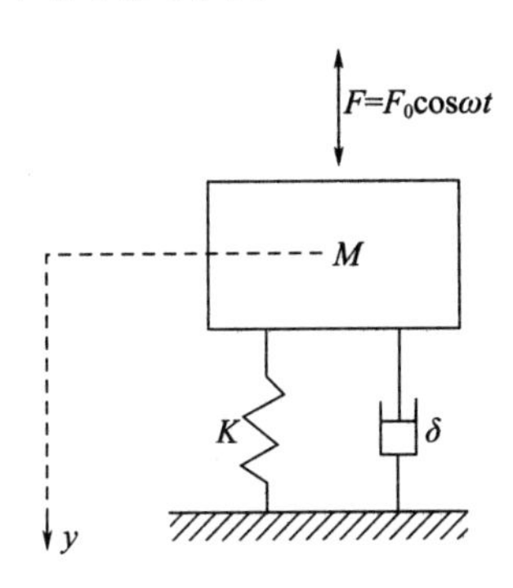

图 3-7 单自由度系统受迫振动模型

$$\omega=2\pi f \tag{3-10}$$

该方程的解，即受迫振动的位移响应为：

$$y=A_0 e^{-\beta t}\cos(\omega_0 t+\varphi')+\frac{F_0}{\omega Z_m}\cos(\omega t+\varphi) \tag{3-11}$$

式中 Z_m——力阻抗，其值为：

$$Z_m=\sqrt{\delta^2+\left(\omega M-\frac{K}{\omega}\right)} \tag{3-12}$$

式（3-11）的第一部分为瞬态解，它表明由于激励力作用而激发起的系统固有的部分，这一部分由于阻尼的作用很快按指数规律衰减掉。第二项是稳态解，振动频率就是激励力的频率，且振幅保持恒定。有阻尼的振动系统，在简谐策动力的作用下，振动持续一个很短的时间后，即成为稳态形式的简谐振动，即：

$$y=\frac{F_0}{\omega Z_m}\cos(\omega t+\varphi) \tag{3-13}$$

受迫振动的振幅为：

$$A=\frac{F_0}{\omega Z_m}=\frac{F_0/K}{\sqrt{[2\xi(\omega/\omega_0)]^2+[(\omega/\omega_0)^2-1]^2}} \tag{3-14}$$

式中 ξ——阻尼比或阻尼因子，$\xi=\delta/\delta_0$；

δ_0——隔振系统的临界阻尼，$\delta_0=2M\omega_0$；

可见，受迫振动的振幅 A 与激励力的力幅 F_0，频率 ω 系统的力阻抗 Z_m有关，当 $\omega=\omega_0$时，有 $Z_m=\delta$ 为最小值，这时系统的振幅为

$$A=\frac{F_0}{\omega\delta} \tag{3-15}$$

可见，系统发生共振，共振峰值与阻尼有关，当阻尼系数很小时，振幅可以很大。

3. 隔振的力传递率

在研究振动隔离问题时，隔振效果的好坏通常用力传递率 T_f来表示，它定义为通过隔振装置传递到基础上的力的幅值 F_{f0}与作用于振动系统上的激振力幅值 F_0之比。一

般情况下，基础的力阻抗比较大，振动位移很小，在忽略基础影响的情况下，通过弹簧和阻尼传递给基础的力 F_f 应为：

$$F_f = Ky + \delta \frac{dy}{dt} \tag{3-16}$$

其振幅值为：$F_{f0} = A\sqrt{(\omega\delta)^2 + K^2} = KA\sqrt{1+\left(\frac{\omega\delta}{K}\right)^2}$ （3-17）

$$T_f = \frac{F_{f0}}{F_0} = \frac{\sqrt{1+\left(2\xi\frac{\omega}{\omega_0}\right)^2}}{\sqrt{\left[1-\left(\frac{\omega}{\omega_0}\right)^2\right]^2+\left(2\xi\frac{\omega}{\omega_0}\right)^2}} = \sqrt{\frac{1+4\xi^2\left(\frac{f}{f_0}\right)^2}{\left[1-\left(\frac{f}{f_0}\right)^2\right]^2+4\xi^2\left(\frac{f}{f_0}\right)^2}} \tag{3-18}$$

当系统为单自由度无阻尼振动时，即 $\xi=0$，上式简化为：

$$T_f = \left|\frac{1}{1-\left(\frac{f}{f_0}\right)^2}\right| \tag{3-19}$$

由式（3-18）可绘出 T_f 与 f/f_0 及阻尼比 ξ 之间的关系图，如图 3-8 所示。

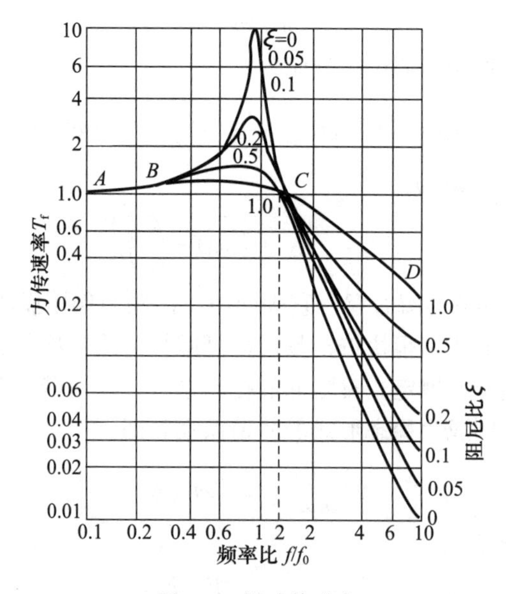

图 3-8 振动传递率

（1）T_f 值随着频率比的变化是连续的，无论阻尼比 ξ 取何值，所有的 T_f 变化曲线均在频率比为 $\sqrt{2}$ 处相交，当无阻尼时，T_f 的最大值出现在频率比等于 1 的地方，当有阻尼时，最大的 T_f 值发生在 f/f_0 小于 1 的区域中，其值等于 $\frac{4\xi^2}{\sqrt{16\xi^4-8\xi^2-2+\sqrt{1+8\xi^2}}}$，相应的频率比为 $\sqrt{\frac{-1+\sqrt{1+8\xi^2}}{4\xi^2}}$，当 $\xi \leqslant 0.1$ 时，T_f 的最大值可用 $(1/2)\xi$ 代替。在实际工程系统中，阻尼都不大，基本都可以满足小于 0.1 的条件，所以通常用该值来估算隔振中的最大传递力或最大位移。

（2）当 $f/f_0 \ll 1$ 时，即图中 AB 段，此时 T_f 的值近似为 1，说明激振力通过隔振装置全部传给基础，隔振器不起隔振作用。

(3) 当 $f/f_0=1$ 时，即图中 BC 段，此时 T_f 的值大于 1，说明隔振措施极不合理，不仅不起隔振作用，反而放大了振动的干扰，乃至发生共振，这是隔振设计时应绝对避免的。

(4) 当 $f/f_0>\sqrt{2}$ 时，即图中 CD 段，此时 T_f 的值小于 1，此时随着频率比的不断增大，T_f 的值越来越小，也就是说隔振效果越来越好。因此要达到隔振的目的，单自由度隔振系统必须满足 $f/f_0>\sqrt{2}$ 这一条件，否则振动会被放大。但是频率比也不应该过大，因为过大的频率比意味着隔振器要有很大的静态压缩量，必须设计得很软，这样会导致机械的稳定性变差，容易产生摇晃；而且若频率比大于 5 以后，T_f 值的变化也不明显，隔振效果提高不大。所以一般实际工程采用的频率比在 2.5～4.5，ξ 值一般选用 0.02～0.1。

(5) 在 $f/f_0<\sqrt{2}$ 的范围，即不起隔振作用乃至发生共振的范围，ξ 值越大 T_f 值就越小，这说明增大阻尼对控制振动有好的作用，特别是发生共振时，阻尼的作用就更加明显了。

采用某种隔振措施后，使机器振动系统传递到基础的力的振幅减弱为原来的 1/10，即 $T_f=0.1$，则传递到基础的力的振动级降低了 20dB。在隔振设计中，有时也使用隔振效率 (η) 的概念，定义为：

$$\eta=(1-T_f)\times100\% \tag{3-20}$$

显然，当 $T_f=1$，$\eta=0$，激振力全部传给基础，没有隔振作用。当 $T_f=0$，$\eta=100\%$，激振力完全被隔离，隔振效果最高。为便于设计，在不考虑阻尼的情况下，将式 (3-19) 绘制成图 3-9。

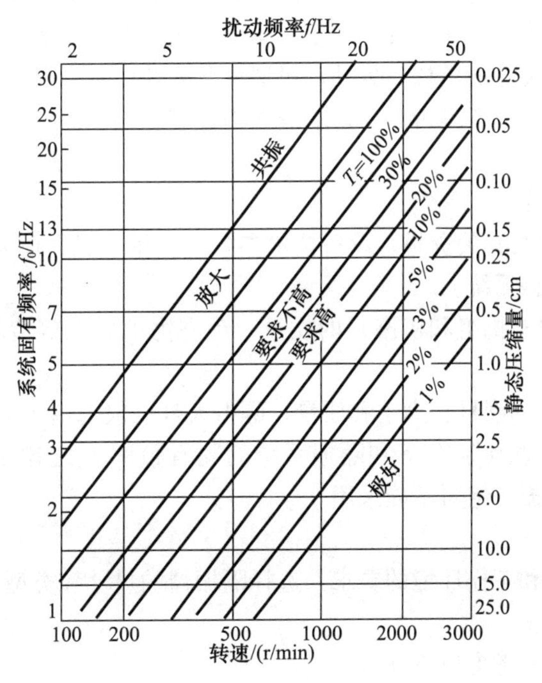

图 3-9 隔振设计图

3.4.3 隔振设计

1. 隔振设计的原则

（1）防止或隔离固体声的传播；

（2）减少振动对操作者、周围环境及设备运行的影响和干扰。在隔振设计及选择隔振器时，首先应当根据激振频率 f 确定隔振系统的固有频率 f_0，必须满足 $f/f_0=2.5\sim5$，否则隔振设计是失败的。

（3）考虑阻尼对隔振效果的影响。为了减小设备在启动和停止过程中经过共振区的最大振幅，阻尼比越大越好，但在隔振区内的阻尼比越大，隔振效果反而越小，因此阻尼值的选择应兼顾共振区和隔振区两方面的利弊予以考虑。

（4）为保证隔振区内稳定工作，在隔振设计中，一般使 $f/f_0=2.5\sim5$。为满足这一要求，必须以降低系统固有频率 f_0来实现。而为降低 f_0，常用减小弹簧弹性系数和增大隔振基础来实现。

（5）在振源四周挖隔振沟，防止振动传出或避免外来振动干扰，对以地面传播表面波为主的振动，其效果明显。

2. 隔振设计的适用情况

在决定采取隔振措施前应研究振动产生的原因，及这类振动是否适合用隔振的方法进行控制。以下几种情况适合于采用隔振技术措施。

（1）控制设备引起的基础或楼板的振动，引起的噪声或振动会直接产生危害。

（2）在机器设备内部，振动部件通过结构件向非振动部件传递振动。

（3）敏感的仪器或设备受基础传递的环境振动而无法正常工作。

基础隔振并不适合辐射噪声的大型机组，因为该类机器表面辐射的噪声比基础和楼板辐射的噪声要严重得多。在这种情况下，隔振不仅不能降低噪声，反而因为设备振动在隔离后加剧而使情况更加糟糕。另外，机器设备安装位置、设备的转速范围、设备质量和机座质量比等都对设备是否需要采取隔振措施有影响。

3. 隔振设计的方法

（1）隔振设计程序。

① 根据设计原则及有关资料（设备技术参数、使用工况、环境条件等），选定所需的振动传递，确定隔振系统。

② 根据设备（包括机组和机座）的质量、动态力的影响等情况，确定隔振元件承受的负载。

③ 确定隔振元件的型号、大小和质量，隔振元件一般选用4～6个。

④ 确定设备最低扰动频率 f 和隔振系统的固有频率 f_0之比 f/f_0，f/f_0，一般取2～5。为防止发生共振，绝对不能采用 $f/f_0\approx1$。

（2）隔振器的选择。

根据计算的结果和工作环境的要求，选择隔振器的尺寸和类型。

（3）隔振器的布置。

隔振器的布置主要考虑以下几点：

① 隔振器的布置应对称于系统的主惯性轴（或对称于系统重心），将复杂的振动简

化为单自由度的振动系统。对于倾斜式振动系统应使隔振器的中心尽可能与设备中心重合。

② 机组（如风机、泵、柴油发动机等）不组成整体时，必须安装在具有足够刚度的公用机座上，再由隔振器来支撑机座。

③ 隔振系统应尽量降低重心，以保证系统有足够的稳定性。

3.4.4 隔振材料和元件

机械设备和基础之间选择合适的隔振材料和隔振装置，以防止振动能量以噪声的形式向外传递。一般来说作为隔振材料和元件应该符合下列要求：材料的弹性模量低、承载能力、强度高、耐久性好、不易疲劳破坏、阻尼性能好、无毒、无放射性、抗酸（碱、油）等环境条件、取材方便，易于加工等。隔振元件通常可以分为隔振器和隔振垫两大类。前者有金属弹簧隔振器、橡胶隔振器、空气弹簧等；后者有橡胶隔振垫、软木、乳胶海绵、玻璃纤维、毛毡等。表 3-7 列出了常见的隔振材料和元件的性能比较。

表 3-7 常见的隔振材料和元件的性能

隔振材料和元件	频率范围	最佳工作频率	阻尼	缺点	备注
金属螺旋弹簧	宽频	低频	很低，仅为临界阻尼的 0.1%	容易传递高频振动	广泛应用
金属板弹簧	低频	低频	很低	—	特殊情况使用
空气弹簧	取决于空气容积	—	低	结构复杂	—
橡胶	取决于成分和硬度	高频	随硬度增加而增加	载荷容易受影响	—
软木	取决于密度	高频	较低，一般为临界阻尼的 6%	—	—
毛毡	取决于密度和厚度	高频（40Hz 以上）	高	—	通常厚度为 1～3cm

1. 金属弹簧隔振器

金属弹簧隔振器广泛应用于工业振动控制中，应用较多的是螺旋弹簧隔振器和板条式钢板隔振器。其优点是：能承受各种环境因素，在很宽的温度范围内和不同的环境条件下都可以保持稳定的弹性，耐腐蚀和耐老化；设计加工简单、易于控制，可以大规模的生产，并且保持稳定的性能；允许位移大，在低频可以保持较好的隔振性能。缺点是阻尼系数很小，因此在共振频率附近有较高的传递率；在高频区域，隔振效果差，使用中常需要在弹簧和基础之间加橡皮、毛毡等内阻较大的衬垫。

实际中，常见的有圆柱螺旋弹簧、圆锥螺旋弹簧和板弹簧等，如图 3-10 所示，其中应用较多的是圆柱弹簧和板弹簧。螺旋弹簧在各类风机、空压机、球磨机、粉碎机等机械设备中都有使用。板弹簧是由几块钢板叠合而成的，利用钢板间的摩擦可以获得适宜的阻尼比，这种减振器只有一个方向上的隔振作用，一般用于火车、汽车的车体减振和只有垂直冲击的锻锤基础隔振。隔振常用的材料为锰钢、硅锰钢、铬钒钢等。

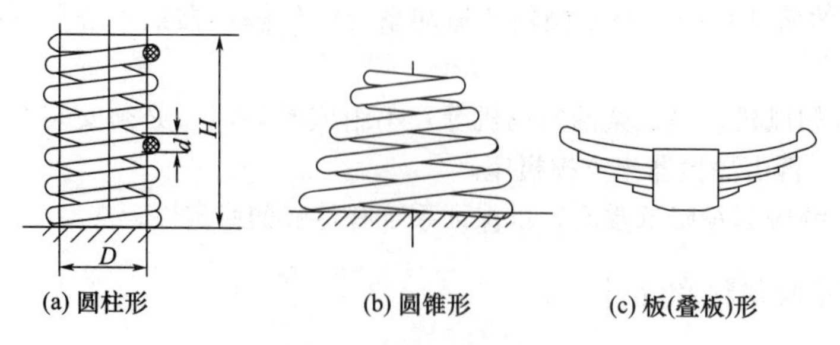

图 3-10　金属弹簧隔振器

应用最广泛的金属弹簧隔振器是螺旋弹簧隔振器，因此这里仅介绍最为常用的圆柱形螺旋弹簧隔振器的使用和设计程序。首先根据机器设备的质量、可能的最低激振力频率、预期的隔振效率确定弹簧的安装数目。根据公式（3-21），由激振力频率和按设计所要求的隔振效率可查得弹簧的静态压缩量 x。由机器设备总负荷 W 和安装支点 N，确定选用弹簧的劲度系数 K。

$$K=\frac{W}{N_{x}} \tag{3-21}$$

确定弹簧的有效工作圈数 n_0 和弹簧的直径 d。

$$n_0=\frac{Gd^4}{8KD^3} \tag{3-22}$$

式中　G——弹簧的剪切弹性系数，对于弹簧，常取 8×10^6 N/cm^2；

D——弹簧圈平均直径，cm；

d——弹簧条直径，cm。

其中

$$d=1.6\sqrt{\frac{KCW_0}{\tau}} \tag{3-23}$$

式中　K——系数，$K=(4C+2)/(4C-3)$；

C——弹簧直径与弹簧直径之比值，即 D/d，一般取 4～10；

W_0——单个弹簧上的荷载，N；

τ——弹簧材料的容许扭应力，对于金属弹簧，取值为 4×10^4 N/cm^2。

弹簧在自由状态下的高度 H 和弹簧条的长度 L。

$$H=nd+(n-1)\frac{d}{4}+x \tag{3-24}$$

弹簧的全部圈数 n 应包括有效工作圈数 n_0 和不工作圈数 n'，即 $n=n_0+n'$。

弹簧的长度

$$L=\pi Dn \tag{3-25}$$

2. 空气弹簧隔振器

空气弹簧隔振器也称为“气垫”。空气弹簧隔振器是在可控的密闭容器中填充压缩空气，利用其体积弹性而起隔振作用，即当空气弹簧受到激振力而产生位移时，容器的形状将发生变化，容积的改变使得容器内的空气压强发生变动，使其中的空气内能发生变化，从而达到吸收振动能量的作用。

空气弹簧隔振器通常由弹簧、附加气囊和高度控制阀组成，其组成原理如图 3-11 所示。空气弹簧隔振器具有刚性，其具有可以随荷载而变化、固有频率保持不变的特点。靠气囊气室的改变可以对弹簧隔振器的刚度进行选择，因此可以达到很小的固有频率；经调压阀改变可控制容器的气压，可以适应多种荷载需要，抗振性能好，耐疲劳。按照结构形式，空气弹簧隔振器可以分为囊式和膜式两种类型。目前，空气弹簧器可以应用于压缩机、气锤、汽车、火车、地铁等机械隔振，尤其是由空气弹簧组成的隔振系统的固有频率一般低于 1Hz，且横向稳定性也比较好，所以可以有效地减少振动的危害和降低辐射噪声，大大地改善了车辆乘坐的舒适性。

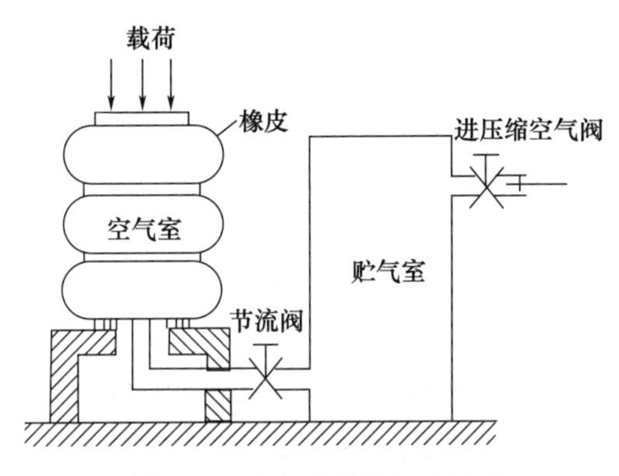

图 3-11　空气弹簧的组成原理

3. 橡胶隔振器

橡胶隔振器实际上是利用橡胶弹性的一种“弹簧”，是使用最为广泛的一种隔振元件。它具有良好的隔振缓冲和隔声性能，加工容易，可以根据劲度、强度以及外界环境条件的不同而设计成不同的形状。图 3-12 所示为橡胶隔振器的结构示意图，根据受力情况分为压缩型、剪切型、压缩-剪切复合型。橡胶隔振器适用于压缩、剪切和切压状态，不宜用于拉伸状态，受剪切的隔振效果一般比受压缩的隔振效果好。

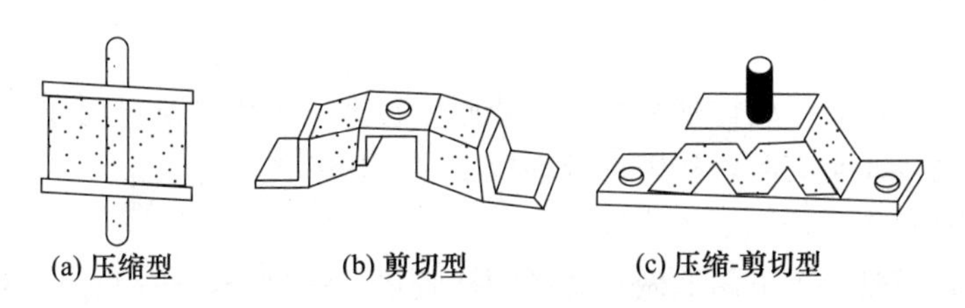

图 3-12　橡胶隔振器型式

目前，国内可生产各种类型的橡胶隔振器，其中剪切型橡胶隔振器固有频率最低，接近 5Hz，伸缩型橡胶隔振器约在 10～30Hz 之间。橡胶隔振器的阻尼较高，阻尼比可达 0.07～0.1，故有良好的抑制共振峰的作用。软橡胶阻尼较小，阻尼比大多在 2%以下，而硬橡胶的阻尼可达到 15%以上。同时，橡胶隔振器对高频振动能量具有明显的吸收作用。橡胶隔振器主要由橡胶制成，橡胶的配料和制造工艺不同，导致橡胶隔振器的性能差别很大。橡胶承受的载荷应力宜控制在 $1\times10^5\sim1\times10^7$ Pa，较软的橡胶允许承受较低的应力；较硬的橡胶允许承受较高的应力；中等硬度的橡胶允许承受 $3\times10^5\sim7\times10^7$ Pa 的应力。隔振器可以根据需要设计成不同的形状，如碗形、圆柱形等。

制造隔振材料的橡胶主要有以下几种：①天然橡胶，具有良好的综合物理机械性能，如强度、延伸性、耐寒性均较好，可与金属牢固地黏结，但耐热，耐油性较差。②氯丁橡胶，主要用于防老化、防臭氧要求较高的地方，具有良好的耐候性，但容易发热。③丁基橡胶，具有阻尼大、隔振性能好、耐寒、耐酸等优点，但与金属结合性差。④丁腈橡胶，具有较好的耐油性，而且耐热性较好、阻尼较大，可以与金属牢固地连接。

橡胶隔振器的设计主要是确定材料的厚度和面积。材料的厚度 h（cm）可用下式计算：

$$h=xE_d/\sigma \tag{3-26}$$

式中　x——橡胶的最大静态压缩量，cm；

E_d——橡胶的动态弹性模量，kg/cm^2；

σ——橡胶的允许应力，kg/cm^2。

所需要面积用下式计算：

$$S=P/\sigma \tag{3-27}$$

式中　P——设备质量，N。

表3-8列出了国内目前常用的橡胶隔振器产品的有关参数

表3-8　橡胶隔振器产品的有关参数

材料名称	许可应力 σ/（kg/cm^2）	动态弹性模量 E_d/（kg/cm^2）	E_d/σ
软橡胶	1～2	50	25～50
较硬的橡胶	3～4	200～250	50～83
有缝槽或圆孔橡胶	2～2.5	40～50	18～25
海绵状橡胶	0.3	30	100

4. 橡胶隔振垫

利用橡胶本身的自然弹性设计出来的橡胶隔振垫是近几年发展起来的一种隔振材料，常见的有五大类型。

（1）平板橡胶垫。

平板橡胶垫可以承受较重的荷载，一般厚度较大。但由于其横向变形受到很大的限制，橡胶的压缩量非常有限，故固有频率较高、隔振性能较差。

（2）肋形橡胶垫。

就是把平板橡胶垫上下两面做成肋形的橡胶垫。这种橡胶垫固有频率比较低，隔振性能有所提高。但是抗剪切性能差，在长期的荷载作用下容易疲劳破坏。

（3）凸台橡胶垫。

它是在平板橡胶垫的一面或两面做成许多横纵交叉排列的圆形凸台而形成的。当其承受荷载时，由于基板本身产生的局部弯曲并承受剪切应力，使得橡胶的压缩量增加。

（4）三角槽橡胶垫。

把平板的上下两面做成三角槽而制成。这种形状在受荷载时，应力比较集中，容易产生疲劳。

（5）剪切型橡胶垫。

在平板橡胶垫的两面做成圆弧状的槽。这种橡胶垫在受应力作用时，以剪切应变为主，可以增加橡胶的压缩量，固有频率较低。

隔振垫的设计中，隔振垫的固有频率可以用下式计算：

$$f_0=0.5\frac{1}{\sqrt{X_d}} \tag{3-28}$$

式中 X_d——隔振垫在机器质量的作用下所产生的压缩量，m，它可表示为

$$X_d=\frac{hW}{E_dS} \tag{3-29}$$

隔振垫的总面积 S（m^2）可由下式算出：

$$S=\frac{W}{\sigma} \tag{3-30}$$

式中 σ——隔振垫材料的允许应力，Pa。

如果隔振垫为正方形，边长等于 b，隔振垫的工作高度 h 应满足下列条件：

$$0.125<h<1.2b$$

隔振垫的全高度 H 可以用 $H=h+\frac{h}{8}$ 计算，对于橡胶隔振垫，其高度需要符合下列的条件：$H\geqslant\frac{b}{4}$

WJ 型橡胶隔振垫（图 3-13）是一种新型橡胶隔振垫，它在橡胶垫的两面有四个不同直接和不同高度的圆台，分别交叉配置。在荷载作用下，较高的凸圆台受压变形，较低的圆台尚未受压时，其中间部分受载而变成波浪形，振动能量通过交叉凸台和中间弯曲波来传递，它能较好地分散并吸收任意方向的振动。由于圆凸面被斜向压缩，起到制动作用，在使用中无须紧固措施即可防止机器滑动，载荷越大，越不易滑动。

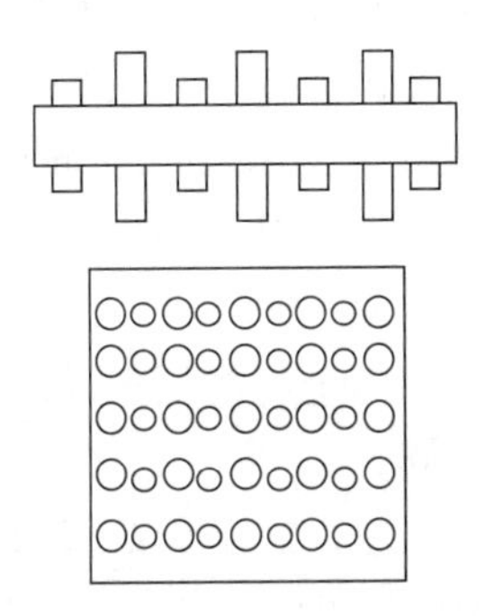

图 3-13 WJ 型橡胶隔振垫

5. 软木

工程隔振用的软木是使用天然软木经高温、高压、蒸汽烘干后压缩成的板状和块状物。软木具有一定的弹性，一般软木的静态弹性模量约为 1.3×10^6 Pa，动态弹性模量约为静态模量的 2～3 倍。软木可以压缩，当压缩量达到 30%时也不会出现横向伸展。软木受压，应力超过 40～50kPa，阻尼比为 0.04～0.05。软木的固有频率在20～30Hz，常用的厚度为 5～15cm。作为隔振基础的软木，由于厚度不宜太厚，固有频率较高，所以不宜用于低频隔振。目前，国内并无专用的隔振软木产品，通常用保温软木代替。在实际工作中通常把软木切成小块，均匀地布置在机器基座或混凝土座下，软木一般切成 100mm×100mm 的小块，然后根据机器的总荷载求出所需要块数。如果机组

的总荷载大，而软木承受压力一定会造成基座面小于所设计的软木面积，此时，可以在机器底座下面铺设混凝土或钢板以增大它的面积。为保证软木隔振效果，必须采用防腐措施。

6. 玻璃纤维

酚醛树脂或聚乙酸乙烯胶合的玻璃纤维板是一种新型的隔振材料，适用于机器或建筑物基础的隔振。它具有隔振效果好、防水、防腐、施工方便、价格低廉、材料来源广泛等特点，在工程中得到广泛应用。在应力为 1～2kPa 时其最佳厚度为 10～15cm，采用玻璃纤维板时，最好使用预制混凝土基座，将玻璃纤维均匀地垫在基座底部，使得荷载均匀分布，同时需要采用防水措施，以免玻璃纤维丧失弹性。

7. 毛毡、沥青毡

对于负荷小而且隔振要求不高的设备，使用毛毡既经济又方便。工业毛毡是用粗羊毛制成的，在振动受压时，毛毡的压缩量等于或者小于厚度的 25%，则其刚度是线性的；大于 25%后，则呈现非线性，这时刚度剧增，可达前者的 10 倍。毛毡的固有频率取决于它的厚度，一般情况下，30Hz 是毛毡最低的固有频率，因此毛毡对于 40Hz 以上的激振频率才能起到隔振作用。毛毡的可压缩量一般不超过厚度的 1/4。当压缩量增大，弹性失效，隔振效果变差。毛毡的防水防火性能差，使用时应该注意防潮防腐。沥青毛毡是用沥青黏结羊毛加压制成，它主要用于垫衬锻锤的隔振。

3.4.5 阻尼减振及阻尼材料

1. 阻尼减振原理

阻尼是指阻碍物体的相对运动，并把运动能量转变为系统耗损能量的能力。阻尼减振就是通过黏滞效应或摩擦作用，把机械振动能量转换成热能或其他可以耗损的能量而耗散的措施。有很多噪声是因金属薄板受激发振动而产生的。金属薄板本身阻尼很小，而声辐射效率很高，例如各类输气管道、机器的外罩、车船和飞机的壳体等。降低这种振动和噪声，普遍采用的方法是在金属薄板构件上喷涂或粘贴一层高内阻的熟弹性材料，如沥青、软橡胶或高分子材料。当金属薄板振动时，由于阻尼作用，一部分振动能量转变为热能，而使振动和噪声降低。

阻尼的大小采用损耗因数 η 来表示，定义为薄板振动时每周期时间内损耗的能量 D 与系统的最大弹性势能 E_p 之比除以 2π 即：

$$\eta=\frac{1}{2\pi}\times\frac{D}{E_p} \tag{3-31}$$

板受迫振动的位移 y 和振速 φ 分别为

$$y=y_0\cos(\omega t+\varphi) \tag{3-32}$$

$$u=\frac{d_y}{d_t}=-\omega y_0\sin(\omega t+\varphi) \tag{3-33}$$

阻尼力在位移 d_y 上所消耗的能量为

$$\delta u d_y=\delta u\frac{d_y}{d_t}\mathrm{d}t=\delta u^2\,\mathrm{d}t \tag{3-34}$$

因此，阻尼力在一个周期内耗损的能量为

$$D = \delta\omega y_0^2 \int_0^{2\pi} \sin(\omega t + \varphi) \mathrm{d}\omega t = \pi\delta\omega y_0^2 \tag{3-35}$$

系统的最大势能为

$$E_p = \frac{1}{2} k y_0^2 \tag{3-36}$$

所以

$$\eta = 2\xi \frac{f}{f_0} \tag{3-37}$$

可以看出损耗因数 η 除与材料的临界阻尼系数 Re 有关外，还与系统的固有频率 f_0 及激振力频率有关。对同一系统激振力频率越高，η 则越大，即阻尼效果越好。材料的损耗因数 η 是通过实际测定求得的。根据共振原理，将涂有阻尼材料的试件用一个外加振源强迫它做弯曲振动，调节振源频率使之产生共振，然后测得有关参量即可计算求得损耗因数，常用的测量方法有频率响应法和混响两种。大多数材料的耗损因数在 10^{-2}～10^{-5}之间，其中金属为 10^{-5}～10^{-4}，木材为 10^{-2}，软橡胶为 10^{-2}～10^{-1}。

2. 阻尼材料

(1) 黏弹性阻尼材料

黏弹性阻尼材料是目前应用最为广泛的一种阻尼材料，包括沥青、软橡胶和各种高分子涂料等。黏弹性阻尼材料是兼有黏性液体可以损耗能量但不能储存能量，和弹性固体能储存而不能损耗能量特性的材料。最常用的黏弹性阻尼材料是高分子聚合物。在受外力时，聚合物的分子可以变形，另一方面会产生分子间链段的滑移。当外力除去后，变形的分子链恢复原位，释放外力所做的功，这是黏弹体的弹性。链段间的滑移不能完全恢复原位，使外力做功的一部分转变为热能，这是黏弹体的黏性。

黏弹性材料主要包括橡胶类和塑料类，如氯丁橡胶、有机硅橡胶、聚氯乙烯、环氧树脂类胶、聚氨酯泡沫塑料、压敏阻尼胶以及由塑料、压敏胶和泡沫塑料构成的复合型阻尼材料，另外还有玻璃状陶瓷、细粒玻璃等阻性材料。各种黏弹性阻尼材料的主要缺点是模量过低，不能作为结构材料只能作为附加材料，或者用作各种隔振器弹簧上的阻尼材料。

金属薄板如果涂敷上黏弹性阻尼材料就减弱了金属板弯曲振动的强度。当金属发生弯曲振动时，其振动能量迅速传给紧密涂贴在薄板上的阻尼材料，引起阻尼内部的摩擦和互相错动。由于阻尼材料的内损耗、内摩擦大，使相当部分的金属板振动能量被损耗而变成热能散掉，减弱了薄板的弯曲振动，并且能缩短薄板被激振后的振动时间。原来不涂阻尼材料时，金属薄板撞击后，比如说要振动 2s 才停止，而涂上阻尼材料后再受到同样大小的撞击力，振动的时间要缩短很多，比如说只有 0.1s 就停止了。

弹性阻尼材料具有很大的阻尼损耗因子和良好的减振性能，但适应性较窄，温度的微小变化会引起阻尼特性的较大改变。由于弹性阻尼材料的热性能不够稳定，故不能作为机器本身的结构件，同时不适用于一些高温场合。

(2) 阻尼合金

阻尼合金是具有足够强度和刚度的高阻尼合金，能作为结构材料使用。按阻尼机理可分为复合型（片状石墨铸铁、Al-Zn 合金)、铁磁性型（如 Fe-Cr-Al 合金、Fe-M_0 合金）、位错型（Mg-Zr合金）和双晶型（Mn-Cu合金、Mn-Cu-Al合金、Ni-Ti合金）等四类。它们的机械性能、使用温度范围不尽相同，甚至同一类型而组成不同的每一种合金都具有各自独特的性质。应用时要全面考虑其综合特点，以期优选材料，达到最佳应用效果。

阻尼合金的开发弥补了弹性阻尼材料的不足。大阻尼合金具有比一般金属材料大得多的阻尼值，具有良好的导热性，耐高温，可直接用作机器的零部件，但价格贵。复合阻尼材料是一种由多种材料组成的阻尼板材，通常做成自黏性的，可由铝质约束层、阻尼层和防黏纸组成。这种材料施工工艺简单，有较好的控制结构振动和降低噪声的效果。阻尼层与金属面的结合有自由阻尼层和约束阻尼层两种形式。另外在机器空穴或砖墙的空隙中填充干砂，可以提高结构的损耗因子，可使结构内振动噪声减弱，且比较经济。

（3）复合型阻尼金属板

在两块钢板或铝板之间夹有非常薄的黏弹性高分子材料，就构成复合型阻尼金属板材，这种结构的强度由各基体金属材料保证，阻尼性能由黏弹性材料和约束层结构加以保证。金属板弯曲振动时，通过高分子材料的剪切力变形，发挥其阻尼特性，它不仅损耗因子大，而且在常温或高温下均能保持良好的减振性能。复合型阻尼金属板近几年在国内外已得到迅速发展，并且已广泛应用于汽车、飞机、舰艇、各类电机、内燃机、风机、压缩机及建筑结构等。复合型阻尼金属板材的应用见表3-9。

表3-9　复合型阻尼金属板材的应用实例

类别	应用实例
大型结构	设备隔声罩，矿山装卸机内衬，金属漏斗，溜槽内衬
建筑部门	钢制楼梯，隔声门，隔声窗框，垃圾井筒
交通部门	汽车发动机，翻斗车斜槽，船舶，飞机等部件
一般工厂	传递运输机械构件，铲车料槽，凿岩机，电动机机壳
音响设备	音响设备底盘，框架，办公用机械
噪声控制设备	各种机器隔声罩，大型消声器钢板结构
其他	记录机机身，激光装置防振台

（4）附加阻尼结构

附加阻尼结构是通过外加阻尼材料抑制结构振动达到提高抗振性、稳定性和降低噪声目的的结构。就阻尼耗能的结构来区分，附加阻尼结构可分为自由阻尼结构、约束阻尼结构和阻尼插入结构三大类。

① 自由阻尼结构是将黏弹性阻尼材料，牢固地粘贴或涂抹在作为振动构件的金属薄板的一面或两面。金属薄板为基层板，阻尼材料形成阻尼层。研究发现，对于薄金属板，厚度在3mm以下，可收到明显的减振降噪效果；对于厚度在5mm以上的金属板，减振降噪效果不够明显，还造成阻尼材料的浪费。因此，阻尼减振降噪措施一般仅适用降低薄板的振动与发声结构。这种阻尼结构措施，涂层工艺简单，取材方便，但是阻尼层较厚，外观不够理想。一般用于管道包扎、消声器及隔声设备振动的结构上。为了进一步增加阻尼层的拉伸与压缩，可在基层板与阻尼层之间再增加一层能承受较大剪切力

的间隔层。增加层通常设计成蜂窝结构，它可以是黏弹性材料，也可是类似玻璃纤维那样依靠库仑摩擦产生阻尼的纤维材料。

② 约束阻尼结构是将阻尼层牢固地粘贴在基层金属板后，再在阻尼层上部牢固地黏合刚度较大的约束层，这种结构称为约束阻尼层结构。当结构基层板发生弯曲变形时，约束层弯曲与基层保持平行，它的长度几乎保持不变。此时阻尼层下部将受到压缩，而上部受到拉伸，即相当于基层板相对于约束层产生滑移运动，阻尼层产生剪应力并不断往复变化，从而消耗机械振动能量。

约束阻尼结构与自由结构不同，它们的运动形式不同，约束阻尼结构可以提高机械振动的能量消耗。一般选用的约束层是与基层材料相同厚度的对称型结构，也可以选择约束层厚度仅为基层板的 1/2～1/4 的结构。

③ 阻尼插入结构是指在厚度不同的基本结构层与另行设置的弹性层之间插入一层阻尼材料组合成的结构。阻尼材料不和弹性层粘贴在一边。阻尼材料可以是黏弹性材料，也可以是类似玻璃纤维材料那样依靠库仑摩擦产生阻尼的纤维材料。当结构振动时，上下层金属板产生不同模态的振动，使阻尼材料层产生横向拉压应变，从而耗损能量。

上述几种阻尼结构的实施，要充分保证阻尼层与基层板的牢固黏结，防止开裂、脱皮等。如形成“两层皮”，再好的阻尼材料，也不会收到好的减振降噪效果。同时，还应考虑阻尼结构的使用条件，如防燃、防油、防腐蚀、隔热等方面的要求。

3. 阻尼材料的性能影响因素

（1）温度的影响。温度是影响阻尼材料特性的重要的一个因素。图 3-14 表示是在某一个频率下阻尼材料的弹性模量 E' 和阻尼损耗因子 β 随温度 T^w 变化的曲线。在这个图中可以看到三个明显的区域。Ⅰ区称为玻璃态区，这时材料的 E' 值有最大值，且随 T^w 的变化其值变化缓慢，而 β 值最小，但上升速率较大。Ⅱ区称为玻璃态转变区，其特点是随温度的增加，E' 值很快下降，当 $T^w = T^w_n$ 时 β 值出现极大值。Ⅲ区称为高弹态区或类橡胶态区，这时 E' 与 β 都很小，且随温度的变化很小。

（2）频率 f 的影响。图 3-15 表示了频率变化对于阻尼材料特性的影响，从图中可以看出在某温度下弹性模量 E' 随频率 f 的增加始终呈现增加趋势，而损耗因子 β 在一定的频率下有最大值。定性地从 E' 曲线的形状来看，它与阻尼材料的温度特性相反。也就是说阻尼材料的低温特性对应高频率特性，而高温特性对应低频率特性。

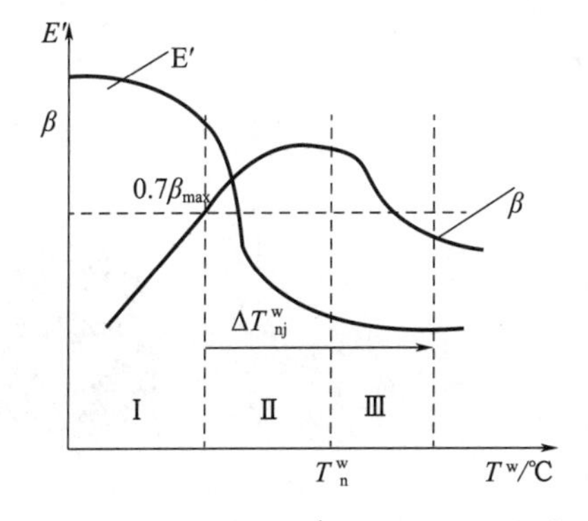

图 3-14　某一频率下 E'，β 随温度变化曲线

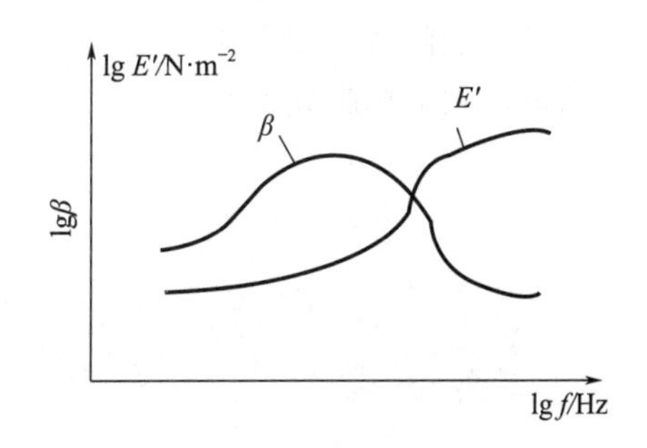

图 3-15　E'，β 随频率 f 变化曲线

（3）其他环境因素的影响。动态应变、静态预载对阻尼材料高弹区的动态特征亦具有重要影响，动态应变量增加，弹性模量 E' 减少而阻尼损耗因子 β 增加，而当静态预载增加时，弹性模量 E' 增加，阻尼损耗因子下降。

4. 阻尼减振技术的工程应用

阻尼减振降噪技术应用十分广泛，在提高各类机械产品和工程结构抗振性和稳定性、延长使用寿命方面有很多应用，涂敷在金属结构上的阻尼材料不仅可以有效地抑制结构在固有频率上的振动，而且可以大幅度地降低结构噪声。如在火车、汽车、飞机的客舱内壁涂阻尼材料，可以有效地降低噪声，改善环境。地铁、电车的车轮采用五层约束阻尼层，噪声由114dB下降到89dB，其阻尼材料质量占到车轮的4.2%。锯片在采用约束阻尼层后，噪声由95dB下降到81dB。阻尼减振降噪技术常应用在无法改变结构或采用隔振的场合，尤其是薄板及宽频带随机激振等场合，一般都采用增加部件或结构的阻尼来控制振动并减少噪声。表3-10是阻尼减振降噪技术在各领域的应用实例。

表3-10　阻尼减振降噪技术在各领域的应用实例

应用领域	需要阻尼技术解决的问题	实用实例
航空航天	控制振动对舱内仪表影响	控制振动对仪表舱、太阳板工作影响
核能工业	机器人动作准确性问题	机器人手阻尼减轻，提高动作精度
汽车工业	车内舒适性问题和噪声	车体阻尼和发动机阻尼隔振控制振动
机械工业	镗床镗刀振动影响精度	镗刀杆安装冲击阻尼吸振器
建筑工业	高层建筑风激励低频振动	建筑物安装屋角阻尼器
家用电器	板壳结构辐射噪声	洗衣机黏附阻尼层降低板的辐射能力

思考题

1. 什么是振动污染？其危害有哪些？
2. 分别简述物体振动和环境振动的测量方法。
3. 振动测定常用的仪器有哪些？
4. 简述振动评价及其标准。
5. 什么是隔振？隔振设计的原则和方法是什么？
6. 振动控制的技术有哪些？
7. 阻尼材料分为哪几类？

思考题参考答案

4　电磁辐射污染及其控制

内容提要：本章主要介绍了电磁理论的相关基础、电磁辐射污染的来源及其传播途径、电磁辐射污染的影响和危害，概述了电磁辐射的测量方法、电磁辐射污染评价的相关标准和电磁辐射污染控制技术。要求重点掌握射频电磁场的定义和分类、电磁辐射测量的一般步骤、以及高频设备、广播、电视发射台和微波设备的控制技术。

电磁污染，已被认为是继大气污染、水质污染和噪声污染之后的第四大公害(图 4-1)。人们在充分享受电磁波带来的方便、快速的同时，也日渐感受到它的负面效应。当电磁波辐射达到一定强度时，会导致人体信息传输系统的失控，引发头疼、失眠、记忆减退等症状的产生。因此，了解电磁辐射污染的现状，分析其发生机理及过程，评价电磁辐射的标准及对电磁辐射防护材料的研究和制备、探索如何实施电磁辐射污染防治具有现实意义。环境电磁学是研究电磁辐射与辐射控制技术的科学。主要研究各种电磁污染的来源及其对人类生活环境的影响以及电磁污染的控制方法和措施。它主要以电气、电子科学理论为基础，致力于研究并解决各类电磁污染问题，是一门涉及工程学、物理学、医学、无线电学及社会科学的综合学科。

图 4-1　日常生活中的电磁辐射

4.1　电磁理论基础

4.1.1　电场与磁场

1. 电场

物体间相互作用的力一般分为两大类。一类是通过物体的直接接触发生的，称接触力。例如，碰撞力、摩擦力、振动力、推拉力等。另一类是不需要接触就可以发生的力，这种力称为场力。例如，电场力、磁力、重力等。

电荷周围存在着一种特殊形式的物质，称为电场。两个电荷之间的相互作用并不是电荷之间的直接作用，而是一个电荷的电场对另一个电荷所发生的作用。也就是说，在电荷周围的空间里，总有电力在作用。

电场是客观存在的，它和物质一样也占有空间，具有通常物质所具有的力和能量等客观属性。电荷和电场是同一存在的两个方面，是永远不可分割的整体。

2. 磁场

磁场就是电流在其所通过的导体周围产生的、具有磁力的一定空间。电流、磁铁及运动电荷之间的相互作用就是通过磁场来实现的。也就是说，磁场是由运动电荷或电场的变化而产生的。电流频率越大，磁场变化的频率也越大。

磁场的基本特征是对置于其中的电流有力的作用。不随时间变化的磁场称为恒定磁场。恒定磁场是恒定电流周围空间中存在的一种特殊形态的物质。永久磁铁的磁场就是恒定磁场。场量随时间变化的电磁场称为时变磁场。

4.1.2 电磁场与电磁辐射

1. 电磁场

电场和磁场是互相联系、互相作用、同时并存的。由于交变电场的存在，就会在其周围激发交变磁场，即电生磁；交变磁场又可激发交变电场，即磁生电。它们的运动方向是相互垂直的，并与自己的运动方向垂直。这种交变的电场与磁场的总和，就是电磁场。

电磁场是一种基本的场物质形态，是一种特殊的物质，它具有一定的能量、动量、动量矩，并遵守能量、动量、动量矩守恒定律，也能从一种形式转化为另一种形式，但不能创生或消灭。与实物相比，两者具有如表4-1所述的不同点。

表4-1 电磁场与实物的不同特性

序号	电磁场	实物
1	无固定形状和体积	具有固定形状和体积
2	具有可叠加性	无可叠加性
3	看不见、摸不着、嗅不到	可作用于人的感官
4	在真空中的速度等于光速	速度远远小于光速
5	密度、质量较小	密度、质量较大
6	在外力的作用下，没有加速度	具有加速度
7	不能作为参考系	可作为参考系

2. 电磁辐射

如图4-2所示，变化的电场与磁场互相激发，闭合的电场线和磁场线就会像链条一样一环套一环，在空间中传播开来，从而形成电磁波。

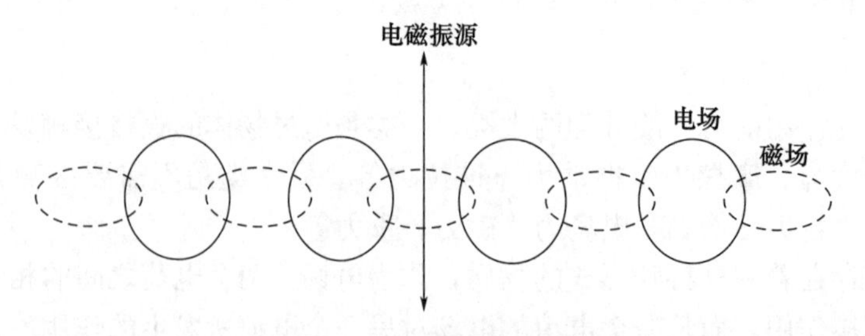

图4-2 电磁振荡的传播

电磁波可以按照频率分类，从低频率到高频率，包括有无线电波、微波、红外线、可见光、紫外光、X射线、γ射线等。人眼可接收到的电磁波，波长大约在380～

780nm 之间，称为可见光。只要是本身温度大于绝对零度的物体，都可以发生电磁波。电磁波不需要依靠介质传播，各种电磁波在真空中的传播速率是固定的，均为光速。电磁波的频段及典型应用见表 4-2。

表 4-2 电磁波的频段及典型应用

电磁波-频段名称					$\nu=(3\times10^8\text{m/s})/\lambda_0$	$\lambda_0=(3\times10^8\text{m/s})/\nu$	典型应用
电波		特低频(ULF)	超长波		3(Hz)-3(kHz)	(100000~100)(km)	电工电力电子，耳机……
	无线电射频	低频(LF)	长波		(3~300)(kHz)	(100~1)(km)	调幅广播，步话机，医疗……
		中频(MF)	中波		300(kHz)-3(MHz)	(1000~100)(m)	
		高频(HF)	短波		(3~30)(MHz)	(100~10)(m)	调幅与调频广播，电视，医疗……
		甚高频(VHF)	米波		30(MHz)-1(GHz)	(10~0.3)(m)	
	微波	特高频(UHF)	分米波	L	(1~2)(GHz)	(30~15)(cm)(标称：22cm)	移动通信，微波炉……
				S	(2~4)(GHz)	(15~7.5)(cm)(标称：10cm)	
		超高频(SHF)	厘米波	C	(4~8)(GHz)	(7.5~3.75)(cm)(标称：5cm)	卫星广播电视，通信，雷达，遥测遥控，遥感，电子侦察，医疗，检测……
				X	(8~12)(GHz)	(3.75~2.5)(cm)(标称：3cm)	
				Ku	(12~17.960)(GHz)	(2.5~1.67)(cm)(标称：2cm)	
				K	(17.960~27.030)(GHz)	(1.67~1.11)(cm)(标称：1.25cm)	
				Ka	(27.030~40)(GHz)	(1.11~0.75)(cm)(标称：0.8cm)	
		极高频(EHF)	毫米波	U	(40~60)(GHz)	(7.5~5)(mm)(标称：6mm)	通信，雷达，检测，天文，医疗……
				V	(60~80)(GHz)	(5~3.75)(mm)(标称：4mm)	
				W	(80~150)(GHz)	(3.75~2)(mm)(标称：3mm)	
太赫兹波		近电波			(0.15~3.0)(THz)	(2~0.1)(mm)	成像,等离子体检测,环境监测,科研工具……
		近光波			(1/100~1/50)300(THz)	(100~50)(μm)	
光波	微米波	红外线	远红外		(1/50~1/10.6)300(THz)	(50~10.6)(μm)	制热,勘探,夜视……
			中红外		(1/10.6~1/1.675)300(THz)	(10.6~1.675)(μm)	激光加工,武器,医疗,光波炉……
			近红外	U	(1/1.675~1/1.625)300(THz)	(1.675~1.625)(μm)	
				L	(1/1.625~1/1.566)300(THz)	(1.625~1.566)(μm)	光纤通信传输,波分复用,放大,光无线通信,光检测,遥感……
				C	(1/1.566~1/1.53)300(THz)	(1.566~1.53)(μm)	
				S	(1/1.53~1/1.46)300(THz)	(1.53~1.46)(μm)	
				E	(1/1.46~1/1.36)300(THz)	(1.46~1.36)(μm)	
				O	(1/1.36~1/1.26)300(THz)	(1.36~1.26)(μm)	
				短波	(1/1.26~1/1.06)300(THz)	(1.26~1.06)(μm)	激光医疗,美容,加工,测距,制导,检测……
					(1/1.06~1/0.94)300(THz)	(1.06~0.94)(μm)	
				超短波	(1/0.94~1/0.85)300(THz)	(0.94~0.85)(μm)	激光医疗,美容,测距,制导,检测……
					(1/0.85~1/0.73)300(THz)	(0.85~0.73)(μm)	
	纳米波	可见白光	红光		(1/0.73~1/0.66)300(THz)	(730~660)(nm)	指示,显示,装饰,照明,生物光合用作,检测,光刻,打印,复印,扫描,光伏发电,遥控……
			橙光		(1/0.66~1/0.60)300(THz)	(660~600)(nm)	
			黄光		(1/0.60~1/0.54)300(THz)	(600~540)(nm)	
			绿光		(1/0.54~1/0.50)300(THz)	(540~500)(nm)	
			青光		(1/0.50~1/0.46)300(THz)	(500~460)(nm)	
			蓝光		(1/0.46~1/0.44)300(THz)	(460~440)(nm)	
			紫光		(1/0.44~1/0.40)300(THz)	(440~400)(nm)	
		紫外线	近紫外		(1/0.40~1/0.20)300(THz)	(400~200)(nm)	通信,消毒杀菌,显影,验钞,光刻,检测,探伤……
			中紫外		(1/0.20~1/0.1)300(THz)	(200~100)(nm)	
			远紫外		(1/0.1~1/0.01)300(THz)	(100~10)(nm)	
		X光			(100~10000)300(THz)	(10~0.1)(nm)	体检,物质结构分析……
	皮米波	特种辐射	γ射线		(10000~1000000)300(THz)	(100~1)(nm)	医疗,探伤,战略武器……
			高能辐射		＞300000000(THz)	＜1(pm)	加工物质,战略武器……

伴随电磁波向外传播，会有部分电磁能量输送出去。能量以电磁波的形式通过空间传播的现象称为电磁辐射，也称为电磁能辐射。广播、电视、雷达、无线电和卫星通信等正是应用辐射现象将电磁能有效地、有目的地向外输送。这种辐射称为工作辐射，所用设备称为辐射器。各种形式的发送天线都是辐射器。

4.1.3 射频电磁场

交流电的频率为100kHz以上时，其周围便形成了高频的电场和磁场，称为射频电磁场。射频辐射包括高频电磁场和微波，具有能量较小、波长较长的频段。

由于无线电广播、电视以及微波技术等迅速普及，射频设备的功率成倍提高，地面上的电磁辐射大幅增加，目前已达到可以直接威胁到妊娠健康的程度。通常射频电磁辐射按频率可划分为不同的频段，见表4-3。

表4-3 射频电磁场的频段

名称	符号	频率	波长
甚低频（甚长波）	VLF	＜30kHz	＞10km
低频（长波）	LF	30～300kHz	1～10km
中频（中波）	MF	300～3000kHz	100～1000m
高频（短波）	HF	3～30MHz	10～100m
甚高频（超短波）	VHF	30～300MHz	1～10m
特高频（分米波）	UHF	300～3000MHz	10～100cm
超高频（厘米波）	SHF（微波）	3000～30000MHz	1～10cm
极高频（毫米波）	EHF	30000～300000MHz	1～10mm
（亚毫米波）		＞300000MHz	＜1mm

任何射频电磁场的发射源周围均有两个作用场存在着，即以感应为主的近区场（又称感应场）和以辐射为主的远区场（又称辐射场）。

近区场与远区场的相对划分界限为一个波长，且两者的划分只在电荷电流交变的情况下才能成立。一方面，这种分布在电荷和电流附近的场依然存在，即感应场；另一方面，又出现了一种新的电磁场成分，它脱离了电荷电流并以波的形式向外传播。换言之，在交变情况下，电磁场可以看作有两个成分，一个是分布在电荷和电流周围的场，当距离R增大时，它至少以$1/R^2$衰减，这部分场是依附电荷电流而存在的，即近区场。另一成分是脱离了电荷电流而以波的形式向外传播的场，它一经从场源发射出后，即按自己的规律运动，而与场源无关，它按$1/R$衰减，这就是远区场。近区场与远区场的比较分析见表4-4。

表4-4 近区场与远区场的比较分析

项目	近区场	远区场
定义	以场源为零点或中心，在一个波长范围内的区域	相对于近区场而言，在一个波长之外的区域
作用方式	电磁感应	电磁辐射

续表

项目	近区场	远区场
电场强度（E）与磁场强度（H）的关系	没有确定的比例关系	
与场源的关系	不能脱离场源而独立存在	脱离场源后，可按自己的规律运动
电磁场强度	近区场电磁场强度比远区场电磁场强度大得多，且衰减得快	

4.2 电磁辐射污染的来源

4.2.1 电磁辐射的来源

电磁辐射污染是指人类使用产生电磁辐射的器具而泄漏的电磁能量传播到室内外空间中，其量超出环境本底值，且其性质、频率、强度和持续时间等综合影响引起受辐射影响人群的不适感，并使人体健康和生态环境受到损害。影响大环境的电磁辐射污染源主要包括两大类，即天然电磁辐射污染源与人为电磁辐射污染源（图 4-3）。

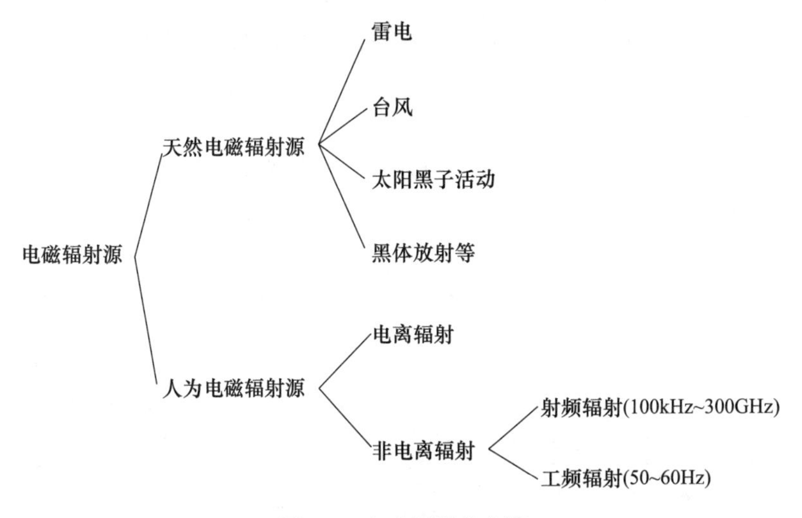

图 4-3　电磁辐射的来源

天然的电磁辐射主要来自地球大气层中的雷电、宇宙射线、天体放电、地球磁场和地球热辐射等，是由自然界某些自然现象所引起的。人为电磁辐射污染源产生于人工制造的若干系统、电子设备和电气装置，主要来自广播、电视、雷达、通信基站及电磁能在工业、科学、医疗和生活中的应用设备。人为电磁场源按频率不同又可以分为射频辐射源和工频辐射源。工频辐射源中，以大功率输电线路所产生的电磁污染为主，同时也包括若干种放电型场源。射频辐射源主要指由于无线电设备或射频设备工作过程中所产生的电磁感应与电磁辐射。射频电磁辐射频率范围广、影响区域大，对近场区的工作人员能产生危害，是目前电磁辐射污染环境的重要因素。

4.2.2 人为电磁辐射污染源的分类

人为辐射的产生源种类、产生的时间和地区以及频率分布特性是多种多样的，若根据辐射源的规模大小对人为辐射进行分类，可以分为以下三类。

1. 城市杂波辐射

在没有特定的人为辐射来源的地方，也有发生于远处多数辐射源合成的杂波。城市杂波与各辐射源电波波形和产生的关系不大，但与城市规模和利用电气的文化活动、生产服务以及家用电器等因素有直接的正比例关系。城市杂波没有特殊的“极化面”，大致可以看成连续波。

在我国，城市杂波辐射就是环境电磁辐射，它是评价大环境质量的一个重要参数，也是城市规划和治理诸方面的重要依据之一。

2. 建筑物杂波

在变电站所、工厂企业和大型建筑物以及构筑物中多数辐射源会产生一种杂波，这种来自上述建筑物的杂波，称为建筑物杂波。这种杂波多从接收机之外的部分串入接收机之中，产生干扰。建筑物杂波一般呈冲击性与周期性波形，可以认为是冲击波。

3. 单一杂波辐射

它是特定的电气设备与电子装置工作时产生的杂波辐射，它因设备与装置的不同而具有特殊的波形和强度。单一杂波辐射主要成分是工业、科学、医疗设备（简称ISM设备）的电磁辐射，这类设备对信号的干扰程度与该设备的构造、功率、频率、发射天线形式、设备与接收机的距离以及周围的地形、地貌有密切关系。1979年，世界无线电行政会议划定了11个窄频带，专供工业、科学和医疗使用，见表4-5。

表4-5 工业、科学和医疗用频率

序号	频率	序号	频率
1	6.78MHz±15kHz	7	5800MHz±75kHz
2	13.56MHz±7kHz	8	24.125GHz±0.125GHz
3	27.12MHz±160kHz	9	61.250GHz±0.25GHz
4	40.68MHz±20kHz	10	122.5GHz±0.5GHz
※5	915MHz±13MHz	11	245GHz±1.0GHz
6	2450MHz±50MHz		

※该表中（915±13）MHz频率，在我国不采用。

4.2.3 电磁辐射污染源的传播途径

电磁辐射所造成的环境污染途径大体上可以分为空间辐射、导线传播和复合传播污染三种。

1. 空间辐射

电子设备在电器工作过程中本身相当于一个多向发射天线，不断地向空间辐射电磁能。这种辐射分为两种方式：一种是以场源为核心，半径在一个波长范围内，电磁能向周围传播以电磁感应为主，将能量施加于附近的仪器及人体；另一种是在半径为一个波

长之外，电磁能传播以空间放射方式将能量施加于敏感元件，输电线路、控制线等具有无线效应，接受空间电磁辐射能，再传播后构成危害。

2. 导线传播

当射频设备与其他设备共用同一电源，或两者间有电器联系时，电磁能即可通过导线进行传播。此外，信号输出、输入电路等，也能在该磁场中拾取信号进行传播。

3. 复合传播污染

同时存在空间传播与导线传播所造成的电磁辐射污染，称为复合传播污染。在实际工作中，多个设备之间发生干扰通常包含着许多途径的耦合，共同产生干扰，使得电磁辐射更加难以控制。

4.3 电磁辐射污染的影响和危害

电磁污染造成的主要后果，包括电磁辐射对信号接收的干扰，强电系统对弱电系统的干扰和危险影响，空间电磁场对人体健康的影响。

4.3.1 电磁辐射对信号接收的干扰

电磁辐射对电气设备的干扰最突出的情况有三种：

（1）无线通信发展迅速，但发射台（塔）的建设缺乏合理规划和布局，使航空通信受到干扰。

（2）一些企业使用的高频工业设备对广播电视信号造成干扰，使周围居民无法正常收看电视而导致严重的群众纠纷。

（3）一些原来位于城市郊区的广播电台发射站，后来随着城市的发展而被市区所包围，周围环境也从人烟稀少变为人口密集，电台发射出的电磁辐射干扰了当地百姓。

4.3.2 强电系统对弱电系统的干扰和危险影响

强电系统是指高电压、大功率供电系统，包括电力系统与电气化铁道接触网系统。弱电系统是指通信网、计算机网、监测与控制线路等信息系统。电力系统线路在正常运行或故障状态下，都可能对邻近的弱电系统产生影响。这些按影响程度分为干扰影响和危险影响。干扰影响是指弱电线路上产生的电压和电流足以影响其正常运行，如噪声超允许值或发生误码；危险影响则更严重，如当它足以危害弱电线路运行维护人员的生命安全或损害线路设备、引起构筑物火灾以及铁路信号设备误动而危及行车安全。

电晕主要对电话、无线电广播与接收、电视接收和航空通信等形成干扰。电晕干扰的频带范围很宽，因而对无线电信号的干扰影响也非常突出。输电线铁塔和导线有时会产生反射障碍。如当电视电波的方向与导线垂直时，常受到干扰。干扰的程度因与导线的距离、导线根数、导线间隔和来波角度等的不同而变化。反射障碍的主要现象是重影。电力线路发生接地短路故障时，强大的短路入地电流会产生地电位梯度。接触电压和跨步电压随之而生；它们可能使人体遭受电击。由于感性、阻性或容性耦合，平行接近的通信线路会出现对地电压，也可能使人体遭受电击。电击的危害如下：人体受到电击的伤害程度与承受电压、流过电流的大小、频率、持续时间、流通路径、皮肤干燥程度以及人的精神状况等因素有关。

电流是危害人体的直接因素。研究结果表明：人体的最小感觉电流、工频电流是1mA，直流电流是5mA，冲击电流为40～90mA。工频电流与直流电流的电流大小与人体效应的关系见表4-6。

表4-6　工频电流、直流电流的大小与人体效应的关系

电流类型	电流范围	人体效应
工频电流	2～7mA	电击处强烈麻刺，肌肉抽搐
	8～10mA	手摆脱电源困难，但仍能摆脱
	20～25mA	人体已不能自主，呼吸困难，感到相当痛苦，不能摆脱电源
	25～80mA	呼吸肌痉挛，电击时间超过20～30s，可能发生心室纤维颤动或心跳停止
	80～100mA	电击时间超过0.1～0.3s，引起严重的心室纤维颤动
	>3A	心跳停止；呼吸肌痉挛，接触数秒引起严重灼伤致死
直流电流	<80mA	呼吸肌轻度收缩，对心脏无损
	80～300mA	呼吸肌痉挛，电击时间超过20～30s，可能发生心室纤维颤动或心跳停止
	300～3000mA	有引起心室纤维颤动的可能

人体在50～60Hz频率的电流作用下伤害程度最为严重；低于或高于这个频率范围，伤害程度都会减轻。在高频情况下，人体能承受更大的电流。例如，频率在20kHz以上的电流，危险性反而小，甚至可做物理治疗。在雷电冲击作用下，人体能耐受较大的电流，如3.7A，电量45mC；波尾越长，人体耐受的电流越小。

人体能够耐受的电流与电击时间有关。如果电击时间极短，人体能够耐受大得多的电流而不致受到伤害；反之，电击时间很长，即使电流小到8～10mA，也可能致命。

4.3.3　电磁辐射对人体的危害

人体所处环境的电磁辐射强度超过一定限度时，或产生累积效应时，会对人体健康产生不良影响，甚至造成伤害。国内的流行病学调查和大量的试验研究已经证明，电磁辐射可造成广泛的生物损伤效应（表4-7）。主要表现在以下四个方面：

（1）电磁辐射是心血管疾病、糖尿病、癌突变的主要诱因。

（2）电磁辐射对人体神经系统、免疫系统和生殖系统易造成直接伤害。头部长期受电磁辐射影响后，轻则引起失眠多梦、头痛头昏、疲劳无力、记忆力减退、易怒、抑郁等神经衰弱症，重则使大脑皮层细胞活动能力减弱，并造成脑损伤。电磁辐射还可使男性性功能下降，女性内分泌紊乱，月经失调。

（3）电磁辐射是造成孕妇流产、不育、畸胎等病变的诱发因素。电磁辐射对人体的危害是多方面的，女性和胎儿尤其容易受到伤害。调查表明：1～3个月为胚胎期，受到强电磁辐射可能造成肢体缺陷或畸形；4～5个月为胎儿成长期，受电磁辐射可致使免疫力低下，出生后身体弱、抵抗力差。

（4）过量的电磁辐射直接影响儿童组织发育、骨骼发育，导致视力下降、肝脏造血功能下降，严重者可导致视网膜脱落。

表 4-7 电磁辐射对人体的危害

症状	实验组症状百分比/% 电场强度/（V/m）					对照组症状百分比/%
	≤20	≤50	≤100	≤300	>300	
头痛	22.5	24.38	25.93	27.27	28.15	14.12
头晕	40.80	41.88	45.21	51.25	51.71	27.06
乏力	17.35	21.65	23.20	23.75	28.25	7.84
多噩梦	46.44	49.04	52.05	54.08	56.72	31.76
记忆力衰退	37.50	38.78	41.91	42.33	44.44	4.54
心悸	27.50	28.57	28.70	33.90	35.54	11.37
胸闷	12.92	12.98	13.27	14.19	16.24	6.41
窦性心律不齐	15.05	24.64	33.60	37.71	40.29	15.01
窦性心动过缓	5.26	7.25	9.42	9.68	10.72	5.89
窦性心动过速	—	0.91	1.45	1.75	2.10	0.39
脱发	16.52	16.98	17.54	18.13	24.49	7.84
月经紊乱	5.10	6.27	7.40	8.73	15.03	9.06

4.3.4 电磁辐射对人体伤害的机理

电磁辐射危害人体健康的机理主要是热效应、非热效应、累积效应和自由基连锁效应。

1. 热效应

人体70%以上是水，水分子振动频率在2.5GHz受到电磁波辐射后吸收能量产生相互摩擦，引起机体升温，从而影响身体其他器官的正常工作。体温升高引发各种症状，如心悸、头胀、失眠、心动过缓、白细胞减少、免疫功能下降、视力下降等。

2. 非热效应

人体器官和组织都存在微弱的电磁场，它们是稳定而有序的，一旦受到外界电磁波的干扰，处于不平衡状态的微弱电磁场遭到破坏，人体也会遭受损害。这主要是低频电磁波产生的影响，即人体被电磁辐射后，体温并未明显升高，但已经干扰了人体固有的微弱电磁场，使血液、淋巴液和细胞原生质发生改变，对人体造成了严重危害，可能导致胎儿畸形或孕妇自然流产；影响人体的循环、免疫、生殖和代谢功能等。

3. 累积效应

热效应和非热效应作用于人体后，在对人体的伤害尚未来得及自我修复之前，若再次受到电磁波辐射的话，其伤害程度就会累积，久之会成为永久性病态，危及生命。对于长期接触电磁波辐射的群体，即使功率很小，频率很低，也会诱发意想不到的病变。

4. 自由基连锁效应

从现在关于氧化应激的机理发现，过量的辐射使人体产生了更多的自由基。但过量辐射、空气污染等产生过多的活性氧，自由基就会有破坏行为，自由基不光自身去破坏游离电子，而且会破坏正常的细胞，使正常的细胞又产生新的自由基，新的自由基再去破坏正常的细胞产生新的自由基，从而形成自由基连锁反应，自由基连锁反应导致人体正常细胞、组织、器官的损坏。这个自由基连锁反应破坏过程叫氧化应激也称氧化损伤。

4.4 电磁辐射的测量

随着城市人口的迅速增长，汽车、电子、通信、计算机与电气设备大量使用，在电子技术为生活、工作带来巨大方便的同时，其电磁辐射对人体健康的影响及对电子设备的干扰等也越来越受到人们的广泛关注。

虽然针对电磁环境负面影响可以采取一定的防护措施，但要从根本上解决问题，还是要提早预防，一旦发现问题就及时处理，这就要求对电磁环境状况有科学的数据分析、合理的监测测量，采用科学的管理手段，对需要注意的空间各点的电磁环境进行监测跟踪，做到防患于未然。

4.4.1 电磁环境测量仪器

我国环境保护行业标准《辐射环境保护管理导则　电磁辐射监测仪器和方法》（HJ/T 10.2—1996）所称的电磁辐射限于非电离辐射。电磁环境的测量按测量场所分为作业环境、特定公众暴露环境和一般公众暴露环境的测量。按测量参数分为电场强度、磁场强度、电磁场功率通量密度和无线电干扰等的测量。对不同的测量应选用不同类型的仪器，以期获取最佳的测量结果。测量仪器根据测量目的分为非选频式宽带辐射测量仪和选频式辐射测量仪。

1. 非选频式宽带辐射测量仪

非选频式宽带辐射测量仪又叫综合场强仪。其目的是检测电磁辐射污染强度与分布，了解空间内电磁辐射的综合强度及其空间分布，通过测量评价电磁辐射强度是否对空间内的工作人员和设备产生影响。主要为射频电磁场测量，并且是空间电磁辐射测量，由于磁场强度很小，因而主要进行电场测量。其基本构架和测量原理如图4-4所示。

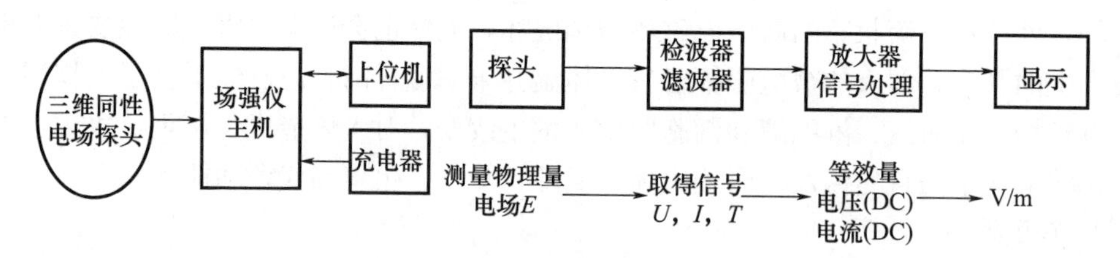

图4-4　综合场强仪系统基本构架和测量原理

（1）探头单元

场强仪的探头单元主要有以下三种：

① 偶极子和检波二极管组成探头。这类仪器由三个正交的2～10cm长的偶极子天线、端接肖特基检波二极管、RC滤波器组成。检波后的直流电流经高阻传输线或光缆送入数据处理和显示线路。通常这类仪器探头响应快，动态范围广，但由于作为天线的

偶极子的长度应远小于被测频率的半波长，以避免在被测频率下谐振。这一特性决定了这类仪器只能在低于几吉赫频率范围使用。不过随着仪器技术的不断发展，近年也有厂家能将频率范围扩展到四十吉赫频率，甚至更高范围。

② 热电偶型探头。采取三条相互垂直的热电偶结点阵作电场测量探头，提供了和热电偶元件切线方向场强平方成正比的直流输出。待测场强与极化无关。沿热电偶元件直线方向分布的热电偶结点阵，保证了探头有极宽的频带。沿 x、y、z 三个方向分布的热电偶元件的最大尺寸应小于最高工作频率波长的 1/4，以避免产生谐振。整个探头像一组串联的低阻抗偶极子或像一个低 Q 值的谐振电路。

③ 磁场探头。由三个相互正交的环天线和二极管、RC 滤波元件、高阻线组成，从而保证其全向性和频率响应。使用非选频式宽带辐射测量仪实施环境监测时，为了确保环境监测的质量，应对这类仪器电性能提出基本要求：各向同性误差≤±1dB；系统频率响应不均匀度≤±3dB；灵敏度 0.5V/m；校准精度±0.5dB。

（2）主机单元

主机单元主要完成测量信号的放大、处理和显示，对探头定时接收数据、定时处理和显示数据，通过保持键可实现测量数据的保持，并实现保持数据的存储、转发、显示等，这部分使用专用的处理器来完成，并使用电脑作为上位机进行控制、标校。

（3）接口单元

接口单元主要是完成探头和主机的连接，一般使用光纤传输，两端接口使用光电转换，使仪器具有高性能的抗干扰性能；另外还可完成主机和电脑的连接，进行上下位机数据通信。

（4）软件单元

软件单元完成测量信号后显示测量值，使用先进的数字信号处理方法，设计合理的人机界面，显示各种需求的瞬时值、平均值、最大值，并保存测量值供以后处理和分析。

常用的非选频式辐射测量仪见表 4-8。

表 4-8 常用的非选频式辐射测量仪

名称	频带	量程	各向同性	探头类型
微波漏能仪	0.915～12.4GHz	0.005～30mW/cm^2	无	热偶结点阵
微波辐射测量仪	1～10GHz	0.2～20mW/cm^2	有	肖特基二极管偶极子
电磁辐射监测仪	0.5～1000MHz	1～1000V/m	有	偶极子
全向宽带近区场强仪	0.2～1000MHz	1～1000V/m	有	偶极子
宽带电磁场强计	E：0.1～3000MHz H：0.5～30MHz	E：0.5～1000V/m H：1～2000A/m	有	偶极子 环天线
	E：20～10^{5}Hz H：50～60Hz	E：1～20000V/m H：1～2000A/m		

续表

名称	频带	量程	各向同性	探头类型
辐射危害计	0.3～18GHz	0.1～200mW/cm^2	有	热偶结点阵
	200kHz～26GHz	0.001～20mW/cm^2	有	热偶结点阵
宽带全向辐射监测仪	0.3～26GHz 10～300MHz	8621B探头： 0.005～20mW/cm^2 8631探头： 0.05～100mW/cm^2	有	热偶结点阵 环天线
	由决定选用探头	由决定选用探头	有	热偶结点阵 环天线

2．选频式辐射测量仪

选频式辐射测量仪用于环境中低电平电场强度、电磁兼容、电磁干扰测量。除场强仪（或称干扰场强仪）外，可用接收天线和频谱仪或测试接收机组成的测量系统经校准后，用于环境电磁辐射测量。常用非选频式辐射测量仪见表4-9所示。

表4-9　常用选频式辐射测量仪

名称	频率	量程	适用范围
干扰场强测量仪	10～150kHz	24～124dB	交直流两用
	0.15～30MHz	28～132dB	
	28～50MHz	9～110dB	
	0.47～1GHz	27～120dB	
	0.5～30MHz	10～115dB	
EMI测试接收机	9kHz～30MHz 20MHz～1GHz 5Hz～1GHz 20Hz～5GHz 20Hz～26.5GHz	<1000V/m	交流供电、显示被测场频道
电视场强计	1～56频道	灵敏度：10μV	交直流两用
电视信号场强计	40～890MHz	20dBμ～120dBμ	
场强仪	40～860MHz	20dBμ～120dBμ	

（1）场强仪（干扰场强仪）

待测场的场强值：

$$E\left(\frac{\mathrm{dB\mu V}}{\mathrm{m}}\right)=K\ (\mathrm{dB})+V_{\mathrm{r}}\ (\mathrm{dB\mu V})+L\ (\mathrm{dB}) \tag{4-1}$$

式中　K——天线校正系数，为频率的函数，可由场强仪的使用说明文件查得。

场强仪的读数V_{r}必须加上对应K值和电缆损耗L才能读出场强值。但近期生产的场强仪所附天线校正系数曲线所示K值已包括测量天线的电缆损耗L值。

当被测场是脉冲信号时，不同带宽对应的V_{r}值不同。此时需要归一化于1MHz带

宽的场强值，即：

$$E\left(\frac{\mathrm{dB\mu V}}{\mathrm{m}}\right)=K\ (\mathrm{dB})+V_{\mathrm{r}}(\mathrm{dB\mu V})+20\lg\frac{1}{BW}+L\ (\mathrm{dB}) \tag{4-2}$$

式中　BW——选用带宽，MHz；

K、L 值——查表可得；

V_{r}——场强值读数。

测量带宽信号环境辐射峰值场强时，要选用尽量宽的带宽。相应平均功率密度为：

$$P_{\mathrm{d}}(\mu\mathrm{W/cm^2})=\frac{10^{\frac{E\ (\mathrm{dB\mu V/m})\ -115.77}{10}}}{10\cdot q} \tag{4-3}$$

式中　q——脉冲信号占空比，E 和 P_{d}可以方便地计算出来。

（2）频谱仪测量系统

测量系统工作原理与场强仪一致，只是用频谱仪作接收机，此外频谱仪的 dBm 读数必须换算成 dBμV。对 50Ω 系统，场强值为：

$$E\left(\frac{\mathrm{dB\mu V}}{\mathrm{m}}\right)=K\ (\mathrm{dB})\ +A\ (\mathrm{dBm})\ +107\ (\mathrm{dB\mu V})\ +L\ (\mathrm{dB}) \tag{4-4}$$

频谱仪的类型不受限制，频谱仪天线系统必须校准。

（3）微波测试接收机

用微波接收机、接收天线也可以组成环境监测系统。扣除电缆损耗，功率密度可按下式计算：

$$P_d=\frac{4\pi}{G\lambda^2}\cdot 10^{\frac{A+B}{10}}\ (\mathrm{mW/cm^2}) \tag{4-5}$$

式中　G——天线增益（倍数）；

λ——工作波长，cm；

A——数字幅度计读数，dBm；

B——输入功率，dBm。

由于上述测试接收机组成的监测装置的灵敏度取决于接收机灵敏度，天线系统应校准。

用于环境电磁辐射测量的仪器种类较多，反射用于电磁兼容（EMC）、电磁干扰（EMI）目的的测试接收机可用于环境电磁辐射监测。专用的环境电磁辐射监测仪器，也可用上面介绍的方法组成测量装置实施环境监测。

4.4.2　电磁污染源监测方法

1. 环境条件

应符合行业标准和仪器标准中规定的使用条件。测量记录表应注明环境温度、相对湿度。

2. 测量仪器

可使用各向同性响应或有方向性电场探头或磁场探头的宽带辐射测量仪。采用有方向性探头时，应在测量点调整探头方向以测出最大辐射水平。

测量仪器工作频带应满足待测场要求，仪器应经计量标准定期鉴定。

3. 测量时间

在辐射体正常工作时间内进行测量，每个测点连续测5次，每次测量时间不应小于15s，并读取稳定状态的最大值。若测量读数起伏较大时，应适当延长测量时间。

4. 测量位置

（1）测量位置取作业人员操作位置，距地面0.5m、10m、1.7m三个部位。

（2）辐射体各辅助设施（计算机房、供电室等）作业人员经常操作的位置，测量部位距地面0.5m、10m、1.7m。

（3）辐射体附近的固定哨位、值班位置等。

5. 数据处理

求出每个测量部位平均场强值（若有几次读数）。

6. 评价

根据各操作位置的E值（H、P_d）按国家标准《电磁环境控制限值》（GB 8702—2014）或其他部委制定的“安全限值”做出分析评价。

4.4.3 一般环境电磁辐射测量方法

1. 测量条件

（1）气候条件

气候条件应符合行业标准和仪器标准中规定的使用条件。测量记录表应注明环境温度、相对湿度。

（2）测量高度

取离地面1.7～2m高度。可根据不同目的选择测量高度。

（3）测量频率

取电池强度测量值>50dBμV/m的频率作为测量频率。

（4）测量时间

基本测量时间为5：00～9：00，11：00～14：00，18：00～23：00城市环境电磁辐射的高峰期。

若24小时昼夜测量，昼夜测量点不应少于10点。

测量间隔时间为1h，每次测量观测时间不应小于15s，若指针摆动过大，应适当延迟观察时间。

2. 布点方法

（1）典型辐射体环境测量布点

对典型辐射体，比如某个电视发射塔周围环境实施监测时，则以辐射体为中心，按间隔45°的八个方位为测量线，每条测量线上选取距场源分别为30m、50m、100m等不同距离点测量，测量范围根据时间情况确定。

（2）一般环境测量布点

对整个城市电磁辐射测量时，根据城市测绘地图，将全区划分为$1\times1km^2$或$2\times2km^2$小方格，取方格中心为测量位置。

（3）按照上述方法在地图上布点后，应对实际测点进行考察。考虑地形地物影响，实际测点应避开高层建筑物、树木、高压线以及金属结构等，尽量选择空旷地方测试。

允许对规定测点进行调整，测点调整最大为方格边长的 1/4，对特殊地区方格允许不进行进行测量。需要对高层建筑进行测量时，应在各层阳台或室内选点测量。

4.4.4 测量仪器

1. 非选频式辐射测量仪

具有各向同性响应或有方向性探头的宽带辐射测量仪属于非选频式辐射测量仪。具有方向性探头时，应调整探头方向以测出最大辐射电平。

2. 选频式辐射测量仪

各种专门用于 EMI 测量的场强仪，干扰测试接收机，以及用频谱仪、接收机、天线自行组成测量系统经标准场校准后可用于此目的。测量误差应小于±3dB，频率误差应小于被测频率的 10^{-3}数量级。该测量系统经模/数转换与微机连接后，通过编制专用测量软件可组成自动测试系统，达到数据自动采集和统计。

自动测试系统中，测量仪可设置平均值（适用于较稳定的辐射测量）或准峰值（适用于脉冲辐射测量）检波方式。每次测试时间为 8～10min，数据采集取样频率为 2 次/s，进行连续取样。

4.4.5 数据处理

（1）如果测量仪器读出的场强瞬时值的单位为分贝（dBμV/m），则先按下列公式换算成以 V/m 为单位的场强：

$$E_i = 10^{\left(\frac{x}{20}-6\right)} \tag{4-6}$$

式中 x——场强仪读数（dBμV/m），然后依次按下列各公式计算：

$$E = \frac{1}{n}\sum^{n} E_i \tag{4-7}$$

$$E_s = \sqrt{\sum^{n} E^2} \tag{4-8}$$

$$E_G = \frac{1}{M}\sum E_s \tag{4-9}$$

式中 E_i——在某测量位、某频段中被测频率 i 的测量场强瞬时值，V/m；

n——E_i 值的读数个数；

E——在某测量位、某频段中各被测频率 i 的场强平均值，V/m；

E_s——在某测量位、某频段中各被测频率的综合场强，V/m；

E_G——在某测量位，在 24h（或一定时间内）内测量某频段后的总的平均综合场强，V/m；

M——在 24h（或一定时间内）内测量某频段的测量次数。

测量的标准误差仍用通常公式计算。

如果测量仪器用的是非选频式的，不用式（4-8）。

（2）对于自动测量系统的实测数据，可编制数据处理软件，分别统计每次测量中测值的最大值 E_{max}、最小值 E_{min}、中值、95%和 80%时间概率的不超过场强值 E（95%）、E（80%），上述统计值均以（dBμV/m）表示。还应给出标准差值 σ（以

dB）表示。

如系多次重复测量，则将每次测量值统计后，再按（1）进行数据处理。

4.5 电磁辐射污染评价的相关标准

4.5.1 公众总的受照射剂量

公众总的受照射剂量包括各种电磁辐射对齐影响的总和，即包括拟建设可能或已经造成的影响，还要包括已有电磁辐射的影响。总的受照射剂量限值不应大于国家标准《电磁环境控制限值》（GB 8702—2014）。

4.5.2 单个项目的影响

为使公众受到总照射剂量小于《电磁环境控制限值》（GB 8702—2014）规定值，对单个项目的影响必须限制在《电磁环境控制限值》（GB 8702—2014）限值的若干分之一。在评价时，对于由国家环境保护局负责审批的大型项目可取《电磁环境控制限值》（GB 8702—2014）中场强限值的 $1/\sqrt{2}$，或功率密度限值的 1/2，其他项目则取场强限值的 $1/\sqrt{5}$，或功率密度限值的 1/5 作为评价标准。

4.5.3 行业标准的考虑

国内在电磁辐射领域颁布了许多行业标准，在编制环境影响报告书时，有时需要与这些行业标准比较。如不能满足有关行业标准时，在报告书中要论证其超过行业标准的原因。

4.6 电磁辐射污染控制技术

4.6.1 电磁辐射的主要防护措施

为了减小电磁设备的电磁辐射泄漏，必须从产品设计、屏蔽与吸收等角度入手，采取治本与治标相结合的方案，防治电磁辐射的污染与危害。制定防护技术措施的基本原理是：

（1）制定并执行电磁辐射安全标准

要从国家标准出发，对产生电磁辐射的工业设备和产品提出严格的设计指标，尽量减少电磁能的泄漏，从而为防护电磁辐射提供良好的前提。应尽快制定各种法规、标准、监察管理条例，做到依法治理。在产生电磁辐射的作业场所，要定期进行监测，发现电磁场强度超过标准的要尽快采取措施。

（2）采取防护措施

为减少电子设备的电磁能泄漏，防止电磁辐射污染环境、危害人体健康，还要从电磁屏蔽及吸收、城市规划、产品设计等角度着手采取标本兼治的方案治理电磁污染。无论是电子、电气设备，还是发射装置，在产品出厂前，均应进行电磁辐射与泄漏状态的预测与分析，实施国家强制性产品认证制度。大、中型系统投入使用前，还应当对周围环境电磁场分布进行模拟预测，以便对污染危害进行分析。

工厂、电器集中地要制定措施，采取抑制干扰传播技术，如屏蔽、吸收、接地、搭接、合理布线、频率划分、滤波等措施。

（3）加强宣传教育，提高公众意识

当前电磁辐射对人体健康的危害日益严重，特别是这种看不见、摸不着、闻不到的危害不易被人所察觉。因此，应广泛开展宣传教育，使人们清楚地认识到所有的电气设备、输电线和接线、引线都能产生电磁辐射，并危害人体健康。

4.6.2 高频设备的电磁辐射防护

高频设备的电磁辐射防护的频率范围一般是指 0.1～300MHz，其防护技术有电磁屏蔽、接地技术和滤波、其他措施等几种。

1. 电磁屏蔽

电磁辐射必须具备电磁辐射源、电磁敏感体、传输途径三个要素。电磁屏蔽就是从这三方面入手，将辐射能量降低到一定水平，隔离辐射源和敏感体，切断传输途径。

（1）电磁屏蔽的原理

电磁屏蔽有主动屏蔽和被动屏蔽之分。前者是抑制屏蔽室内辐射源的电磁波外泄，将辐射源屏蔽起来减少电磁辐射对周围用电设备正常运行的影响。后者是指防止外部电磁辐射波进入敏感体内，即屏蔽室和个人防辐射防护。无论是主动屏蔽还是被动屏蔽，电磁屏蔽都是利用了电磁感应原理。在外界交变电磁场下，通过电磁感应，屏蔽壳体内产生感应电流，而这电流在屏蔽空间又产生了与外界电磁场方向相反的电磁场，从而抵消了外界电磁场，达到屏蔽效果。通俗地讲，电磁屏蔽就是利用某种材料制成一个封闭的物体，这个封闭的物体有两重作用，它既可使封闭体的内部不受外部电磁场的影响，同时封闭体的外部区域也不受其内部电磁场的影响。电磁屏蔽是最有效、最常用的防辐射、防干扰措施。

（2）电磁屏蔽的分类

根据电磁场的特征，电磁屏蔽可以分为以下三类：

① 静电屏蔽。静电屏蔽的目的是防止外界的静电场进入到某个区域，是对静电场以及变化很慢的交变电场的屏蔽。静电屏蔽是由屏蔽体表面的电荷运动而产生的，在外界电场的作用下电荷重新分布，直到屏蔽体的内部电场均为零时停止运动。高压带电作业工人所穿的带电作业服就是利用这个原理研制的。

② 静磁屏蔽。静磁屏蔽的目的是屏蔽外界磁场和低频电流的磁场，是对静磁场以及变化很慢的交变磁场的屏蔽。与静电屏蔽不同的是，它使用的材料不是铜网，而是有较高磁导率的磁性材料。防磁功能手表就是利用这个原理研制的。

③ 高频、微波电磁场的屏蔽。如果电磁波的频率达到百万赫兹以上，这种频率的电磁波射向导体壳时，就像光波射向镜面一样被反射回来，同时也有一小部分电磁波能量被消耗掉，也就是电磁波很难穿过屏蔽的封闭体。另外，屏蔽体内部的电磁波也很难穿出去。

（3）电磁屏蔽室的制作

屏蔽效果的好坏不仅与屏蔽材料的性能、屏蔽室的尺寸和结构有关，也与到辐射源的距离、辐射的频率以及屏蔽封闭体上可能存在的各种不连续的形状（如接缝、孔洞等）和数量有关。屏蔽体结构设计的一般要求如下：

① 屏蔽材料必须选用导电性高和透磁性高的材料，通过在中波和短波各频段试验结果可知，铜、铝、铁均具有较好的屏蔽效能。可以结合具体情况选用。对于超短波、微波频段，一般可用屏蔽材料与吸收材料制成复合材料，用来防止电磁辐射。

② 屏蔽结构要合理。在设计屏蔽结构时，要求尽量减少不必要的开孔及缝隙。要求尽量减少尖端突出物。

电磁屏蔽室内通常有各种仪器设备，工作人员还要进进出出，这就要求屏蔽室有门、通风孔、照明孔等工作配套设施，这就会使屏蔽室出现不连续部位。要使屏蔽室有良好的屏蔽效果，屏蔽室的每一条焊缝都应做到电磁屏蔽。屏蔽室的孔洞是影响屏蔽性能的另一因素。为了减小其影响，可在孔洞上接金属套管。

③ 屏蔽厚度的选用。屏蔽厚度问题一般认为，接地良好时，屏蔽厚度增加，屏蔽效率也有增高的趋势。但由于射频（特别是高频波段）的特性，厚度无须无限制地增加。从试验可知，当厚度在1mm以上时，其屏蔽效能的差别不显著。

④ 屏蔽网孔大小（数目）及层数的选用。如选用屏蔽金属网，对于中、短波，一般目数小些就可以保证足够的屏蔽效果；而对于超短波、微波来说，屏蔽网目数一定要大（即网眼要小）。由试验得知，双层金属网屏蔽效果一般大于单层金属网屏蔽效果，当间距在5～10cm以上时，衰减量中层等于单层的两倍。

2. 接地技术

（1）接地抑制电磁辐射的机理

接地有射频接地和高频接地两大类。射频接地是指将场源屏蔽体部件内产生的感应电流迅速引流，即形成等电势分布；高频接地是在设备屏蔽体和大地之间，或者大地可以看出公共点的某些构件之间，用低电阻的导体连接起来，形成电气通路，造成屏蔽系统与大地之间形成一个等电势分布。

接地包括高频设备外壳的接地和屏蔽的接地。屏蔽装置有了良好的接地后可以提高屏蔽效果，以中波段较为明显。屏蔽接地一般采用单点接地，个别情况（如大型屏蔽室）采用多点接地。高频接地的接地线不宜太长，其长度最好能够限制在波长1/4以内，即使无法达到这个要求，也应避开波长1/4的奇数倍。

（2）接地系统

射频防护接地情况的好坏，直接关系到防护效果。接地的技术要求有：接地电阻要尽可能小；接地线与接地极以用铜材为好；接地极的环境条件要适当；接地极一般埋设在接地井内。

任何屏蔽的接地线都要有足够的表面积，要尽可能短，以宽为10cm的铜带为好。

接地极主要有三种方式：接地铜板、接地格网板、嵌入接地棒。

地面下的管道（如水管、煤气管等）是可以充分利用的自然接地体。这种方法简单节省费用，但是接地电阻较大，只适用于要求不高的场合。

3. 滤波

(1) 滤波的机理

滤波是抑制电磁干扰最有效的手段之一。滤波指在电磁波的所有频谱中分离出一定频率范围内的有用波。线路滤波的作用是保证有用信号通过的同时阻截无用信号通过。

(2) 滤波器

滤波器是一种具有分离频带作用的无源选择性网络。线路滤波的作用就是保证有用信号通过，并阻截无用信号通过。电源网络的所有引入线，在其进入屏蔽室之处必须装滤波器。若导线分别引入屏蔽室，则要求对每根导线都必须进行单独滤波。在对付电磁干扰信号的传导和某些辐射干扰方面，电源电磁干扰滤波器是相当有效的器件。

(3) 滤波器的组成及设计要点

滤波器是由电阻、电容和电感组成的一种网络器件。滤波器在电路中的设置是各式各样的，其设置位置要根据干扰侵入的途径确定。滤波器的设计需要遵循如下要点：

① 截止频率的确定。

如果要得到大的衰减系数，截止频率一定要取低一些。

② 阻抗的确定。

在通频带区域中阻抗匹配问题不明显，不用考虑阻抗问题，但在阻频带区域中，要尽量提高其衰减值。

③ 阻频带宽的确定。

为了获得比较宽的阻抗带，应选择旁路电容与总分布电容的比值大一些。

④ 线圈数的确定。

由理论分析可知，通频带越宽、线圈数值越小，工作衰减值越低。

此外，在滤波器的设计中，屏蔽与接地形式及线路与结构问题不应忽略。

4. 其他措施

① 采用电磁辐射阻波抑制器，通过反作用场在一定程度上抑制无用的电磁散射。

② 在新产品和新设备的设计制造时，尽可能使用低辐射产品。

③ 从规划着手，对各种电磁辐射设备进行合理安排和布局，采用机械化或自动化作业，减少作业人员直接进入强电磁辐射区的次数或工作时间。

除上述防护措施外，加强个体防护、适当的饮食，也可以抵抗电磁辐射的伤害。

4.6.3 广播、电视发射台的电磁辐射防护

广播、电视发射台的电磁辐射防护首先应该在项目建设前，以《电磁环境控制限制》(GB 8702—2014) 为标准，进行电磁辐射环境影响评价，实行预防性卫生监督，提出包括防护带要求等预防性防护措施。对于已建成的发射台对周围区域造成较强场强，一般可考虑以下防护措施：

(1) 降低磁场强度

在条件许可的情况下，采取措施，减少对人群密集区位的辐射强度，如改变发射天线的结构和方向角。

（2）改善环境

在中波发射天线周围场强大约为15V/m，短波场强为6V/m的范围设置绿化带。

（3）调整住房用途

将在中波发射天线周围场强大约为10V/m、短波场源周围场强为4V/m的范围内的住房，改作非生活用房。

（4）合理选择建筑材料

利用建筑材料对电磁辐射的吸收或反射特性，在辐射频率较高的波段，使用不同的建筑材料，包括钢筋混凝土，甚至金属材料覆盖建筑物，以衰减室内场强。

4.6.4 微波设备的电磁辐射防护

为了防止和避免微波辐射对环境的“污染”而造成公害，影响人体健康，在微波辐射的安全防护方面注意以下事项。

1. 减少辐射源的辐射或泄漏

根据微波传输原理，采用合理的微波设备结构，正确实践并采用适当的措施，完全可以将设备的泄漏水平控制在安全标准以下。在合理设计和合理结构的微波设备制成之后，应对泄漏进行必要的测定。合理地使用微波设备，为了减少不必要的伤害，规定维修制度和操作规程是必要的。

在进行雷达等大功率发射设备的调整和试验时，可利用等效天线或大功率吸收负载的方法来减少微波天线泄漏的直接辐射。利用功率吸收器（等效天线）可将电磁能转化为热能散掉。

2. 实行屏蔽和吸收

为防止微波在工作地点的辐射，可采用反射型和吸收型两种屏蔽方法。

（1）反射微波辐射的屏蔽

使用板状、片状和网状金属组成的屏蔽壁来反射散射微波，可以较大地衰减微波辐射作用。一般板、片状的屏蔽壁比网状的屏蔽壁效果好，也有人用涂银尼龙布来屏蔽，亦有不错的效果。

（2）吸收微波辐射的屏蔽

对于射频，特别是微波辐射，也常利用吸收材料进行微波吸收。

吸收材料是一种既能吸收电磁波，又对电磁波的发射和散射都极小的材料。目前，电磁辐射吸收材料可分为两类，一类为谐振型吸收材料，是利用某些材料的谐振特性制成的吸收材料。这种吸收材料厚度小，对频率范围较窄的微波辐射有较好的吸收效率。另一类为匹配型吸收材料，是利用某些材料和自由空间的阻抗匹配，达到吸收微波辐射能的目的。

① 传统吸波材料。按照吸波原理，传统的吸波材料可以分为电阻型、电介质型和磁介质型三类。

a. 电阻型吸波材料。

电磁波能量损耗在电阻上，吸收剂主要有导电高聚物、碳纤维、导电性石墨粉、碳化硅纤维等，特点是电损耗正切较大。

b. 电介质型吸波材料。

是依靠介质的电子极化、分子极化或界面极化等持续损耗、衰减吸收电磁波，吸收

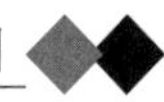

剂主要有金属短纤维、钛酸钡陶瓷等。

c. 磁介质型吸波材料。

它们具有较高的磁损耗角正切，主要依靠磁滞损耗、畴壁共振和自然共振、后效损耗等极化机制衰减吸收电磁波，研究较多且比较成熟的是铁氧体吸收波材料，吸收剂主要有铁氧体、羰基铁粉、超细金属粉等。

② 新型吸收波材料

a. 纳米吸波材料。

纳米粒子由于独特的结构使其呈现出许多特有的奇异的物理、化学性质，从而具有高效吸收电磁波的潜能。纳米粒子尺度远小于红外线及雷达波波长，因此纳米微粒材料对红外及微波的吸收性较常规材料要强。随着尺寸的减小，纳米微粒材料的比表面积增大，随着表面原子比例的升高，晶体缺陷增加，悬挂键增多，容易形成界面电极极化，高的比表面积又会造成多重散射，这是纳米材料具有吸波能力的重要机理。

b. 手性吸波材料。

手性吸波材料是在基体材料中加入手性旋波介质复合而成的新型电磁功能材料。手性材料的根本特点是电磁场的交叉极化。手性材料具有电磁参数可调、对频率敏感性小等特点，在提高吸波性能、展宽吸波频带方面有巨大的潜力。手性介质材料与普通材料相比，具有特殊的电磁波吸收、反射、透射性质，具有易实现阻抗匹配与宽频吸收的优点。

c. 高聚物吸波材料。

导电聚合物具有电磁参数可调、易加工、密度小等优点，通过不同的掺杂剂或掺杂方式进行掺杂可以获得不同的电导率，因此导电聚合物可以用作吸波材料的吸收剂。

4.6.5 电磁辐射的管理

人类进入了信息时代，信息传播是多渠道的，而电磁波是传播信息最快捷的方式。为了传递信息，大量的广播电台、电视台、各种雷达站、卫星通信站、微波中继站、可移动式的发射装置等如雨后春笋般地多起来。从传递和接受信息来讲，这些设备发出的电磁波是有用信号，但它却增加了环境中的电磁辐射水平。对人群来讲，它是一种影响健康的物理性公害因素之一；对一些电子设备来讲，它是一种干扰。再加上工业、医疗卫生领域和科研部门的许多辐射体，它们所产生辐射定会导致局部环境电磁辐射污染加重。因此，电磁辐射污染日趋明显或加重已成为事实。根据有关环境电磁辐射污染调查显示，我国目前环境中人为电磁辐射不断增加的原因，主要为五大系统造成的：

（1）广播电视系统发射设备增多、功率加大。

（2）通信系统设备迅速增多和普及，使用频繁。

（3）工业、科研、医疗卫生系统设备增加；

（4）电力系统高压输出线、送变电站等发展飞快；

（5）交通运输系统电气化铁道、轻轨、磁悬浮列车等投入运营。

从现实出发，面临电磁辐射这一公害，必须加强环境保护工作，也只有把环境保护工作和经济发展有机地结合起来，走可持续发展道路才是上策。既支持上述五大系统事业的正常发展，又要保护好环境、保护人民健康，以达到可持续发展的目的。为此，必须制定一系列防治对策，加强对电磁辐射的管理，其最终目的是实现社会经济的可持续发展，其应遵循的原则为：

① 保护人体健康、保护生态环境；

② 推动技术进步，提供性能更好、更安全的产品；

③ 促进经济发展，加快产业发展，促进世界经济贸易的往来。

思考题

1. 简述射频电磁场的特征。
2. 什么是电磁辐射污染？
3. 电磁辐射评价包括哪些内容？其评价方法包括哪些？
4. 电磁辐射对人体的危害包括哪些方面？
5. 简述电磁辐射的测量方法包括哪些步骤。
6. 电磁辐射的主要防护措施有哪些？
7. 简述高频设备、广播、电视发射台、微波设备的电磁辐射防护策略。
8. 电磁辐射的管理方法有哪些？

思考题参考答案

5　放射性污染及其控制

内容提要：本章介绍了放射性污染的相关概念和放射性污染源，讲述了放射性污染的度量单位和环保及卫生标准；重点掌握放射性污染的评价标准，包括评价原理、评价基础、监测步骤和评价方法；同时掌握放射性污染的主要防控措施与技术。

1896 年法国科学家贝克勒尔首先发现了某些元素的原子核具有天然的放射性，能自发地放出各种不同的射线。在科学上，把不稳定的原子核自发地放射出一定动能的粒子（包括电磁波），从而转化为较稳定结构状态的现象称为放射性。环境中的各种放射性污染都能影响人类健康，放射性物质不仅能引起外照射，还能通过呼吸、摄食和皮肤接触进入体内，并由血液输送到有关器官，产生内照射，危害人体健康。和其他污染相比，它不易察觉，却容易在人体中积累。人们对环境中的放射性污染必须有一个科学的认识，采取适当的防护，从而保护自身的健康。

5.1　放射性污染概述

在自然界和人工生产的元素中，有一些能自动发生衰变，并放射出肉眼看不见的射线。这些元素统称为放射性元素或放射性物质。在自然状态下，来自宇宙的射线和地球环境本身的放射线一般不会给生物带来危害。20 世纪 50 年代以来，人的活动使得人工辐射和人工放射性物质大大增加，环境中的射线强度随之增强，危及生物的生存，从而产生了放射性污染。放射性污染很难消除，射线强弱只能随时间的推移而减弱。

5.1.1　放射性相关概念

不稳定的原子核自发地释放出粒子或电磁波，从而恢复到稳定的状态，这个过程称为衰变。这些具有放射性的原子核称为放射性核素，而放出的粒子和电磁波则统称为辐射。辐射一般可依其能量的高低及电离物质的能力分类为电离辐射或非电离辐射。放射性物质衰变时可从原子核释放出对人体有危害的 α 射线、β 射线、γ 射线、X 射线等。

1. α 射线

是指由放射性物质所放出的 α 粒子流。α 粒子由两个质子及两个中子组成，并不带任何电子，亦即等同于氦-4 的内核，或电离化后的氦-4，He^{2+}。α 粒子因粒子体积大，其穿透能力在电离辐射中是最弱的，皮肤或一张纸已能隔阻 α 粒子。但其带两个正电荷，电离能力很强，因此释放 α 粒子的物质一旦被人吸入或注入，会很危险，α 粒子能直接破坏身体内脏的细胞。

2. β射线

由带负电的β粒子组成。β粒子通常在空气中能够飞行上百米。β射线穿透力随着它们的运动速度而变化。一般需用几毫米厚的铝板才能挡住β射线。

3. γ射线及X射线

都是拥有高能量的电磁波。它们穿透能力很强，可以穿过人体，唯有厚厚的铅板和水泥才可以阻隔它们。

中子不带电荷，其质量为 1.6749286×10^{-27} kg（939.56563MeV），比质子的质量稍大（质子的质量为 1.672621637（83）$\times10^{-27}$ kg）。自由中子是不稳定的粒子，可通过弱作用衰变为质子，放出一个电子和一个反中微子，平均寿命为896s。中子穿透能力极高，只有水或石蜡这些含有大量氢原子的物质可以阻隔中子。其穿透能力示意如图5-1所示。

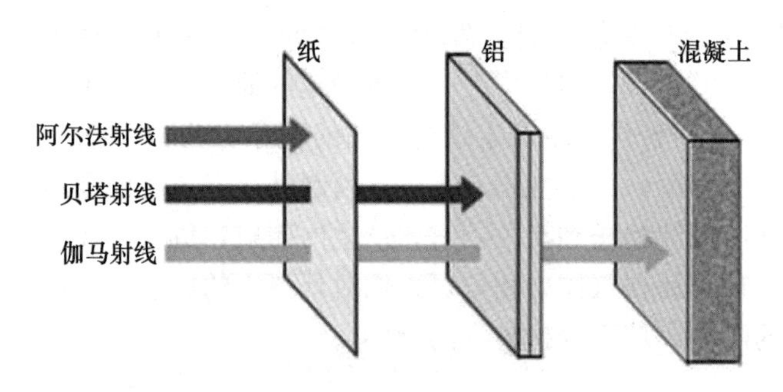

图5-1　不同射线穿透能力示意图

4. 放射性污染

是因人类的生产、生活活动排放的放射性物质所产生的电离辐射超过放射环境标准时，产生污染而危害人体健康的一种现象。放射性污染主要内容与人们通常意义上所讲的核污染在含义上是一致的。

放射性污染本质上属于辐射污染的一部分。辐射污染包含两部分内容，即电离辐射污染和电磁辐射污染。而“放射性污染”仅是指电离辐射污染，其中不涉及电磁辐射污染的问题。放射性污染物是指人类活动中释放的各种放射性核素，它与一般的化学污染物有显著区别，即放射性污染物的放射性与其化学形态没有关系。

放射性核素一般都存在一定的半衰期，并且能够放射一定能量的射线；只有在核反应条件下才能改变放射性核素的这一特性，其余任何物理、化学方法都无法使其这一特性改变。放射性污染物包括人工合成、生产的放射性物质，经人类开采运输、冶炼和储存的天然放射性物质，以及含有放射性物质的废水、废气、废液和固体废物等。

5.1.2　放射性污染源

1. 原子能工业排放的废物

原子能工业中核燃料的提炼、精制和核燃料元件的制造，都会有放射性废弃物产生和废水、废气的排放。这些放射性“三废”都有可能造成污染。由于原子能工业生产过程的操作运行都采取了相应的安全防护措施，“三废”排放也受到严格控制，所以

对环境的污染并不十分严重。但是，若原子能工厂发生意外事故，其污染是相当严重的。国外就有因原子能工厂发生故障而被迫全厂封闭的实例，如苏联切尔诺贝利核电站事故。

2. 核武器试验的沉降物

在进行大气层、地面或地下核试验时，排入大气中的放射性物质与大气中的飘尘相结合，由于重力作用或雨雪的冲刷而沉降于地球表面，这些物质称为放射性沉降物或放射性粉尘。放射性沉降物播散的范围很大，往往可以沉降到整个地球表面，而且速度很慢，一般需要几个月甚至几年才能落到大气对流层或地面，衰变则需上百年甚至上万年。1945 年美国在日本的广岛和长崎投放了两颗原子弹，使几十万人死亡，大批幸存者也饱受放射性病的折磨。

3. 医疗放射性

医疗检查和诊断过程中，患者身体都要受到一定剂量的放射性照射。例如，进行一次肺部 X 光透视，接受（4～20）$\times 10^{-4}$ Sv 的剂量［1Sv（希沃特）相当于每克物质吸收 0.001J 的能量］，进行一次胃部透视，接受 0.015～0.03Sv 的剂量。

4. 科研放射性

科研工作中广泛地应用放射性物质，除了原子能利用的研究单位外，金属冶炼、自动控制、生物工程、计量等研究部门几乎都涉及放射性方面的课题和试验，在这些研究工作中都有可能造成放射性污染。

5. 放射性污染的特点

（1）绝大多数放射性核素具有毒性，按致毒物本身质量计算，均高于一般的化学毒物。

（2）按放射性损伤产生的效应，可能影响遗传给后代。

（3）放射性剂量的大小只有辐射探测仪才可以探测到，非人的感觉器官所能知晓。

（4）部分射线有穿透性，特别是 γ 射线可穿透一定厚度的屏障层。

（5）放射性核素具有蜕变能力。

（6）放射性活度只能通过自然衰变而减弱。

5.1.3 放射性污染对人体危害途径

放射性物质进入人体的途径主要有三种：呼吸道进入、消化道食入、皮肤或黏膜侵入。

（1）呼吸道吸入

从呼吸道吸入的放射性物质的吸收程度与其气态物质的性质和状态有关。难溶性气溶胶吸收较慢，可溶性较快；气溶胶粒径越大，在肺部的沉积越少。气溶胶被肺泡膜吸收后，可直接进入血液流向全身。

（2）消化道食入

消化道食入是放射性物质进入人体的重要途径。放射性物质既能被人体直接摄入，也能通过生物体，经食物链途径进入体内。

（3）皮肤或黏膜侵入

皮肤对放射性物质吸收能力的波动范围较大，一般在 1%～1.2%，经由皮肤侵入的放射性污染物，能随血液直接输送到全身。由伤口进入的放射性物质吸收率较高。无论以哪种途径，放射性物质进入人体后，都会选择性地定位在某个或某几个器官或组织内，称“选择性分布”。其中，被定位的器官称为“紧要器官”，将受到某种放射性的较多照射，损伤的可能性较大，如氡会导致肺癌等。放射性物质在人体内的分布与其理化性质、进入人体的途径以及机体的生理状态有关。但也有些放射性在体内的分布无特异性，广泛分布于各组织、器官中，称“全身均匀分布”，如有营养类似物的核素进入人体后，将参与机体的代谢过程而遍布全身。

5.1.4 放射性污染危害

放射性物质进入人体后，要经历物理、物理化学、化学和生物学四个辐射作用的不同阶段。当人体吸收辐射能之后，先在分子水平发生变化，引起分子的电离和激发，尤其是大分子的损伤。有的发生在瞬间，有的需经物理的、化学的以及生物的放大过程才能显示组织器官的可见损伤，因此时间较久，甚至延迟若干年后才表现出来（图 5-2）。

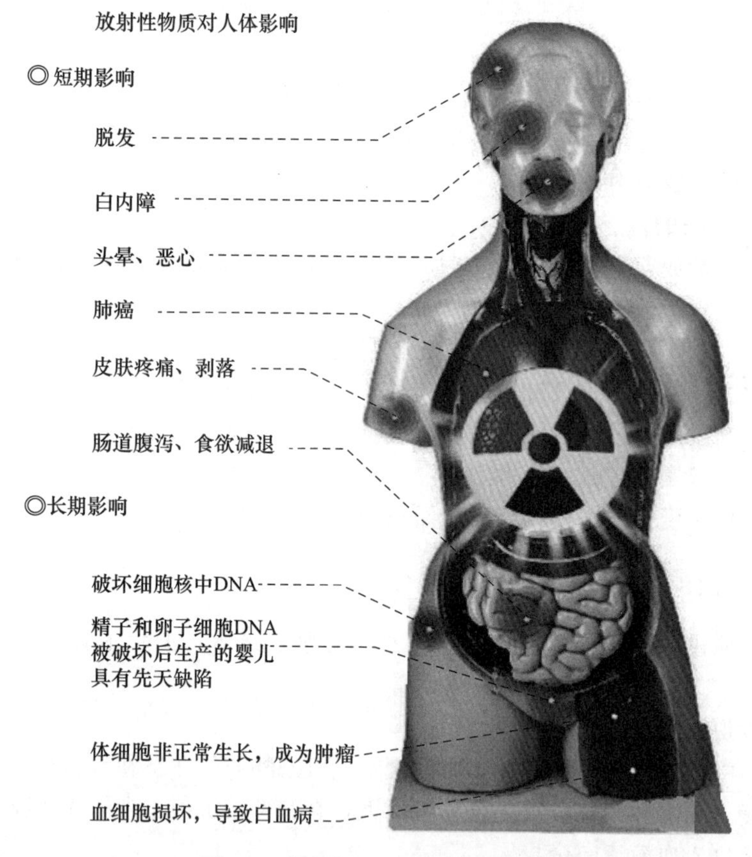

图 5-2 放射性污染的环境危害影响

对人体的危害主要包括三方面：

（1）直接损伤

放射性物质直接使机体物质的原子或分子电离，破坏机体内某些大分子如脱氧核糖核酸、核糖核酸、蛋白质分子及一些重要的酶。

（2）间接损伤

各种放射线首先将体内广泛存在的水分子电离，生成活性很强的 H^+、OH^- 和分子产物等，继而通过它们与机体的有机成分作用，产生与直接损伤作用相同的结果。

（3）远期效应

主要包括辐射致癌、白血病、白内障、寿命缩短等方面的损害以及遗传效应等。根据有关资料介绍，青年妇女在怀孕前受到诊断性照射后其小孩发生 Downs 综合征的概率大增。又如，受广岛、长崎原子弹辐射的孕妇，有的就生下了弱智的孩子。根据医学界权威人士的研究发现，受放射线诊断的孕妇生的孩子小时候患癌和白血病的比例增加。

5.2 放射性度量与标准

5.2.1 放射性单位度量

放射性的强弱或大小是可以度量的。度量放射性强弱的单位是放射性活度。放射性活度指的是一定量的放射性物质在特定能态下单位时间内发生自发核衰变的数目，一般可以简单地理解为单位时间发生的衰变数目。放射性活度的国际制单位是贝可勒尔，简称贝可，符号为 Bq。1Bq=1/s，即每秒钟发生 1 个衰变。早期使用的活度单位为居里（Ci），1 居里$=3.7\times10^{10}$贝可勒尔。目前，两种单位均可使用。其对照见表 5-1。

表 5-1 放射性度量单位对照表

辐射量	辐射量 SI 单位	SI 单位专名	专用单位
照射量	库伦·千克$^{-1}$ （C·kg^{-1}）	未　定	伦琴（R） $1R=2.58\times10^{-4}C\cdot kg^{-1}$
吸收剂量	焦耳·千克$^{-1}$ （J·kg^{-1}）	戈瑞（Gy），拉德（rad） $1Gy=1J\cdot kg^{-1}=100rad$	拉德（rad） $1rad=10^{-2}J\cdot kg^{-1}=100erg\cdot g^{-1}$
当量剂量	焦耳·千克$^{-1}$ （J·kg^{-1}）	希沃特（Sv） 1 希沃特$=1J\cdot kg^{-1}=10rem$	雷姆（rem） $1rem=10^{-2}J\cdot kg^{-1}$
放射性活度	秒$^{-1}$ （s^{-1}）	贝可勒尔（Bq） $1Bq=1s^{-1}$	居里（Ci） $1Ci=3.7\times10^{10}s^{-1}$

5.2.2 环保标准与卫生标准

由于放射性污染的环境危害后果相当严重，各国都极为重视，我国也不例外，在放射性污染方面规定相当严格，所以关于放射性污染的相关标准很多。依照国内环境工程师执业标准，我国环境专业人才应了解以下放射性污染管控标准，在处理对应工程项目时再详细依照标准要求设计或评价放射性污染程度。

1. 国家环保标准

GB 6249—2011　核动力厂环境辐射防护规定

GB 14569.1—2011　低、中水平放射性废物固化体性能要求　水泥固化体

HJ/T 53—2000　拟开放场址土壤中剩余放射性可接受水平规定（暂行）
HJ/T 23—1998　低、中水平放射性废物近地表处置设施的选址
GB 14585—1993　铀、钍矿冶放射性废物安全管理技术规定
GB 14586—1993　铀矿冶设施退役环境管理技术规定
GB 13600—1992　低中水平放射性固体 废物的岩洞处置规定
GB 13695—1992　核燃料循环放射性流出物归一化排放量管理限值
GB 11215—1989　核辐射环境质量评价一般规定
2. 国家卫生标准
GBZ 113—2006　核与放射事故干预及医学处理原则
GBZ 114—2006　密封放射源及密封γ放射源容器的放射卫生防护标准
GBZ 115—2002　X射线衍射仪和荧光分析仪卫生防护标准
GBZ 119—2006　放射性发光涂料卫生防护标准
GBZ 127—2002　X射线行李包检查系统卫生防护标准
GBZ 140—2002　空勤人员宇宙辐射控制标准
GBZ/T 141—2002　γ射线和电子束辐照装置防护检测规范
GBZ/T 144—2002　用于光子外照射放射防护的剂量转换系数
GBZ/T 146—2002　医疗照射放射防护名词术语
GBZ/T 147—2002　X射线防护材料衰减性能的测定
GBZ/T 148—2002　用于中子测井的CR39中子剂量计的个人剂量监测方法
GBZ/T 154—2006　两种粒度放射性气溶胶年摄入量限值
GBZ/T 155—2002　空气中氡浓度的闪烁瓶测定方法
GBZ 166—2005　职业性皮肤放射性污染个人监测规范
GBZ/T 181—2006　建设项目职业病危害放射防护评价报告编制规范
GBZ/T 182—2006　室内氡及其衰变产物测量规范
其他国家标准，涉及食品、农作物、医疗检测、公共安全等各个方面，在此不再一一罗列。

卫生行业标准涵盖医疗技术、医用材料、食品检测等方面的行业技术要求，也不在此列出。

5.2.3　放射性检测标准

在放射性污染管控过程中，环境监测水体、土壤和空气中放射性物质污染是预防公害的重要措施。因而我国也按照放射性物质主要类别和存在形态，设立了若干放射性检测的技术标准。列举主要标准内容如下，仅供参考。

GB 6764～6768—1986　水中锶-90、铯-137及微量铀分析方法［合订本］
GB 11214—1989　水中镭-226的分析测定
GB 11218—1989　水中镭的α放射性核素的测定
GB 11224—1989　水中钍的分析方法
GB 11338—1989　水中钾-40的分析方法
GB 12375—1990　水中氚的分析方法

GB/T 14502—1993 水中镍-63 的分析方法
GB/T 15220—1994 水中铁-59 的分析方法
GB/T 15221—1994 水中钴-60 的分析方法
GB/T 14582—1993 环境空气中氡的标准测量方法
GB/T 14583—1993 环境地表 γ 辐射剂量率测定规范
GB/T 14584—1993 空气中碘-131 的取样与测定
HJ/T 22—1998 气载放射性物质取样一般规定
HJ/T 21—1998 核设施水质监测采样规定

5.3 放射性污染评价

我国核能与核技术的开发利用在对维护我国国防安全、促进国民经济和社会发展、增强综合国力等方面起到巨大推动作用的同时，由此产生的放射性污染防治问题，也越来越突出。2003 年《中华人民共和国放射性污染防治法》的颁布结束了多年来我国开展放射性污染防治工作无法可依的局面，使放射性污染防治工作步入法制化管理的轨道。该法所确立的环境影响评价制度是在防治放射性污染法律机制的重要环节和重要问题上起基本作用的制度。

在放射性污染评价方面，着重于以下几个方面：核设施放射性污染防治、核技术利用的污染防治、铀（钍）矿和伴生放射性矿开发利用的放射性污染防治以及放射性废物管理等几乎全部的放射性污染防治活动。

5.3.1 放射性污染评价原理

放射性污染评价是指对自然系统和自然资源的潜力、容量和功能进行评估并形成书面报告的系统方法，其目的是从可持续发展的角度对提议的开发计划和决策的不利环境影响和后果进行预测和控制。从本质上来讲，放射性污染评价是实现经济、社会和环境协调发展的手段和综合决策机制。

1969 年环境影响评价制度创设时，美国《国家环境政策法案》明确该法案的目的是致力于预防和消除对环境和生态圈的损害，为了实现这个目的，该法案要求政府部门应该使用系统的、多学科的方法来确保决策时既考虑经济和技术因素，也能够对当前尚未认识的环境价值给与适当考虑。近年来放射性污染环境影响评价是遵循这个核心思想发展起来的。

放射性污染环境影响评价的核心思想就是环境价值理论、可持续发展理论、生态学理论、系统科学理论、环境经济学理论，它们可以从不同侧面来印证把环境价值理论作为放射性污染环境影响评价基础理论的正确性。

1. 可持续发展理论

可持续发展理论包括预防为主的原理、环境承载力原理、国际公平和代际公平原理和污染者付费原理，要求在环境影响评价指标体系中增加对生态系统的考虑，采取环境影响补偿措施，以维护自然资产的平衡，并把联合国气候变化和生物多样性保护公约作为环境影响评价的指导方针。

2. 生态学理论

生态环境由人类以外的所有生命物体和非生命物质组成，它包括了人类赖以生存和发展的所有自然资源。对于人类生态环境既有巨大的经济价值，更有着不可或缺的生态价值。然而，这些经济和生态价值的实现取决于人类对生态环境的认识和行为。在经济与生态的协调发展方面，要注重自然资源的开发与补偿、开发与节约之间的均衡；经济的发展要建立在资源可持续利用的基础上。在社会与生态的协调发展方面，要特别注重人口发展与自然资源和环境之间的均衡。环境影响评价要确立生态价值准则的重要地位。

3. 环境经济学理论

环境经济学的形成和发展，同时在两个方面为人类知识的发展做出了贡献，一是扩展了环境科学的内容，使人们对于环境问题的认识增添了经济分析的视角，二是增强了经济学对于生态环境和人类行为的解释力，它为人类克服环境危机的现实行动提供了极大的理论支持。环境经济学中宏观经济分析的主要目标，是把环境资本的消耗和增值，定量地纳入国民收入均衡分析之中。

4. 系统科学理论

经济、社会和环境相互之间不是孤立的，它们之间通过广泛的、多层次的相互联系、相互制约和相互作用，构成一个系统。经济和社会的发展依赖于一个稳定、健全的生态环境。

5. 环境价值理论

生态环境包括了人类赖以生存和发展的所有自然资源。人类的经济和社会发展不能超越生态环境的承载能力，应注重环境价值的保护，实行社会与生态、经济与环境的协调发展，只有这样的发展才是可持续的。

5.3.2 放射性污染评价基础方法论

环境价值理论要求在经济、社会发展过程中，在核能和核技术的开发利用中，放射性污染评价时应采取系统的、多学科的方法来维护生态价值，避免人类活动对环境和生态圈的损害。这些方法包括系统分析的方法、方案优选的方法、全过程控制的方法、利益协调的方法、后评估的方法，以上5个理论方法构成放射性污染环境问题预测和控制的方法论。

1. 系统分析的方法

系统分析方法包含明确问题、建立价值体系或评价体系、系统分析、系统综合、系统方案的优化选择和决策6个步骤。这是通过放射性污染评价解决环境问题的一般规律。

2. 方案优选的方法

实现某一目标应该有多种方案，不同方案所消耗的人力、资源、时间以及环境效益、经济效益和社会效益等各不相同，任何一个建设项目或规划都可以被其他项目或规划所替代，方案优选的目的，就是帮助人们从众多的方案中找到一个经济、社会和环境综合价值最优的方案。

3. 全过程控制的方法

放射性污染评价作为决策的一部分，从初步筛选、环境问题识别、环境影响预测、

减缓措施的安排、环评文件的批准、环境影响跟踪检查到环境影响的重新评估和改进措施的安排、放射性污染评价贯穿于决策和实施决策的整个过程。从建设项目、规划、计划、政策和法规的设计开始，直至建设项目、规划、计划、政策和法规实施后，决策人都要对自己的行为负责，并承担相应的法律责任，因此在决策及其实施的每个环节都要考虑决策对环境的影响并及时采取减缓环境影响的措施。

4. 利益协调的方法

从理论上讲，利益协调的方法是维护环境价值的重要方法。环境的管理是一项公共事务，放射性污染评价涉及投资者、建设者、执法部门、决策者及社区公众和其他各方利益集团的环境权益，在放射性污染评价过程中，需要把各相关方的利益协调好。同时，开发计划涉及经济、社会和环境诸方面，各方面利益也不相同，需要通过放射性污染评价把他们协调一致起来。没有利益的协调，就没有好的决策。广义而言，利益的协调包括各相关方的价值观念的协调。

5. 后评估的方法

它是指在投资项目建成投产并运行一段时间后，对项目立项、准备、决策、实施直到投产运营全过程的环境影响进行总评估，对开发计划取得的经济效益、社会效益和环境效益进行综合评估，从而判别环境影响控制程度的一种方法。它具有现实性、全面性、反馈性、探索性、合作性等特点。通过后评估，可以对开发计划的累计影响、间接影响和长期影响进行重新鉴别，对所采取的环境影响缓解措施进行重新评价，并针对新的情况采取进一步的环保措施以消除不利的生态影响。对严重影响环境的开发计划则予以中止。

5.3.3 放射性监测与样品采集

采用现场样品采集、样品保存和富集，然后在实验室进行环境放射性监测，可确保监测灵敏度和精确度，这是一项需要投入较多人力物力的工作。如何及时有效地在核事故情况下对事故区域的放射性活度进行监测是国际上研究的热点问题之一。

1. 美国关于放射性核素的监测

美国环境保护署（Environment Protection Agency，EPA）的放射性监测系统由美国国家空气辐射环境研究所（National Air and Radiation Environmental Laboratory，NAREL）负责。各州分散采样，通过邮政部门寄送到 NAREL 集中分析。每季度出版环境辐射数据报告。开始 NAREL 监测重点放在大气层核试验落下灰上，1986 年切尔诺贝利核事故之后，重点转移到其国内外核反应堆事故或放射性物质输运的监测上。

美国的放射性监测网络体系采用实时监测与实验室分析相结合。该检测系统从样品采集、接受、追踪、保管、处理、分析到监测结果发布都有一套完善的质量控制系统。

2. 日本关于放射性核素的监测

为了收集人群接受天然放射性和人工放射性的暴露量数据，摸清人工放射源对环境的影响，日本环境省、文部省组织相关的省、厅、固定试验研究单位和 47 个都道府县，开展了由于放射性沉降导致的环境放射性水平调查。各都道府县负责采集、分析试样，每年大约有 1500 个试样送至日本分析中心，进行 90Sr、137Cs 的放射化学分析，分析结果汇集于日本放射性监测数据库。此外，由放射线医学综合研究所、防卫厅技术研究本部、气象厅、气象研究所、农业环境技术研究所、水产综合研究中心及海上保安厅水路部等部门对放射性核素的分布和迁移转化行为进行研究。

除上述调查研究外，日本还对核设施周边的环境放射性进行常规监视调查，并对基础数据进行登录。这些环境放射性基础数据对掌握日本的环境状况以及与人们生活相关的食品等的放射线和放射能量水平起到了重要作用。

3. 其他国家关于放射性核素的监测

其他一些发达国家如加拿大的CRMN、英国的RIM-NET等辐射环境监测网络体系都已经达到相当高的技术水平，实现了全面或部分自动化监测。

5.3.4 放射性污染评价方法

环境放射性污染评价方法包括两方面的内容：一是根据环境中放射性污染物的分布情况确定环境质量等级；二是通过辐射剂量计算和辐射效应甄别来评价放射性污染物对评价区域人员造成的影响。

环境是一个多介质、多环境胁迫因子的复杂体系，要建立辐射剂量-效应评估标准，必须区分其他因子造成的影响。其他环境胁迫因子包括化学因子（营养盐、重金属、有机农药、内分泌干扰物、生物毒素、放射性核素等）、物理因子（温度、光照、pH值、氧化还原状态、紫外线、盐度）和生物因子（物种免疫调节机制、年龄、个体质量、生活习性、种类组成、生物的生理状态、生长状态等，同时也要考虑物种的年纪变化、季节变化）。

为了正确区分核设施排放和其他来源的人为干扰对生态系统造成的效应，需掌握评价区域内生物细胞、个体、种群乃至群落水平上的辐射效应，从群落结构和功能两个方面加深对辐射效应的了解。

对于评价区域生物监测对象的选择主要通过选择环境放射性污染指示生物。指示生物的选择标准一般可归纳为7条：应是该地定居性种类、应是监测区域分布广泛的种类、应是生命周期较长且周年都活动的种类、应有适当大小和数量以便有足够的样品供分析的种类、易于采集且生命力较强以便能在实验室培养下分析和实验的种类、应有较高的浓缩系数以便不必作高度浓缩即可分析的种类、体内污染物含量应与环境含量具有简单相关性的种类。

指示生物研究评估方法大致包括三个方面的内容：

（1）利用生物群落结构和种群的数量变化来监测环境的质量；

（2）利用某些种类在污染环境中的形态、生化或生理变化来判断当地水质或地质的状况；

（3）通过测定生物体积聚的污染物数量来判断环境受放射性物质污染的程度。

部分研究表明，上述评价方法在针对具体区域应用时，还需按照地域具体地理特征，结合气象条件、生物密度等综合判定，在具体计算方法上仍有较大的发展空间。

5.4 放射性控制技术

根据我国《中华人民共和国放射性污染防治法》规定，与核设施相配套的放射性污染防治设施，应当与主体工程同时设计、同时施工、同时投入使用。放射性污染防治设

施应当与主体工程同时验收；验收合格的，主体工程方可投入生产或者使用。

5.4.1 放射性辐射的防护

辐射防护的目的在于完全防止非随机性效应，并限制随机性效应的发生率。放射性对人的辐射，主要发生在封闭性放射源的工作场所和放射性“三废”物质的处理、处置等过程中。放射性照射分为外照射和内照射，根据其照射类型的不同，需要采取不同的防护措施：

1. 外照射防护

（1）时间防护

在具有特定辐射剂量的场所，工作人员所受到的辐射累积剂量与人在该场所停留的总时间成正比。所以工作人员应尽量做到操作快速、准确，或采取轮流操作方式，以减少每个操作人员受辐射的时间。

（2）距离防护

点状放射性污染源的辐射剂量与污染源到受照者之间距离的平方成反比，人距离辐射源越近接受的辐射剂量越大，所以工作人员应尽可能远离放射源进行操作。

（3）屏蔽防护

根据各种放射性射线在穿透物体时被吸收和减弱的原理，可采用各种屏蔽材料来吸收降低外照射剂量。α射线射程短，穿透力弱，一般不考虑屏蔽问题；β射线穿透力较强，屏蔽通常用质量较轻的材料，如铝板、塑料板、有机玻璃和某些复合材料；γ射线和X射线穿透力强、危害大，屏蔽时应采用具有足够厚度和密度的材料，如铅、铁、钢或混凝土构件等。对中子源衰变中产生的中子射线，一般采用含硼石蜡、水、聚乙烯、锂、铍和石墨等作为慢化及吸收中子的屏蔽材料。

2. 内照射防护

工作场所或环境中的放射性物质一旦进入人体，它就会长期沉积在某些组织或器官中，既难以探测或准确监测，又难以排出体外，从而造成终身伤害。内照射防护的基本原则和措施是切断放射性物质进入体内的途径。具体方法有：制定各种必要的规章制度；工作场所通风换气，在放射性工作场所严禁吸烟、吃东西和饮水；在操作放射性物质时要戴上个人防护用具；加强放射性物质的管理；严密监视放射性物质的污染情况，发现情况时尽早采取措施，防止污染范围扩大；布局设计要合理，防止交叉污染等。

5.4.2 控制污染源

放射性污染的防治首先必须控制污染源，核企业厂址应选择在人口密度低、抗震强度高的地区，保证出事故时居民所受的伤害最小，更重要的是将核废料进行严格处理。

1. 放射性废液处理

处理放射性废液的方法除置放和稀释之外，主要有化学沉淀、离子交换、蒸发、膜分离和固化等类型。

（1）化学沉淀

这种方法的原理是使沉淀剂与废水中微量的放射性核素发生共沉淀作用。最通用的沉淀剂有铁盐铝盐、磷酸盐、高锰酸盐、石灰、苏打等。对铯、钌等几种难以去除的放射性核素要用特殊的化学沉淀剂。例如，放射性铯可用亚铁氰化铁、亚铁氯化铜或亚铁氰化镍共沉淀去除，也可用黏土混悬吸附-絮凝沉淀法去除。放射性钌可用硫化亚铁、仲高碘酸铅共沉淀法等去除。放射性碘可用碘化钠和硝酸银反应形成碘化银沉淀的方法去除，也可用活性炭吸附法去除沉淀污泥（需进行脱水和固化处理）。最有效的脱水方法是冻结→融化→真空/压力过滤。

（2）离子交换

放射性核素在水中主要以离子形态存在，其中大多数为阳离子，只有少数核素如碘、磷、碲、钼等通常呈阴离子形式。因此用离子交换法处理放射性对高水废水往往能获得高的去除效率。采用的离子交换剂主要有离子交换树脂和无机离子交换剂。大多数阳离子交换树脂对放射性锶有高的去除能力和大的交换容量。酚醛型阳离子交换树脂能有效地除去放射性铯，大孔型阳离子交换树脂不固化法仅能去除放射性阳离子，还能通过吸附去除以胶体形式存在的锆、铌、钴和以络合物形式存在的钌等。无机离子交换剂具有耐高温、耐辐射的优点，并且对铯、锶等长寿命裂变产物有高度的选择性。常用的无机离子交换剂有蛭石、沸石（特别是斜发沸石）、凝灰岩、锰矿石、某些经加热处理的铁矿石、铝矿石以及合成沸石、铝硅酸盐凝胶、磷酸锆等。长寿命离子交换剂以单床（一般为阳离子交换剂床）、双床（阳离子交换树脂床与类生活环阴离子交换树脂床串联）和混合床（阳、阴离子交换树脂混装的床）的形式工作。

（3）蒸发

用蒸发法处理含有难挥发的放射性核素的废水可以获得很高且稳定的去污系数和浓缩系数。此法需要耗用大量蒸发热能，所以主要用于处理一些高、中水平放射性废液。用的蒸发器有标准型、水平管型、强制循环型、升膜型、降膜型、盘管型等。蒸发过程中产生的雾末随同蒸汽进入冷凝液，使其中的放射性增强，因此需设置雾末分离装置，如旋风分离器、玻璃纤维填充塔、线网分离器、筛板塔、泡罩塔等。此外还要考虑起沫、腐蚀、结垢、爆炸等潜在危险和电离辐射防护问题。用上述方法处理后的放射性废水，排入水体的可通过稀释，排入地下的可通过土壤对放射性核素的吸附和地下水的稀释等作用，达到安全水平。

（4）膜分离

膜分离是指借助膜的选择渗透作用，在外界能量或化学位差的推动下对混合物中溶质和溶剂进行分离、分级、提纯和富集。与其他传统的分离方法相比，膜分离具有过程简单、无相变、分离系数较大、节能高效、可在常温下连续操作等特点。由于膜材料、操作条件和物质通过膜传递的机理和方式不同，可分为反渗透、电渗析、微滤和超滤等。

（5）固化

对化学沉淀污泥、离子交换树脂再生废液、失效的废离子交换剂、吸附剂和蒸发浓缩残液等放射性浓缩产物要进行固化处理。对固化体要求是：放射性核素的浸出率小，耐久和耐撞击，在电离辐射以及温度、湿度等变化的情况下不变质。主要有水泥和沥青两种固化法。水泥固化法的优点是工艺和设备简单，费用低，其固化体耐压、耐热，相对密度为12～22可以投入海洋。缺点是固化体的体积比原来的大，放射性

浸出率较高。沥青固化法的优点是其固化体放射性核素的浸出率比水泥固化体小2～3个数量级，而且固化后的体积比原来的小。缺点是工艺和设备复杂，固化体容易起火和爆炸，在大剂量电离辐射下会变质等。此外还有一些尚在研究的固化法，如塑料固化法。

2. 放射性废气处理

在核设施正常运行时，任何泄漏的放射性废气均可纳入废液中，只是在发生大事故及以后一段时间，才会有放射性气态物释出。通常情况下，采取预防措施将废气中的大部分放射性物质截留极为重要。可选取的废气处理方法有过滤法、吸附法和放置法等。

（1）过滤法

放射性气溶胶的处理是采用各种高效过滤器捕集气溶胶离子。为了提高捕集效率，过滤器的填充材料多采用各种高效滤材，如玻璃纤维、石棉纤维、聚氯乙烯纤维、陶瓷纤维和高效滤布等。

（2）吸附法

吸附法是用多孔性的固体吸附剂处理放射性废液，使其中所含的一种或数种核素吸附在它的表面上，从而达到去除有害元素的目的。吸附剂有三大类：天然无机材料，如蒙脱石和天然沸石等；人工无机材料，如金属的水合氢氧化物和氧化物，多价金属难溶盐基吸附剂，杂多酸盐基吸附剂，硅酸，合成沸石和一些金属粉末；天然有机吸附剂，如磺化煤及活化剂等。吸附剂不但可以吸附分子，还可以吸附离子。吸附作用主要是基于固体表面的吸附能力，被吸附的物质以不同的方式附着在固体表面积。吸附剂应具有很大的比表面积，其次应对不同和核素有不同的选择性。

（3）放置法

核电厂废气中大多数放射性核素的半衰期小于1d，通过放置储存，可使惰性气体核素的活度水平大为降低。储存放置30min，惰性气体混合物的活度可接近降低为原来的1/50。储存放置衰变对于短寿命放射性核素是有效、经济的处理方法。

3. 放射性固态废物处理

处理含放射性核素固体废物的方法主要有：焚烧法、压缩法、包装法和去污法等。

（1）焚烧法

可燃性固体废物如纸、布、塑料、木制品等经过焚烧，体积一般能缩小到1/10至1/15，最高可达1/40。焚烧要在焚烧炉内进行。焚烧炉要防腐蚀，并要有完善的废气处理系统，以收集溢出的带有放射性的微粒、挥发性气溶胶和可溶性物质。焚烧后，放射性物质绝大部分聚积在灰烬中，残余灰和余烬要妥善加以管理以防被风吹散。已收集的灰烬一般装入密封的金属容器，或掺入到水泥、沥青和玻璃等介质中。焚烧法由于控制放射性污染的要求很高，费用很高，实际应用受到一定限制。

（2）压缩法

将可压缩的放射性固体废物装进金属或非金属容器并用压缩机紧压。体积可显著缩小，废纸、破硬纸壳等的体积可缩小到原来的1/3至1/7。若将玻璃器皿先行破碎，金属物件先行切割，然后装进容器压缩，也可以缩小体积，便于运输和储存。

（3）包装法

经过处理的固体放射性废物，应采用区域性的浅地层废物填埋场进行处置。选地点的原则是：对环境的影响在容许范围以内；能经常监督；该地区不得进行生产生活；埋藏在地沟或槽穴内能用土壤或混凝土覆盖等。场地的地质条件须符合：①埋藏处没有水；②埋藏地的地下水不通往地表水；③预先测得放射性在土壤内的滞留时间为数百年；④埋藏地应高于最高地下水位数米。

（4）去污法

受放射性沾污的设备、仪表等如果使用适当的洗涤剂、络合剂或其他溶液在一定部位擦拭或浸渍去污，大部分放射性物质可被清洗下来。这种处理，虽然又产生了需要处理的放射性废液等，但若操作得当，体积可能缩小，经过去污的器物还能继续使用。另外，采用电解和喷镀方法也可消除某些表面的放射性。

5.4.3 加强防范意识

在核工业中，通常会特别加强工作人员安全意识，减少放射性物质对工作人员本身的伤害，同时也会加强职工的环保意识，防止放射性物质释放到环境中造成公众危害。

对于普通居民，由于放射性污染多数情况下剂量轻微，人员对其危害意识不是特别敏感。主要关注两个方面：一是居室的氡气污染；二是在日常生活中防止一些意外事故。

医院里的X光片和放射性治疗、夜光手表、电视机、冶金工业用的稀土合金添加材料等，都含有放射性，需要慎重接触。还有一些放射性材料构成的物品，在运输等过程中保存不当，引发对接触人员的伤害，需要加强这方面公众安全环保意识。

环境中的各种放射性污染都能影响人类健康，放射性物质不仅能引起外照射，还能通过呼吸、摄食和皮肤接触进入体内，并由血液输送到有关器官，产生内照射，危害人体健康。和其他污染相比，它不易察觉，却容易在人体中积累。人们对环境中的放射性污染必须有一个科学的认识，采取适当的防护，从而保护自身的健康。

思考题

1. 什么是放射性污染？
2. 放射性污染的特点有哪些？
3. 放射性污染源包括哪些？
4. 放射性污染对人体的危害是什么？
5. 放射性污染的评价方法包括哪些？
6. 放射性污染的控制技术有哪些？
7. 简述医疗过程中放射性治疗装备的安全防护要求。

思考题参考答案

6 热污染及其控制

内容提要：本章主要介绍了热污染的来源和评价标准，包括水体热污染和大气热污染。重点介绍了余热利用、节能技术、生物能、二氧化碳固定等热污染控制技术；重点掌握热岛效应和温室效应的定义、成因、对环境的影响及其综合防治策略。

热污染是指自然界和人类生产、生活产生的废热对环境造成的污染。热污染通过使受体水和空气温度升高的增温作用污染大气和水体。火力发电厂、核电站和钢铁厂等行业的冷却系统排出的热水，以及石油、化工、造纸等工厂排出的工业废水中均含有大量废热。在工业发达国家，每天所排放的冷却用水接近其用水量的 1/3，这些废热水含热量足够使用水量的水温升高 10℃。水体和大气环境的热污染，改变了自然界原有的热平衡，带来一系列问题，已经引起了人们的广泛关注。随着人口的增长和工业的发展，必然会有更多形式的多余热量释放到环境中，环境热污染日趋严重，它对人类及其生存环境的危害也越来越大。因此，人类在自身发展的同时，必须注意控制热污染，改善人类的生存环境。

6.1 热污染概述

6.1.1 热环境

热环境又称环境热特性，热环境是指由太阳辐射、气温、周围物体表面温度、相对湿度与气流速度等物理因素组成的作用于人，影响人的冷热感和健康的环境。它主要是指自然环境、城市环境和建筑环境的热特性。太阳辐射创造了人类生存空间的大的热环境，而各种能源提供的能量则对人类生存的小的热环境作进一步的调整，使之更适宜于人类的生存。热环境除太阳辐射的直接影响外，还受许多因素（如相对湿度和风速等）的影响，是一个反映温度、湿度和风速等条件的综合性指标。如表 6-1 所示，热环境可以分为自然热环境和人工热环境。

表 6-1 热环境的分类

名称	热源	特征
自然热环境	太阳光	热特性取决于环境接收太阳辐射的情况，并与环境中大气同地表间的热交换有关，也受气象条件的影响
人工热环境	房屋、火炉、机械、化学反应等设备	人类为了防御、缓和外界环境剧烈的热特性变化，创造的更适于生存的热环境。人类的各种生产、生活和生命活动都是在人类创造的人工热环境中进行的

6.1.2 环境中的热量来源

地球是人类生产、生活和生命活动的主要空间。太阳是地球的天然热源，它以电磁波的方式不断向地球辐射能量。环境的热特性不仅与太阳辐射能量的多少有关，同时也取决于环境中大气与地表的热交换状况。太阳表面的有效温度为 5497℃，其辐射通量（或称太阳常数）是指地球大气圈外层空间垂直于太阳光线束的单位面积上单位时间内接受的太阳辐射能量的大小，其值大约为 8.15J/（cm^2·min）。太阳辐射通量分配状况如图 6-1 所示。

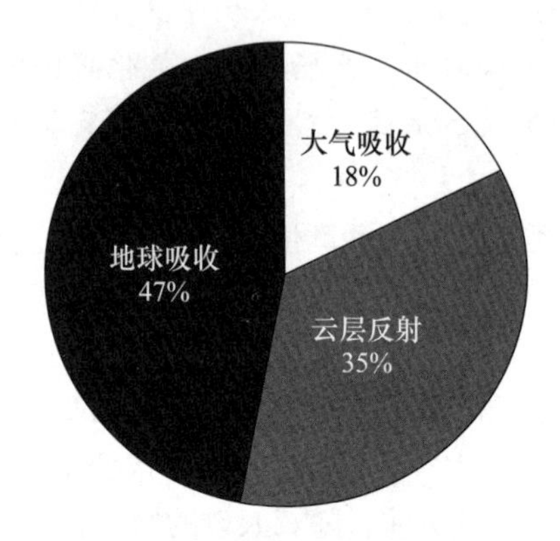

图 6-1　太阳辐射通量分布图

影响地球接受太阳辐射的因素主要有两方面，一是大气层，二是地表形态。

地球表面接受的太阳辐射受到大气层条件的影响而衰减，主要原因是由空气分子、水蒸气和尘埃引起的大气散射和由臭氧、水蒸气和二氧化碳引起的大气吸收。大气中主要物质吸收辐射能量的波长范围见表 6-2。

表 6-2　大气中主要物质吸收辐射能量的波长范围

物质种类	吸收能量的波长范围/μm		
N_2、O_2、N、O	<0.1	短波	距地 100km，对紫外线完全吸收
O_2	<0.24	短波	距地 50～100km，对紫外线部分吸收
O_3	0.2～0.36	短波	在平流层中吸收绝大部分的紫外线
	0.4～0.85	长波	
	8.3～10.6	长波	对来自地表辐射少量吸收
H_2O	0.93～2.85	长波	
	4.5～80	长波	6～25km 附近，对来自地表辐射吸收能力较强
CO_2	4.3 附近	长波	
	12.9～17.1	长波	对来自地表的辐射完全吸收

在大气层中，距离地面 20～50km 的高空是臭氧层。臭氧层被称为地球的保护伞，它能吸收太阳辐射中的紫外线，形成包围在地球外围空间的保护层。

地表在吸收部分太阳辐射的同时，又对太阳辐射起反射作用，同时，吸热后温度升高的地表会以长波的形式向外辐射热量。地表的形态决定了吸收和反射太阳辐射能量之

间的比例关系，不同的地表类型差异较大。

环境中另一类热量来源是人为热源，主要包括生活热源、生产热源和生命过程产生的热源。

（1）生活热源包括各种生活用能，如烧火做饭、冬季取暖、夏季制冷及家庭轿车使用等。

（2）生产热源则包括一切形式的生产活动。如各种大功率的机械装置在运转过程中，以副作用的形式向环境中释放的热能，如电动机、发电机等；化工厂的化学反应炉和核反应堆中的化学反应，太阳辐射能量实际就是化学反应氢核聚变产生的。

（3）生命过程产生的热源，如密集人群释放的辐射能量，一个成年人对外辐射的能量相当于一个146W的发热器所散发的能量。再如在密闭潜水艇内，人体辐射和烹饪等所产生的能量积累可以使舱内温度达到50℃。

6.1.3 热污染

热污染即工农业生产和人类生活中排放出的废热造成的环境热化，损害环境质量，进而又影响人类生产、生活的一种增温效应。热污染发生在城市、工厂、火电站、原子能电站等人口稠密和能源消耗大的地区。20世纪50年代以来，随社会生产力的发展，能源消耗迅速增加，在能源转化和消费过程中不仅产生直接危害人类的污染物，而且还产生了对人体无直接危害的CO_2、水蒸气和热废水等。这些成分排入环境后引起环境增温效应，达到损害环境质量的程度，便成为热污染。热污染一般包括水体热污染和大气热污染。目前，随着人们环境保护意识的日益增强，热污染开始受到公众的重视

1. 热污染的形成

热污染主要是由于人类活动引起的。主要包含以下三个方面：

（1）大气组成的改变

① 大气中二氧化碳（CO_2）含量增加

在18世纪工业革命以前，大气中二氧化碳含量稳定在大约280×10^{-6}的水平；当1997年《京都议定书》签署时，大气中二氧化碳含量已经达到368×10^{-6}；到2004年，这一数字达到了379×10^{-6}。2012年，联合国世界气象组织发布，2011年地球大气的二氧化碳含量创下新高，达到390.9×10^{-6}。目前，世界范围内二氧化碳的排放大国主要包括中国、美国、欧盟、印度、俄罗斯和日本等国。

② 大气中微粒增加

大气中微细颗粒物对环境有变冷、变热的双重效应：颗粒物一方面会加大对太阳辐射的反射作用，另一方面也会加强对地表长波辐射的吸收作用。微细颗粒物的粒度大小、成分、停留高度、下部云层和地表的反射率等诸多因素决定哪一方面起到关键性的作用。

③ 对流层上部水蒸气增加

对流层上部自然湿度非常低，亚声速喷气式飞机排出的水蒸气可以在这个高度上形成卷云。凝聚的水蒸气微粒在近地层几周内就可沉降，而在平流层则能存在1～3年之久。当低空无云时，高空卷云与地面的辐射交换，在白天可使环境变冷，在夜间由于温室效应又可使环境变暖。1965年因飞机尾流形成的卷云曾经遍布美国上空。近年来，随着航空业的飞速发展，形成的卷云愈来愈多，云层正不断加厚。

④ 臭氧层的破坏

臭氧是氧气的同素异形体，在常温下，它是一种有特殊臭味的淡蓝色气体。臭氧主要存在于距地球表面20～50km的臭氧层中，含量约50×10^{-6}。它吸收对人体有害的短波紫外线，防止其到达地球，以保护地球表面生物不受紫外线侵害。在大气层中，氧分子因高能量的辐射而分解为氧原子（O），而氧原子与另一氧分子结合，即生成臭氧。臭氧又会与氧原子、氯或其他游离性物质反应而分解消失，由于这种反复不断的生成和消失，臭氧含量可以维持在一定的均衡状态。

20世纪70年代初期，科学家已经发出了“臭氧层可能遭到破坏”的警告，且从那时开始，根据世界各地地面观测站对大气臭氧总量的观测记录表明，自1958年以来，全球臭氧总量在逐年减少。20世纪80年代的观测结果表明，南极上空的臭氧每年9～10月份急剧减少。20世纪90年代中期以来，每年春季南极上空臭氧平均减少2/3。更令人们担心的是，继南极发现“臭氧空洞”之后，1987年科学家又发现在北极上空也出现了“臭氧空洞”。2000年9月3日南极上空的臭氧层空洞面积达到2830万km^2，相当于美国领土面积的3倍。臭氧层破坏的直接后果是使太阳辐射的紫外线长驱直入。科学家们证实：大气中臭氧含量每减少1%，照射到地面上的紫外线就增加2%，表6-3为地面紫外线增加量状况。

表6-3 地面紫外线增加量状况

地理位置	时间	地面紫外线增加量/%	地理位置	时间	地面紫外线增加量/%
北半球中纬度	冬、春季	7	南极地区	春季	130
北半球中纬度	夏、秋季	4	北极地区	春季	22
南半球中纬度	全年	6			

资料来源：摘自联合国环境规划署报告，1998。

（2）地表形态的改变

① 植被破坏

随着世界人口数量的不断增长和人们生活水平的不断提高，需要更多的食物来维系人类生命的存在。人类在不断开荒造田、放牧、填海填湖造田的过程中，极大地破坏了自然植被。而一般农田＋草原＋沙漠是森林植被破坏后的转换三部曲，从而破坏了自然热平衡，造成热污染。

② 自然下垫面改变

城市化发展导致大面积钢筋混凝土结构取代了田野和土地等自然下垫面，地表的反射率和蓄热能力，以及地表和大气之间的换热过程改变，破坏环境热平衡。表6-4为城市下垫面对热环境的影响。

表6-4 城市下垫面对热环境的影响

项目	与农村比较结果	项目	与农村比较结果
年平均温度	高0.5～1.5℃	夏季相对湿度	低8%
冬季平均最低气温	高1.0～2.0℃	冬季相对湿度	低2%
地面总辐射	少15%～20%	云量	多5%～10%
紫外辐射	低5%～30%	降水	多5%～10%
平均风速	低20%～30%		

资料来源：陈杰瑢．物理性污染控制［M］．北京：高等教育出版社，2007。

③ 海洋水面性质的改变

在北冰洋以及其他的海平面上泄漏的石油，覆盖了大面积的冰面。石油和水面、冰面吸收和反射太阳辐射的能力是截然不同的，从而改变了热环境。

(3) 直接向环境释放热量

根据热力学定律，人类在生活和生产过程中使用的全部能量最终转化为热，释放到大气环境中。

2. 水体热污染

水体热污染是指受人工排放热量进入水体所导致的水体升温的现象。大量热能排入水体，使水中溶解氧减少，并促使水生植物繁殖，鱼类的生存条件变坏。工业冷却水是水体热污染的主要热源，其中以电力工业为主，其次为冶金、化工、石油、造纸和机械行业。此外，核电站也是水体热污染的主要热量来源之一。一般轻水堆核电站的热能利用率为31%～33%，而剩余的约2/3的能量都以热（冷却水）的形式排放到周围环境中。

(1) 水体热污染的危害

① 降低水体溶解氧且加重水体富营养化

温度是水的一个重要物理学参数，它将影响水的其他物理性质指标。随着温度的升高，水的黏度降低，这将影响到水体中沉积物的沉降作用。水中溶解氧（DO）随温度的变化情况见表6-5。由表6-5可知，随着温度的升高，水中的DO值是逐渐降低的，而微生物分解有机物的能力是随着温度的升高而增强的，从而随着温度升高水体自净能力加强，提高了其生化需氧量，导致水体严重缺氧，引起厌氧菌大量繁殖，有机物腐败严重，加重了水体污染。研究表明，水温超过30℃时，硅藻大量死亡，而绿藻、蓝藻迅速生长繁殖并占绝对优势。温排水还会促进底泥中营养物质的释放，导致水体的离子总量，特别是N、P含量增加，加剧水体富营养化。

表6-5 不同温度下氧在蒸馏水中的溶解度

水温 T/℃	DO值/（mg/L）	水温 T/℃	DO值/（mg/L）	水温 T/℃	DO值/（mg/L）
0	14.62	11	11.08	22	8.83
1	14.23	12	10.83	23	8.63
2	13.84	13	10.60	24	8.53
3	13.48	14	10.37	25	8.38
4	13.13	15	10.15	26	8.22
5	12.80	16	9.95	27	8.07
6	12.48	17	9.74	28	7.92
7	12.17	18	9.54	29	7.77
8	11.87	19	9.35	30	
9	11.59	20	9.1		
10	11.33	21	8.99		

② 威胁水生生物生存。水体升温，水生生物的新陈代谢加快，在0～40℃内温度每升高10℃，水生生物的生化反应速率会增加100%，这样就会加剧水中化学污染物质（如氰化物、重金属离子等）对水生生物的毒性以及水生生物对有害物质的富集能力。

据有关资料报道，水温由8℃增至16℃时，KCN对鱼类的毒性增加100%；水温由13.5℃增至21.5℃时，Zn^{2+}对虹鳟鱼的毒性增加100%。

水体温度升高还会影响水生生物的种类和数量，从而改变鱼类的吃食习性、新陈代谢和繁殖状况。不同的水生生物和鱼类都有自己适宜的生存温度范围，鱼类是冷血动物，其体温虽然在一定的温度范围内能够适应环境温度的波动，但是其调节能力远不如陆生生物那么强。有时很小的温度波动都会对鱼类种群造成致命的伤害。

此外，水温的升高将会导致藻类种群的群落更替。例如，在水温35～40℃时，蓝藻的生长速度比其他藻类快，它不仅不是鱼类的良好饵食，而且其中有些还是有毒性的。它们的大量存在会降低饮用水水源的水质，产生异味，阻塞水流和航道，形成“水华”，甚至“绿潮”。

在温带地区，废热水扩散稀释较快，水体升温幅度相对较小；在热带和亚热带地区，夏季水温本来就高，废热水稀释较为困难，导致水温进一步升高，对水生生物的影响较温带地区更大。

③ 引发流行性疾病。温度的上升会全面降低人体机理的正常免疫功能，给致病微生物提供了最佳的滋生繁衍条件和传播机制，导致其大量滋生，形成一种新的“互感连锁效应”，引起各种新、老传染病如疟疾、登革热、血吸虫病、恙虫病、流行性脑膜炎等病毒病原体疾病的大流行和反复流行。经科学证实，1965年澳大利亚曾流行过的一种脑膜炎，就是因为发电厂外排冷却水引起河水升温后导致一种变形原虫大量滋生引起的。2002年月初，美国纽约已新发现一种由蚊子感染的“西尼罗河病毒”导致的怪病。

④ 增强温室效应。水温升高会加快水体的蒸发速度，使大气中的水蒸气和二氧化碳含量增加，从而增强温室效应，引起地表和大气下层温度上升，影响大气循环，甚至导致气候异常。

（2）水体热污染的防治

① 减少废热入水。水体热污染的主要污染源是工业排放的冷却水，要实现水域热污染的综合治理，首先要控制冷却水进入水体的质和量。工业部门要改进冷却系统，通过冷却水的循环利用或改进冷却方式，减少冷却水用量、降低排水温度，从而减少进入水体的废热量，同时应合理选择取水、排水的位置，并对取、排水方式进行合理设计，如采用多口排放或远距离排放等，减轻废热对受纳水体的影响。

② 废热综合利用。排入水体的废热均为可再利用的二次能源。将冷却水引入养殖场可用于鱼、虾或贝类的养殖。通过热回收管道系统将废热输送到田间土壤或直接利用废热水进行灌溉等。将废热水引入污水处理系统中调节水温（20～30℃）可加速微生物酶促反应，提高其降解有机物的能力，从而提高污水处理效果。也可将冷却水引入水田以调节水温，或排入港口航道以防止结冰。但以上措施在夏季实施时需考虑气温的影响，同时还需进行成本效益分析，确定其可行性。

此外，利用废热水可以在冬季供暖，而在夏季则作为吸收型空调设备的能源，其中区域性供暖在瑞典、芬兰、法国和美国已取得成功。

③ 加强管理。有关部门应尽快制定水温排放标准，同时将热污染纳入建设项目的环境影响评价中。同时各地方部门需加强对受纳水体的管理。例如，禁止在河岸或海滨开垦土地、破坏植被，通过植树造林避免土壤侵蚀等对水体热污染的综合防治也具有重要意义。

6.2 热污染评价与标准

6.2.1 水体热环境评价与标准

《地表水环境质量标准》(GB 3838—2002) 中规定人为造成的环境水温变化应限制在：周平均最大温升≤1℃；周平均最大温降≤2℃。水温的测定方法详见《水质水温的测定温度计或颠倒温度计测定法》(GB 13195—1991)。以下简单介绍该标准的制定依据。

制定水体的温度限制值总是要兼顾社会、经济和环境三方面的效益，由冷却水排放造成的水体热污染的控制标准通常以鱼类生长的最高周平均温度（maximum weekly average temperature，MWAT）来确定。该指标是根据最高起始致死温度（UILT）和最适温度制定的一项综合指标。计算式为：

$$MWAT=\text{最适温度}+(\text{UILT}-\text{最适温度})/3$$

其中起始致死温度（incipient lethal temperature)，即 50%的驯化个体能够无限期存活下去的温度值，通常以 LT50 表示。随驯化温度升高，LT50 亦升高，但驯化温度升至一定程度时 LT50 将不再升高，而是固定在某一温度值上，即最高致死温度。

最适温度即最适宜鱼类生长的温度，各种鱼不同生活阶段最适温度也各不相同。由于最适温度的测定条件（光照、饲料量、溶解氧等）要求很苛刻，测试时间也很长，通常以与活动或代谢有关的某种特殊功能的最适温度来代替。

实际上最理想的高温限值应该是零净生长率温度（鱼的同化速率与异化速率相同时的温度）和最适温度的平均值，此值至少可以保证鱼的生长速率不低于最高值的 80%。但由于这一数值很难获得，而生长的最高周平均温度被认为很接近该平均值，因此在国内外将最高周平均温度作为水体的评价标准。

6.2.2 大气热环境评价与标准

大气热环境在很大程度上受湿度和风速的影响，因其反映环境温度的性质不同，表 6-6 所示测量方法主要有 3 种。三种方法测定的温度值各代表一定的物理意义，其值之间存在较大差异。因此在表示环境温度时，必须注明测定时所采用的方法。

表 6-6 大气热环境温度测量方法

测量方法	说明
干球温度（T_a）法	将水银温度计的水银球不加任何处理，直接放置到环境中进行测量，即得到大气的温度，又称为气温
湿球温度（T_w）法	将水银温度计的水银球用湿纱布包裹起来，放置到环境中进行测量，所测温度为饱和湿度下的大气温度，干球温度与湿球温度的差值则反映了环境的湿度状况
黑球温度（T_g）法	将温度计的水银球放入一个直径为 15cm、外表面涂黑的空心铜球中心进行测量，所测温度可以反映出环境热辐射的状况

环境温度对于人体产生的生理效应，除与环境温度的高低有关外，还与环境湿度、

风速等因素有关。环境生理学上常采用温度、湿度、风速的综合指标来表示环境温度，并称之为生理热环境指标。常用的生理热环境指标主要有以下几种：

1. 有效温度（ET）

有效温度是将干球温度、湿度、空气流速对人体温暖感或冷感的影响综合成一个单一数值的任意指标，数值上等于产生相同感觉的静止饱和空气的温度，有效温度在低温时过分强调了湿度的影响，而在高温时对湿度的影响强调得不够，现在已不再推荐使用。

其替代形式——新有效温度（或标准有效温度，SET）是Gagge等人根据人体热调节系统数学模型提出的，指相对湿度50%的假想封闭环境中相同作用的温度。该指标同时考虑了辐射、对流和蒸发三种因素的影响，将真实环境下的空气温度、相对湿度和平均辐射温度整合为一个温度参数，是一个等效的干球温度，主要用于确定人的热舒适标准，进而指导室内热环境的设计。

2. 干-湿-黑球温度

此值是干球温度法、湿球温度法和黑球温度法测得的温度值按一定比例的加权平均值，可以反映出环境温度对人体生理影响的程度。

（1）湿球黑球温度指数（wet black globe temperature index，WBGT）

计算式如下：

$$WBGT=0.7T_{nw}+0.2T_{g}+0.1T_{a}\text{（室外有太阳辐射）}$$

或

$$WBGT=0.7T_{nw}+0.2T\text{（室外无太阳辐射）}$$

式中　T_{nw}——自然湿球温度，即把湿球温度计暴露于无人工通风的热辐射环境条件下测得的湿球温度值。

当人体代谢水平不同时给人的热负荷强度也不同，因此其评价标准与人的能量代谢有关，具体见表6-7。

表6-7　WBGT指数评价指标

平均能量代谢率等级	WBGT指数/℃			
	好	中	差	很差
0	≤33	≤34	≤35	>35
1	≤30	≤31	≤32	>32
2	≤28	≤29	≤30	>30
3	≤26	≤27	≤28	>28
4	≤25	≤26	≤27	>27

湿球黑球温度指数是用来评价高温车间气象条件环境的，此法可方便地应用在工业环境中，以评价环境的热强度。它是用来评价在整个工作周期中人体所受的热强度，而不适于评价短时间内或热舒适区附近的热强度。美国和一些欧洲国家用此法评价高温车间热环境气象条件已有多年，ISO国际标准化组织也从1982年起正式采用此法作为标准（ISO 7243）。《高温作业分级》（GB/T 4200—2008）也采用了WBGT指数法。

人体的能量代谢等级可通过测量来获得，没有能量代谢数据的情况下也可根据劳动

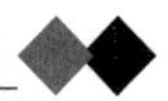

强度将其划分为相应的 5 个等级，即休息、低代谢率、中代谢率、高代谢率和极高代谢率（表 6-8）。

表 6-8　能量代谢率分级

级别	平均能量代谢率 M			示　例
	W/m^2	kcal/（min·m^2）	kJ/（min·m^2）	
0 休息	≤65	≤0.930	≤3.892	休息
1 低	65～130	0.930～1.895	3.892～7.778	坐姿：轻手工作业（书写、打字、绘画、缝纫、记账），手和臂劳动（小修理工具、材料的检验、组装和分类），臂和腿劳动（正常情况驾驶车辆脚踏开关或踏脚） 立姿：钻孔（小型），碾磨机（小件），绕线圈，小功率工具加工，闲步（速度<3.5km/h）
2 中	130～200	1.859～2.862	7.778～11.974	手和臂持续动作（敲钉子或填充），臂和腿的工作（卡车、拖拉机或建筑设备等非运输操作），臂和躯干工作（风动工具操作，拖拉机装配、粉刷、间断搬运中等重物、除草、锄田、摘水果和蔬菜），推或拉轻型独轮车或双轮小车（速度 3.5～5.5km/h），锻造
3 高	200～260	2.862～3.721	11.974～15.565	臂和躯干负荷工作，搬重物、铲、锤锻、锯刨或凿硬木，割草、挖掘、以 5.5～7km/h 速度行走，推或拉重型独轮车或双轮车，清砂、安装混凝土板块
4 极高	>260	>3.721	>15.565	快到极限节律的极强活动，劈砍工作，大强度的挖掘，爬梯、小步急行、奔跑、行走速度超过 7km/h

（2）温湿指数（temperature humidity index，THI）

THI 又名人体舒适度指数，是用气象要素中的温度和湿度表征人在气象环境中身体的舒适程度的指数。通常分为 7 到 11 个级别不等，居于中间级别最为舒适。THI 计算公式是由俄国学者提出的有效温度计算公式演变而来，可有效表征温度和湿度对人体热感受的综合影响，公式如下：

$$THI = T_a - 0.55(1-f)(T_a - 14.47)$$

式中　f——相对湿度，%。

根据 THI 进行的热环境评价见表 6-9。

表 6-9　温度指数（THI）的评价标准

范围/℃	感觉程度	范围/℃	感觉程度
>28.0	炎热	17.0～24.9	舒适
27.0～28.0	热	15.0～16.9	凉
25.0～26.9	暖	<15.0	冷

3. 操作温度

操作温度是平均辐射温度和空气温度关于各自对应的换热系数的加权平均值。

$$OT = (h_\gamma T_{wa} + h_c T_a) / (h_\gamma + h_c)$$

式中　T_{wa}——平均辐射温度（尝试墙壁温度）；

h_{γ}——热辐射系数；

h_c——热对流系数。

4. 预测平均热反应指标（predictedmean vote，PMV）

PMV由丹麦工业大学P. O. Fanger等（1972）在标准《室中热环境PMV与PPD指标的确定及热舒适条件的确定》（ISO—7730）中提出，其计算式为：

$$PMV=[0.302\exp(-0.036M)+0.0275]S$$

式中　M——人体的总产热量

PMV的值在$-3\sim+3$之间，负值表示产生冷感觉，正值表示产生热感觉。PMV指标代表了对同一环境绝大多数人的舒适感觉，根据其结果可对室内热环境做出评价（表6-10）

表6-10　*PMV*指标对热环境的判断

−3	−2	−1	0	1	2	3
很冷	冷	凉	适中	温暖	热	很热

5. 热平衡数（heat balance，HB）

由我国学者叶海等（2004）提出，表示显热散热占总产热量的比值，可以用于普通环境的客观评价，也可以作为PMV的一种简易计算方法，计算式为

$$HB=\frac{33.5-[A\cdot t_a+(1-A)\cdot t_{wa}]}{M(I_{cl}+0.1)}$$

式中　I_{cl}——服装的基本热阻。

HB包含了影响热舒适的5个基本参数（空气温度、平均辐射温度、风速、活动量和服装热阻），可用于对热环境进行客观评价。其值在$0\sim1$之间，值越高表示环境给人的热感觉越凉（表6-11）。

表6-11　*HB*的热感觉等级

HB	热感觉	*PMV*	*HB*	热感觉	*PMV*
0.91	稍凉	−1	0.55	微暖	0.38
0.83	略凉	−0.69	0.46	略暖	0.69
0.75	微凉	−0.83	0.38	稍暖	1
0.65	热中性	0			

6.3　热污染控制技术

6.3.1　余热利用

煤炭、石油、各种可燃气等一次能源用于冶炼、加热、转换等工艺过程后都会产生各种形式的余热；矿物的焙烧、化工流程中的放热反应也会产生大量余热。这些余热寄存于气体、液体和固体等三种形式之中，其中绝大部分的余热都是以物质的物理显热形

式出现的，以气体和液体形式包含的余热有时也含有一部分可燃物质。余热属于二次能源，余热利用对于环境改善、节约能源具有重要意义。

1. 电站废热水的综合利用

目前，国内外都在利用电站排放的温热水对一些水产物进行养殖试验。国内利用火电厂排放的废热水养殖非洲鲫鱼已获成功。日本东海 2 号核反应堆废热利用的试验表明，当排放的温热水温高于自然水温 7～8℃时，如果没有放射性物质和其他化学物质的污染，虾和红鲷鱼的生长速度是比较快的。对鳗鱼和对虾的养殖试验也得到了成功。在美国田纳西和德克萨斯核电站排放温热水的河流中，已经进行鲶鱼的养殖作业。另外用温热水来延长牡蛎、螃蟹的产卵期和贻贝的生长期也取得了应用性的成果。

农业也是温热水有效利用的一个途径。在冬季用温热水灌溉能够促使种子的发芽和生长，从而延长作物的生长期。在温带的暖房中用温热水浇灌还能培植一些热带或亚热带的植物。但是，大量应用温热水灌溉还有一些问题，当电厂（站）停止运行期间，应用这些温热水的企业受到的影响和相应的解决措施还有待探索，同时温热水灌溉本身也有季节性限制。

利用电厂（站）排出的温热水，在冬季供暖、在夏季作为吸收型空调设备的能源前景非常乐观。将其作为区域性供暖热源，在瑞典、德国、芬兰、法国和美国都已经取得成功。电厂（站）温热水的排放，在一些地区可以防止航道和港口结冰，但在夏季会对生态系统产生不利影响。

2. 工业炉窑高温排烟余热的利用

工业炉窑高温排烟气态余热的利用，对于固态和液态余热利用来说，是比较容易实现的。其主要的余热利用设备为预热空气的换热设备和加热热水或产生蒸汽的余热锅炉。安装余热利用设备后，不仅可以使设备热效率提高，同时可以提高系统的燃料利用率。

有些工业炉窑，如纯氧炼钢炉、硫铁矿焙烧炉、电极加热炉、炼油厂裂解炉、制氢设备等，都产生高温烟气，都可利用余热锅炉回收排烟余热，以提高整个系统的燃料利用率。即使是已经利用余热预热空气的炉窑，也往往还需要通过余热锅炉进一步回收排烟余热。对于需要用能用热的部门来说，余热锅炉更是提高经济效益的有效办法。余热锅炉的工作介质是水和蒸汽。水的热容量大，设备的体积相对来说比较小，用材（主要是钢）不受高温烟气的限制。

工业炉窑余热锅炉有烟道式和管壳式两大类。烟道式的余热锅炉烟气侧处于负压或微压状态。管壳式余热锅炉的受热面均在内外受压的状况下运行。烟道式余热锅炉要保证主要生产过程在停用锅炉的情况下仍能正常运行。为此，在系统布置上要注意在工业炉窑和余热锅炉之间设置旁通烟道（也有特例）。余热锅炉的特点是单台设计、单台审批，主要是由于与之配套的工业炉窑不同所致。

工业上用的各种炉窑、化工设备、动力机械，由于燃料和生产过程不同，它们的排烟温度以及排烟的性质也有所不同。从烟气的性质来说，以重油、天然气或煤气等作为燃料，从上述设备排出的烟气是比较干净的；但是冶炼炉、玻璃熔窑、水泥窑、电极熔化炉等由于炉料的因素，烟气中含有大量的粉尘，还伴有各种有害气体，它们属于比较不易处理的一类高温烟气。因此在进行余热利用的时候需要注意。

3. 冶金烟气的余热利用

（1）有色冶金余热利用现状

煤是我国目前的主要动力资源，它与人民生活密切相关，在国民经济中占有重要的地位。冶金工业为耗煤大户，约占全国燃料分配总量的1/3（不含炼焦用煤）。冶金余热资源相当丰富（如有色冶炼中各种炉窑产出烟气的热值约占总热值的30%～50%，有的甚至更高），主要来自高温烟气余热、汽化冷却和水冷却余热、高温产品和高温炉渣的余热、可燃气体余热等。充分利用这些余热资源，可直接加热物料，蒸汽发电或直接做燃料、化工原料，以及生活用气等。所以，搞好余热利用，对节约燃料、减轻运输量、节省运输费用、减少大气污染、改善劳动条件、减少占地面积、增加产量、提高质量、提高冶金炉的热效率、促进企业内部热力平衡、降低生产成本等都有着十分重要的意义。

有色金属冶炼厂的余热利用虽取得一定成效，但利用余热的巨大潜力仍有待于进一步挖掘。目前余热利用主要是在有色冶金炉及烟道上装设汽化冷却器或余热锅炉来生产蒸汽，供生产和生活应用，有的厂还将余热用于发电。

（2）有色冶金余热锅炉

对大多数火法冶炼厂而言，在生产过程中都会产生大量有害的高温烟气。这些烟气对操作人员的身体健康、周围环境以及农作物等都有不同程度的影响，而高温烟气中的有价金属粉尘，必须经过冷却方能净化回收。过去，大多数烟气都采用水冷却，既浪费了热能、消耗了大量冷却水，又消耗了相当多的电能。在水质不良的情况下，因水耗大、水处理费用高等原因，对水不做处理就使用，致使设备损坏比较严重，检修周期短，维护频繁，给生产带来不利影响。由于有色冶金炉所排出的高温烟气的烟气量、烟气温度及烟气性质会随冶金炉结构，冶炼精矿（渣）成分、产量，使用的燃料种类等变化，且其腐蚀性大，烟尘黏性也较强，故在利用时也有一定的困难。经过不断的生产实践和技术的发展，余热锅炉的设计日趋完善，在各工业部门的余热利用中应用也越来越多。

有色冶金余热锅炉是以工业生产过程中产生的余热为热源，吸收其热量后产生一定压力和温度的蒸汽和热水的装置。余热锅炉结构与一般锅炉相似，但由于余热载体成分、特性与燃料燃烧所生成的烟气有显著的差异，并且各种余热载体也千差万别，因而所设计的余热锅炉在不同的应用场所也各具特色，结构上也有一定差异。

根据有色冶炼烟气特性，余热锅炉有多通道和单通道之分。多通道采用强制循环或混合循环，翅片管受热面、轻型炉墙采用伸缩清灰或振打清灰；单通道多属卧式，有强制或自然循环，全膜式冷壁敷管炉墙采用全振打清灰。

近年来，余热锅炉在钢铁、石油、化工、建材、有色、纺织、轻工、煤炭、机械等工业部门的应用日趋广泛。但在技术上的难度，设备费用的昂贵，遏制了余热锅炉在冶金烟气余热利用中的应用。因此，应尽快研制生产出适应冶金烟气特性、价格适宜的余热锅炉去开拓余热利用的广阔天地。随着余热锅炉技术的发展和生产工艺的完善，冶金烟气余热利用大有可为，余热锅炉在余热利用中大显身手。

4. 城市固废的焚烧处理及其废热利用

随着垃圾的逐年增长，城市垃圾的处理日显重要，如日本采用焚烧处理所占比例也在逐年增长。经过焚烧处理，固体废物及污泥达到了稳定化、减容化、无害化，焚烧时

产生的热量利用问题一直是世界各国环保工作者关注的重点。

目前，用于焚烧处理城市垃圾的装置根据其燃烧方式的不同分为固定床燃烧、流化床燃烧、浮游式燃烧及喷雾式燃烧等几种。处理垃圾的热利用形式有回收热量（如热气体、蒸汽、热水），发电及直接转换为动力三大类型。

回收利用焚烧炉的热形式有蒸汽供热、高温水供热及低温水供热等形式。用于焚烧垃圾的发电设施也是逐年增加。垃圾焚烧的余热利用要适应社会经济发展，既通过各种方式利用余热，同时要提高利用率。另外需要注意的是，垃圾焚烧过程中产生的烟气污染等问题。

焚烧设施的热回收利用方面除考虑热利用方式的选择、发热量与回收热量的变化、设施的运转条件及设备容量外，还应考虑提高回收热利用率。此外，还应考虑其他方面。使可燃性垃圾达到减量化、稳定化的目的，且无二次污染发生；在降温过程中强化热回收利用。降温过程（从 850～950℃降至 300℃）产生的大量热量除部分用于预热燃烧空气、加温热水外，主要通过废热锅炉尽可能回收利用废热蒸汽；要防止排放空气带来的影响，如排放空气中含水率高造成对金属的腐蚀，以及烟尘的堆积堵塞通风管道等。

6.3.2 节能技术与设备

1. 热泵

热泵即将热由低温位传输到高温位的装置，是一种高效、节能、环保的技术。它利用机械能、热能等外部能量，通过传热工质把低温热源中无法被利用的潜热和生活生产中排放的废热，通过热泵机组集中后再传递给要加热的物质。早在 19 世纪初期，法国科学家萨迪卡诺（Sadi karnot）于 1824 年首次以论文形式提出“卡诺循环”理论，这成为热泵技术的起源。1852 年英国科学家开尔文（L. Kelvin）提出冷冻装置可以用于加热，将逆卡诺循环用于加热的热泵设想。他第一个提出了一个正式的热泵系统，当时称为“热量倍增器”。之后许多科学家和工程师对热泵进行了大量研究，研究持续 80 年之久。热泵系统的工作原理与制冷系统的工作原理是一致的，如图 6-2 所示。

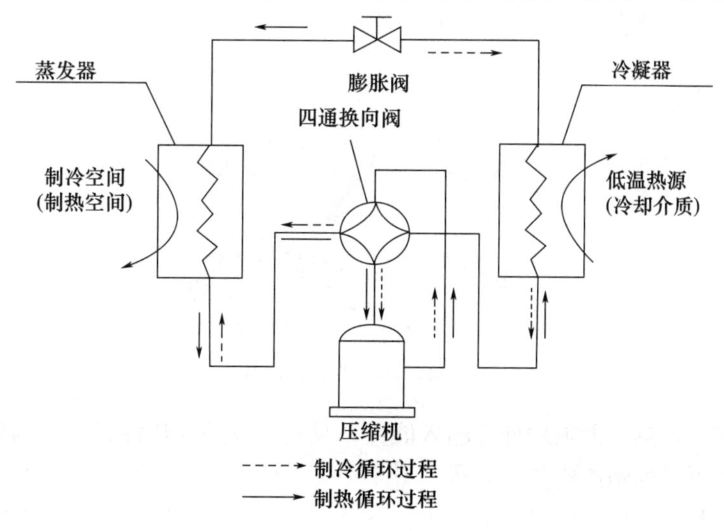

图 6-2　典型压缩式热泵的工作原理

20世纪70年代以来，热泵工业进入了黄金时期，世界各国对热泵的研究工作都十分重视，诸如国际能源机构和欧洲共同体，都制定了大型热泵发展计划，热泵新技术层出不穷，热泵的用途也在不断地开拓，广泛应用于空调和工业领域，在能源节约和环境保护方面起着重大的作用。目前，热泵主要用于住户取暖和提供生活热水，而且在北美洲和欧洲的应用最广（表6-12），在工业中，热泵技术可用于食品加工中的干燥、木材和种子干燥及工业锅炉的蒸汽加热等。

表6-12　欧洲一些国家热泵机组的应用

国家	2000年总量/套	热泵类型			应用
		地热源/%	水源/%	空气源/%	
德国	100000	72	11	17	63%用于住宅供暖
荷兰	29500	—	—	—	43%用于住宅供暖
瑞典	370000	72	12	16	90%用于住宅供暖
瑞士	67000	40	5	55	91%用于住宅供暖
法国	30000	15	—	85	95%用于住宅供暖

热泵的热量来源可以是空气、水、地热和太阳能。其中以各种废水、废气为热源的余热回收型热泵不仅可以节能，同时也可以直接减少人为热的排放，减轻环境热污染。采用热泵与直接用电加热相比，可节电80%以上；对于100℃以下的热水，采用热泵比锅炉供热可节约燃料50%。

2. 热管

美国Los Alamos国家实验室的G. M. Grover于1963年最先发明了热管，它是利用密闭管内工质的蒸发和冷凝进行传热的装置。常见的热管由管壳、吸液芯（毛细多孔材料构成）和工质（传递热能的液体）三部分组成。热管一端为蒸发端，另外一端为冷凝端。当一端受热时，毛细管中的液体迅速蒸发，蒸汽在微小的压力差下流向另外一端，并释放出热量，重新凝结成液体，液体再沿多孔材料靠毛细作用流回蒸发段（图6-3），如此循环不止，便可将各种分散的热量集中起来。

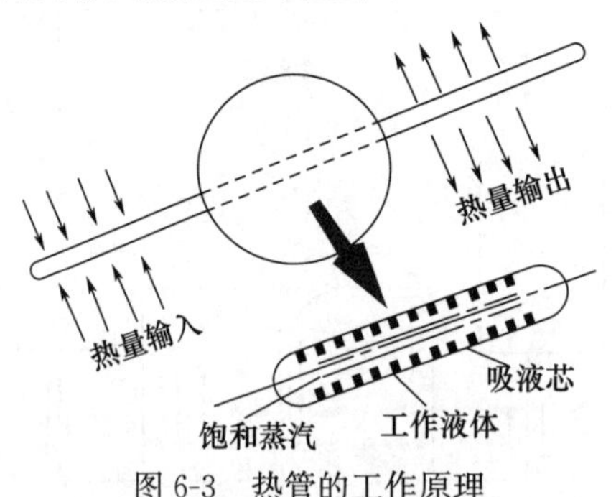

图6-3　热管的工作原理

与热泵相比，热管无须从外部输入能量，具有极高的导热性、良好的等温性，而且热传输量大，可以远距离传热。目前，热管已广泛用于余热回收，主要用作空气预热器、工业锅炉和利用废热加热生活用水。此外，在太阳能集热器、地热温室等方面都取得了很好的效益。

3. 隔热材料

设备及管道不断向周围环境散发热量，有时可以达到相当大的数量，所以隔热保温就是节约能源，同时也可在一定程度上减少热污染。另外，在高温作业环境中使用隔热材料，还能显著降低对人体的伤害。

（1）隔热材料的种类

隔热材料按其内部组织和构造的差异，可分为以下三类：

① 多孔纤维质隔热材料。

由无机纤维制成的单一纤维毡或纤维布或者几种纤维复合而成的毡布。具有热导率低、耐温性能好的特点。常见的有超细玻璃棉、石棉、矿岩棉等。

② 多孔质颗粒类隔热材料。

常见的有膨胀蛭石、膨胀珍珠岩等材料。

③ 发泡类隔热材料。

包括无机类、有机类及有机无机混合类三种。无机类常见的有泡沫玻璃、泡沫水泥等；有机类如聚乙烯泡沫、酚醛泡沫及聚氨酯泡沫等，具有低密度、耐水、热导率低等优点，应用较广；混合型多孔质泡沫材料是由空心玻璃微球或陶瓷微球与树脂复合热压而成的闭孔泡沫材料。

近几年出现了许多新型的隔热材料，如用于高温的空心微珠和碳素纤维等，这些隔热材料一般都用于特定的环境。

（2）隔热材料的基本性能

隔热材料的主要性能参数包括热导率、密度（表观密度和压缩密度）、强度。热导率是隔热材料最基本的指标，是衡量隔热效果的主要参数，通常热导率越低越好。例如，空心微珠热导率仅 0.08～0.1W/（m·K），其隔热性能极好。密度过高会增加隔热层质量，强度太低则易导致变形，因此隔热材料的密度一般都比较小，而且需要具备一定的强度。某些使用条件对隔热材料的耐热性、防水性、耐火性、抗腐蚀性和施工方便性等也有一定的要求。因此，不同领域中隔热材料的选择及隔热技术的应用也各不相同。

① 矿井巷道隔热技术。

矿井巷道隔热材料要求热导率和密度小，具有一定的强度和防水性能。经实验室和现场研究分析，热导率低于 0.23W/（m·K）时，才能起到较好的隔热作用。巷道隔热材料的组成见表 6-13，其中胶凝材料是隔热材料的强度组成，集料的作用是改善隔热性能，外掺料是用于减少水泥用量，而外加剂则是提高隔热材料的各项性能。

表 6-13 巷道隔热材料的组成

胶凝材料	集料	外掺料	外加料	水
水泥、生石灰	硅石灰、膨胀珍珠岩	粉煤灰	发泡剂、减水剂、防水剂	自来水

② 工业炉窑隔热技术。

炉衬结构中使用的隔热材料必须耐高温，最高可达2000℃以上。以轻质碳砖为例，其热导率低于 1.5W/（m·K），有效厚度大于 300mm 便可将下部耐火砌体承受的工作温度由 1800℃以上降至 1500℃以下。据 2000 年底统计资料，采用轻质碳砖隔热技术可有效减少热损失，提高炉窑温度，电炉的作业率提高 2%，月产量增加 12%，平均电耗降低

230kW·h/t，电极或电极糊消降耗低15%左右，炉衬结构一代寿命延长1年以上。

此外，将不同的隔热材料优化组合、配套使用，即根据炉窑的温度范围和隔热材料的性能，在不同部位或区段选择相应的隔热材料，在满足隔热节能效果的同时，也降低了生产成本。

③ 建筑工程隔热技术。

在建筑工程中，根据在围护结构中使用部位的不同，保温隔热料可分为内、外墙保温隔热材料；根据节能保温材料的状态及工艺不同又可分为板材、砌体保温隔热材料等。表6-14列出了各建筑部位常用的隔热材料。国外资料表明，在建筑中每使用1t矿物棉绝热制品，一年可节约1t石油。

表6-14 各建筑部位常用的隔热材料

建筑部位	新建筑	老旧建筑改造
顶棚	玻璃纤维天花板、纤维素酯天花板	塑料膜天花板、纤维素天花板
	岩棉天花板、岩棉砖、玻璃纤维砖	
隔墙	玻璃纤维砖、岩棉砖、灰泥塑料板、光泽性反射板	玻璃纤维板条、岩棉板条、纤维素板
地面	玻璃纤维砖、岩棉砖、光泽性反射板	

④ 低温工程隔热技术。

不同的隔热材料，即使具有同样的热阻和导热性能，降温所需要的时间也不尽相同。隔热材料的蓄热系数越大，冷却降温越慢。因此不同降温工程对隔热材料的要求也有所差异。通常速冻间选择蓄热系数小的材料做隔热内层，有利于提高降温速度，减少冷负荷，节省投资和运行费用。对冻结物或冷却物的冷藏间，则应选用蓄热系数较大的隔热材料，以减少库内壁表面的温度波动，保持库内温度稳定，从而节省动力消耗。

4. 空冷技术

工业过程中的冷却问题，如火电厂的冷凝器、冷却塔、化工设备中的洗涤塔、大型活塞式压缩机的中间冷却器等，大多采用水冷方式。而冷却水排放正是造成水体热污染的主要污染源，采用空冷技术可以显著节约水资源，同时也有助于控制水体热污染。但空冷技术耗电量大，会提高燃料消耗，因此在能源丰富而水资源短缺的地区比较适用。

6.3.3 生物能技术

1. 生物能的特点及开发现状

生物能是以生物为载体将太阳能以化学能形式贮存的一种能量，它直接或间接地来源于植物的光合作用，其蕴藏量极大，仅地球上的植物，每年生产量就相当于目前人类消耗矿物能的20倍。在各种可再生能源中，生物质是贮存的太阳能，更是一种唯一可再生的资源，可转化成常规的固态、液态和气态燃料。以生物质资源替代化石燃料，不仅可以减少化石燃料的消耗，同时也可减少CO_2、SO_2和NO_x污染物的排放量。另外，生物能分布最广，不受天气和自然条件的限制，经过转化后几乎可应用于人类工业生产和社会生活的各个方面，因此生物能的开发和利用对常规能源具有很大的替代潜力。

生物质是指利用大气、水、土地等通过光合作用而产生的各种有机体，即一切有生命的、可以生长的有机物质统称为生物质，包括植物、动物及其排泄物、有机垃圾和有

机废水几大类。目前，其开发利用主要集中在三方面：一是建立以沼气为中心的新能源；二是建立“能量林场”“能量农场”和“海洋能量农场”，以植物为能源发电，常用的能源植物或作物有绿玉树、续随子等；三是种植甘蔗、木薯、海草、玉米、甜菜、甜高粱等，发展食品工业的同时，用残渣制造酒精来代替石油。

2. 生物质压缩成型技术

生物质原料的结构通常比较疏松，密度较小。将分布散、形体轻、储运困难、使用不便的生物质，经压缩成型和炭化处理后，加工成燃料，能提高容量和热值，改善燃烧性能，成为商品能源，这种转换技术称为生物质压缩成型技术或致密固化成型技术，这种被压缩后的物质称为生物质颗粒。

生物质压缩成型技术的研究始于20世纪40年代。其中规模较大的开发利用是在20世纪80年代以后。由于出现石油危机，石油价格上涨，西欧、美国的木材加工厂提出用木材实现能源自给，因此，生物质压缩技术发展得很快，在很多国家成为一种产业。美国早在20世纪30年代就开始研究压缩成型燃料技术，并研制了螺旋式成型机，在一定的温度和压力下，能把木屑和刨花压缩成固体成型燃料。日本在20世纪50年代从国外引进技术后进行了改进，并发展成了日本压缩成型燃料的工业体系。法国开始时用秸秆的压缩粒作为奶牛的饲料，近年来也开始研究压缩块燃料。在我国，这项研究也得到了政府的关注和支持。近年来，国内科研单位加大了研究力度，取得了明显的进展。多所大学与企业联合对生物质成型技术进行了研究。浙江大学生物工程研究所能源清洁利用国家重点实验室在生物质成型理论、成型燃料技术等方面进行了研究。国内一些生产颗粒饲料的厂家也开始在原设备的基础上生产生物质致密成型燃料。

3. 生物质气化技术

生物质气化是在一定的热力条件下，将组成生物质的碳氢化合物转化为含有一氧化碳和氢气等可燃气体的过程，其工艺系统如图6-4所示。生物质经气化后排出的燃气中常含有一些杂质，叫作粗燃气，直接进入供气系统会影响供气、用气设施和管网的运行，因此必须进行净化。整个系统的运行和启、停均由燃气输送机控制，同时提供使燃气流动的压力。

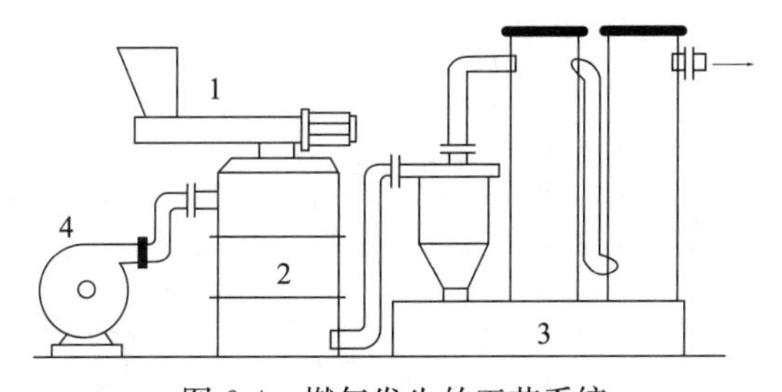

图6-4　燃气发生的工艺系统

1—加料器；2—气化器；3—净化器；4—燃气输送机

（资料来源：摘自《生物质能现代化利用技术》，P113）

国内采用生物质集中供气系统的投资与天然气基本相当，但其环境效益和社会效益比天然气高得多，因此更具应用前景。此外，生物质气化后还可用于发电，而且该系统具有技术灵活、环境污染少等特点，其综合发电成本已接近典型常规能源的发电水平。目前，中型气化发电系统已经成熟。

4. 生物质燃料酒精

含有木质素的生物质废弃物是生产燃料酒精的主要原料来源。燃烧酒精放出的有害气体比汽油少得多，CO_2净排放量也很少。汽油中掺入10%～15%的酒精可使汽油燃烧更完全，减少CO_2的排放，因此也可以作为添加剂使用。

生物乙醇的合成主要有两种方法，一种是生物化学方法，另一种是热化学方法。生物化学方法首先要利用酸水解、碱水解或蒸汽爆破等方法对生物质进行预处理，再对预处理后得到的可发酵糖进行微生物发酵，最后得到生物乙醇。热化学方法要先把生物质进行气化得到合成气，再利用化学催化合成途径或微生物发酵途径合成乙醇。

5. 生物质热裂解液化技术

生物质热裂解是生物质在完全缺氧或有限氧供给的条件下热降解为液体生物油、可燃气体和固体生物质炭的过程。生物质热裂解液化是在中温（500～650℃）、高加热速率（104～105℃/s）和极短停留时间（小于2s）的条件下将生物质直接热解，产物再迅速淬冷（通常在0.5s内急冷到350℃以下），使中间液态产物分子在进一步断裂生成气体之前冷凝，从而得到液态的生物油。生物油产率可高达70%～80%（质量分数）。气体产率随温度和加热速率的升高及停留时间的延长而增加；较低的温度和加热速率导致物料炭化，生物质炭产率增加。生物质热裂解液化技术最大的优点在于生物油易于存储和运输，不存在产品就地消费的问题。

下面以引流床液化工艺为例介绍其主要过程（图6-5）。物料干燥粉碎后在重力作用下进入反应器下部的混合室，与吹入的气体充分混合。丙烷和空气燃烧产生的高温气体与木屑混合向上流动穿过反应器，发生裂解反应，生成的混合物有不可冷凝的气体、水蒸气、生物油和木炭。旋风分离器分离掉大部分的炭颗粒，剩余气体进入水喷式冷凝器中快速冷凝，最后再进入空气冷凝器中冷凝，冷凝产物由水箱和接收器收集。气体则经过除雾器后燃烧排放。该工艺生产油产率可达60%，没有分离提纯的生物油是高度氧化的有机物，具有热不稳定性，温度高于185～195℃就会分解。

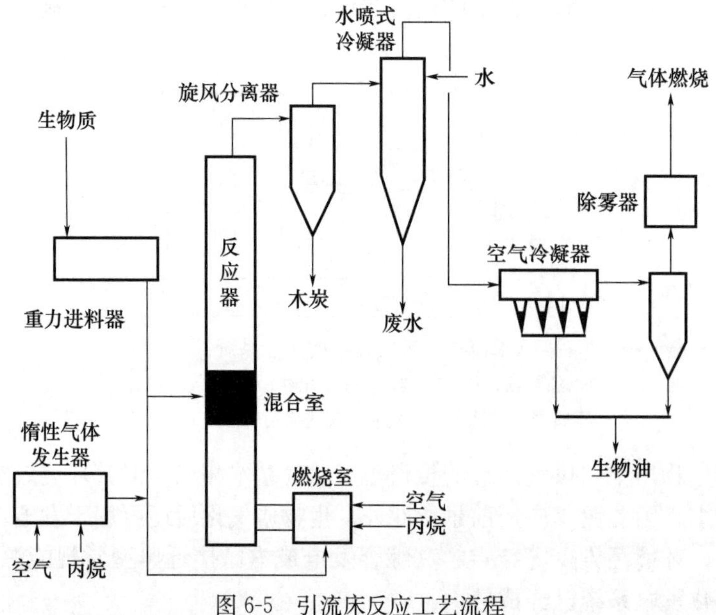

图6-5 引流床反应工艺流程

6.3.4 二氧化碳固定技术

当前全球都在主推碳中和，关于CO_2的捕捉和利用技术越来越多。“消灭”主要温室气体CO_2成为一个重要的研究领域，捕捉只是基础，关键在转化利用。如能将CO_2转化为燃料（如甲醇、乙醇等），合成聚合物的化学品单体（如乙烯），有附加值的其他产品，或者是没有温室效应的其他物质都具有重要意义。但CO_2的惰性很强，转化往往需要高能量，或者需要特殊结构的催化剂、反应容器等。CO_2在特殊催化体系下，可与其他化学原料发生许多化学反应，从而可固定为高分子材料。该技术的关键是利用适当的催化体系使惰性CO_2活化，从而作为碳或碳氧资源加以利用。目前，CO_2的活化方式主要有生物活化、配位活化、光化学辐射活化、电化学还原活化、热解活化及化学还原活化等。

（1）现状研究

我国的研究表明，在稀土三元催化剂或多种羧酸锌类催化剂的作用下，利用CO_2生产出的二氧化碳基塑料具有良好的阻气性、透明性和生物降解性等特点，而且生产成本比现有万吨级生产的聚乳酸（一种由玉米淀粉发酵制备的全生物分解塑料）低30%～50%，有望部分取代聚偏氟乙烯、聚氯乙烯等医用和食品包装材料。

（2）乙烯的应用

乙烯是一种广泛用于化学工业的碳氢化合物，主要作为聚合物的前驱体生产耐用、使用寿命长的产品。同时它也是一种天然存在的植物激素，可促进果实成熟。例如香蕉的成熟是内部在环境压力和温度下自然发生的化学反应。科研人员从香蕉中提取了乙烯形成酶的基因，并将其植入到宿主微生物中，这种经过改造的微生物可将CO_2和水转化为生物乙烯，理论上来说还有可能会产生O_2。

（3）将CO_2转化为功能材料

国外研究人员发现了一种将主要温室气体CO_2转化为有用化学品的节能方法。CO_2在室温和没有高压的情况下被转化为有用的多孔复合物（PCPs/MOFs）。为了进行反应，研究人员在25℃的温度和0.1MPa的压力下将CO_2通过一种含有哌嗪的有机分子溶液进行鼓泡，化学家称之为“一锅”程序。随后MOF以白色微晶粉末的形式迅速出现，可以收集和干燥。这类MOF具有高表面积，即使它们是由超过30%的CO_2制成的，这些特性使其适合作为功能材料应用。

（4）新型催化剂推进CO_2到乙醇的转化

国际合作已经朝着实现近乎“绿色”的零净碳技术迈出了重要的一步，通过将氧化铯、铜和氧化锌结合在一起形成紧密接触的配置，可将CO_2催化转化为乙醇（C_2H_6O），该技术将CO_2和氢有效地转化为乙醇，乙醇可做燃料并具有许多其他化学应用。此方向的另一个目标是找到一种理想的催化剂，用于将CO_2转化为“高级”醇，这种醇具有两个或多个碳原子（乙醇有两个），因此更适用于工业应用和商品生产。

6.4 热岛效应

6.4.1 城市热岛效应

1833年，英国气候学家赖克·霍华德（Lake Howard）在对伦敦城区和郊区的气温进行了同时间的对比观测后，发现了城区气温比郊区气温高的现象，并且首次在《伦敦的气候》一书中记载了“热岛效应”气候特征。这是人类真正有文字记录的研究城市热岛效应的开始，也是人类关注城市气象研究的开端。1958年，Manley首次提出城市热岛（Urban Heat Island，UHI）这一概念。城市热岛效应是指在人口稠密、工业集中的城市地区，由人类活动排放的大量热量与其他自然条件共同作用致使城区气温普遍高于周围郊区的现象。在近地面温度图上，郊区气温变化很小，而城区则是一个高温区，就像突出海面的岛屿，由于这种岛屿代表高温的城市区域，所以就被形象地称为城市热岛。城市热岛效应的强度以城区平均气温和郊区平均气温之差表示。一般城市年平均气温比郊区高出1°C，甚至更多。夏季，城市局部地区的气温有时甚至比郊区高出6°C以上。目前，我国观测到的热岛效应最大的城市是北京（9.0℃）和上海（6.8℃），而世界最大的城市热岛为德国的柏林（13.3℃）和加拿大的温哥华（11℃）

城市热岛效应是城市化气候效应的主要特征之一，是人类在城市化进程中无意识地对局部气候产生的影响，也是人类活动对城市区域气候影响最典型的代表。随着世界性城市化、工业化进程的加快，城市不断“摊大饼”一样地蔓延扩大及农村人口进一步向城市集中，城市热岛现象变得越来越严重。

6.4.2 城市热岛效应的成因

图6-6是城市热岛效应形成模式图。白天，在太阳辐射下构筑物表面迅速升温，积蓄大量热能并传递给周围大气，夜晚又向空气中辐射热量，使近地继续保持相对较高的温度，形成城市热岛。另外，由于建筑密集，“天穹可见度”低，地面长波辐射在建筑物表面多次反射，使得向宇宙空间散失的热量大大减少，日落后降温也很缓慢。引起城市热岛效应的原因主要包括城市下垫面变化，大气成分的改变，人为热释放以及城市规模、形状和所处的地理位置影响。

1. 城市下垫面的变化

下垫面是影响气候变化的重要因素。随着城市化进程的发展，原来的林地、草地、农田、牧场和水塘等自然生态环境逐渐被水泥、沥青、砖、石、土、陶、玻璃和金属等材料的人工地貌所取代，使城市下垫面的热力学、动力学特征改变。表6-15为不同类型地表的显热系数。城市地表含水量少，热量更多地以显热形式进入空气中，导致空气升温。同时城市地表对太阳光的吸收率较自然地表高，反射率低（10%～30%），热导率高，热容量大，蓄热能力强。例如夏天当草坪温度32℃、树冠温度30℃时，水泥地面的温度可达57℃，而柏油路面则更是高达63℃。城市中植被面积减少，不透水面积增大，导致储水能力降低，蒸发（蒸腾）强度减小，从而蒸发消耗的潜热少，地表吸收的热量大都用于下垫面增温。同时由于城市构筑物增加，下垫面粗糙度增大，阻碍空气

流通，风速减弱，也不利于热量扩散。另外，城市由于参差不齐的建筑物，使城市的墙壁与墙壁、墙壁与地面之间进行多次反复吸热，这为城市“热岛”的形成奠定了能量基础。

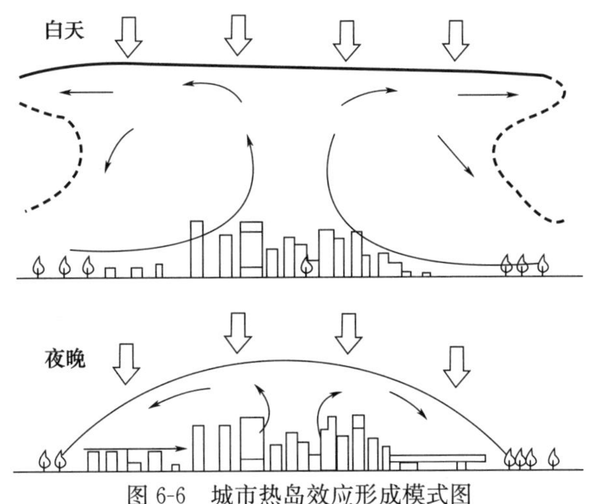

图 6-6　城市热岛效应形成模式图

（资料来源：摘自刘培桐．环境科学原理［M］．南京：南京大学出版社，1991）

表 6-15　不同类型地表显热系数

地表类型	B①	C②	地表类型	B①	C②
沙漠	20.00	0.95	针叶林	0.50	0.33
城市	4.00	0.80	阔叶林	0.33	0.25
草原农田（暖季）	0.67	0.40	雪地	0.10	0.29

① 鲍恩（Bowen）比，$B=H/L$。式中，H 为日地热交换量；L 为地表热蒸发耗热量。

② 显热系数，$C=H/(H+L)$

（资料来源：摘自孙兴滨等．环境物理性污染控制［M］．北京：化学工业出版社，2010.）

2. 城市大气成分的变化

干净空气是大气的主体，平均约占低层大气体积的 99.97％（水汽平均约 0.03％，杂质可忽略）。主要成分是氮、氧、氩、二氧化碳等，其容积含量占全部干净空气的 99.99％以上。其余还有少量的氢、氖、氪、氙、臭氧等。通常我们所谓的“空气污染物”如 NO_2、O_3、SO_2、CO 等物质，在干净空气中的含量均极微少。随着人们生活和生产水平的逐渐提高，城市地区能源消耗量逐年增大，且以矿物燃料为主，燃烧过程排放大量的 CO_2、CO、SO_2、NO_x 和 CH_4 等有毒有害气体和颗粒物，致使城市上空大气的成分发生改变，降低了城市大气的透明度，使其吸收太阳辐射和地表长波辐射的能力增强，造成大气逆辐射增强，加剧了温室效应，从而强化了城市热岛效应。

3. 人为热的释放

城市人为热即人类活动产生的废热，主要来自工厂车间机械生产、交通运输中机动车排放、空调运转和人们日常生活及建筑物向外散发的热量等。人们生活中大功率电器的使用、工业生产中的化学气体以及交通运输中的汽车尾气等，都在不停地向近地层大气排放大量人为热和粉尘温室气体，使城市成为一个巨大的发热体。人为热排放对城市热岛的影响主要通过以下两个途径来实现：一方面，人为热排放直接向近地层大气供给热量，使气温升高；另一方面，城市人为热排放的同时，也大量排放CO_2、N_2O、H_2O、CH_4和CFC等温室气体，增加了近地层大气对地表长波辐射的吸收，从而加剧了城市热岛的强度。据测定，城市冬季人为热释放量很大，如北方的锅炉供暖和南方的空调，甚至会超过太阳净辐射。

4. 城市规模、形状和所处的地理位置的影响

城市规模、形状和所处的地理位置与热岛强度存在明显的相关性。根据相关研究，通过对城市表层气温的空间分区特点分析了热岛效应的成因，认为城市热岛效应形成的原因主要是各个区域不同的建筑结构（几何结构）和建筑材料所引起的，城市中温度最高的区域往往与最深的城市街道相对应，即通常分布在市中心。如果街道走向设计或几何形状不合理，则密不透风，风速小，热量不易散发，温室气体也难以迅速扩散，导致局部气温过高。即使是1000人的小城镇也能在长时间温度记录中观测到热岛效应的存在。城市人口越多，规模越大，热岛效应越明显。据研究，1万人口城市的热岛强度达到0.11℃，10万人口达0.32℃，100万人口达0.91℃。城市地貌也是引起热岛效应的主要因素。如广州市地处低纬度，高温、多雨、湿度大，风向以北和东北及东和东南方向为主，具有通风不良和静风频率高、近地层的逆温频率高、热岛效应强等特点。

近年来，研究者针对具有特殊地理位置，包括沿海和复杂地形附近的城市热岛问题展开了深入的研究。其中沿海（或湖、江、河）城市的空气运动除了受热岛环流的影响，还不可避免地受到海陆风的影响，两种环流的相互作用，可能改变城市能量平衡，并对气候变化、极端天气、污染物传播产生重要影响。另外，依山而建的城市热岛效应与附近地形产生的环流相互作用是另一异常复杂的科学问题。众所周知，不同地形高度的热力、动力差异能形成不同形式的山谷风、坡风和绕流，加上中尺度天气强迫可导致风向、风速、大气稳定度的变化。在这些时、空多变的环流对城市地表温度、湿度要素和风场、降水、大气边界层、湍流能量，空气污染物的三维空间扩散、雾和霾的产生和消亡都有很大的影响。

总之，影响热岛强度的因子是多种多样的，除了城市本身的内部原因以外，还受制于外部的气象条件，如气压稳定性、气压梯度、风强度、天气晴朗状况、大气层结构稳定性、空气对流运动等。我国大部分地区夏季受副热带高气压控制，以下沉气流为主，多静风天气，近地面热量不易散发，进一步加剧了城市热岛效应。

6.4.3 城市热岛效应的影响

城市热岛效应给人类带来的影响总体来说是利少弊多。其主要影响表现为：

1. 造成恶劣的天气

城市热岛效应会带来各种异常的城市气象，如暖冬、飓风及暴雨等，对城市气候带来很大的影响。城市热岛效应会引起局地环流，使得城市风场特征极为复杂。热岛的存在使得城区凝露量、结霜量、霜冻日数、下雪频率和积雪时间都小于郊区。热岛效应还改变着其他城市气象，如云和雾的发展、闪电的频率等。

2. 对降水的影响

热岛效应影响着云的形成和运动，还可能通过流场的作用对冬夏季降水过程产生影

响。一般认为，热岛效应可以增加城市的降水，但只是增加降水量而不会引起降雨，即它不会提高降雨次数。热岛效应影响降雨一贯被认为是由于城市污染导致浓缩核增加、高耸建筑使得地表粗糙度提高等引起的，然而最近的研究表明，提高浓缩核不会增加降水量。虽然城市污染可以提高浓缩核，但很少会合并形成雨滴。在夏季晴空背景下，中午前后，城市热力强迫有利于形成城市中低空风场辐合线，并加强边界层内中心城区风场垂直切变，这种强迫有利于对流降水的维持。在冬季同样存在这种热岛效应的强迫作用，即热岛效应容易形成一个以市区为中心的低压系统以及指向市中心的气压梯度力。热岛效应与环境流场之间的相互作用过程，还有可能对更大范围的降水分布产生影响。

3. 破坏大气环境

由于热岛效应的存在，城市中盛行上升气流，上升的气流中含有大量的烟尘等微粒，因而城市上空容易形成以这些微粒为团粒结构的云团，造成城市地区近地层空气污染严重。在高温季节，城市排放的废气中，如氮氧化合物、碳氢化合物，经光化学反应形成一种浅蓝色的烟雾，在热岛的影响下形成二次污染物，其危害性更大。城市里持续的高温可以加速某些特定的大气化学循环，从而导致地表臭氧浓度的提高。在影响广州局地环流 3 种类型中，辐散型流场地面臭氧浓度最低，热岛环流型地面臭氧浓度最高。除此之外，高温增加生物烃及人造挥发性有机混合物的蒸发，它们都关系着对流层中臭氧的产生。

4. 改变生物习性

城市热岛效应改变城市近地表热量结构，提高市区温度，使得生物物候、生理活动、区系组成、种群结构、分布范围以及繁殖活动等发生改变。由于市中心温度提高，植物发芽、开花时间提前，落叶时间延迟，如日本大城市近年出现樱花早开、红叶迟红等现象。温度提升促进近地层臭氧形成，导致近郊农作物减产 5%～10%。由于市区温度的提高，无霜期延长，极端低温趋向缓和，使得本不属于该区系的植物经过人类驯化，在城市得以繁殖生长。另一方面，由于温度提高，尤其是极端高温，又限制了一些植物的生长。

5. 加速能量消耗

夏季城市热岛效应加剧了酷热，应用空调制冷所消耗的能量是十分可观的。另一方面，热岛效应促使城市用于空调运转的耗能量（包括建筑物内、交通工具内等）上升，从而导致温室气体排放大量增加，温室气体排放又直接加速全球变暖，气温进一步上升，反过来又加重热岛效应，这两者之间已经形成了恶性循环。

6. 危害居民健康

城市热岛效应在夏季加剧城区高温天气，不仅会降低人们的工作效率，还会引起中暑和死亡人数的增加。医学研究表明，环境温度与人体的生理活动密切相关，当温度高于 28℃时，人会有不舒适感；温度再高就易导致烦躁、中暑和精神紊乱等；气温高于 34℃并加以热浪侵袭还可引发一系列疾病特别是心脏病、脑血管和呼吸系统疾病，使死亡率显著增加。

此外，城市热岛效应还会加重城市供水紧张，导致火灾多发，为细菌病毒等的滋生蔓延提供温床，甚至威胁到一些生物的生存并破坏整个城市的生态平衡。

6.4.4 城市热岛效应的防治

1. 增加自然下垫面的比例

增加自然下垫面的比例，大力发展城市绿化，营造各种“城市绿岛”是防治城市热岛效应的有效措施。城市绿地是城市中的主要自然因素，因此大力发展城市绿化，是减轻热岛影响的关键措施。绿地能吸收太阳辐射，而所吸收的辐射能量又有大部分用于植物蒸腾耗热和在光合作用中转化为化学能，用于增加环境温度的热量大大减少。绿地中的园林植物，通过蒸腾作用，不断地从环境中吸收热量，降低环境空气的温度。每公顷绿地平均每天可从周围环境中吸收81.8MJ的热量，相当于189台空调的制冷作用。园林植物光合作用，吸收空气中的二氧化碳，每公顷绿地，每天平均可以吸收1.8t的二氧化碳，削弱温室效应。此外，园林植物能够滞留空气中的粉尘，每公顷绿地可以年滞留粉尘2.2t，降低环境大气含尘量50%左右，进一步抑制大气升温。研究表明：城市绿化覆盖率与热岛强度成反比，绿化覆盖率越高，则热岛强度越低，当覆盖率大于30%后，热岛效应得到明显削弱；覆盖率大于50%，绿地对热岛的削减作用极其明显。规模大于3公顷且绿化覆盖率达到60%以上的集中绿地，基本上与郊区自然下垫面的温度相当，即消除了热岛现象，在城市中形成了以绿地为中心的低温区域，成为人们户外游憩活动的首选。

除了绿地能够有效缓解城市热岛效应之外，水面、风等也是缓解城市热岛效应的有效因素。水的热容量大，在吸收相同热量的情况下，升温值最小，表现出比其他下垫面的温度低；水面蒸发吸热，也可降低水体的温度。风能带走城市中的热量，也可以在一定程度上缓解城市热岛。因此在城市建筑物规划时，要结合当地的风向，不要把楼房全部建设成为东西走向的，要建设成为便于空气流通的模式；同时，最好将一些单位的高院墙拆掉，建成栅栏式，增加空气流通。

2. 改变城市规划与设计理念

启用合理的城市开发、交通、绿地生态规划模式。建筑物是城市下垫面的重要组成部分，它对城市气温的影响很大，要合理布局城市建筑物，根据城市地理环境（包括纬度、地形、风向、风速、日照、辐射条件等）确定道路网的方位、宽度，建筑物朝向、间距以及建筑物的体形等。此外，还应开辟城市风道，规划建设中应考虑设置一定长、宽的东南、西北等方向风道，引风入城，适当分散高层建筑物，降低建筑物密度，减少建筑物表面的粗糙度，便于下垫面的长波辐射散热和自然通风。

3. 减少人为热的排放量

由于在城市工业生产和人们生活中释放了大量的热，促成了热岛的形成。因此，减少人为热的排放量已经显得极为必要。应该合理地控制市区的人口规模和密度，改善能源配置和使用条件，采取工业集中采热，集中供热，发展民用煤气，以电代煤；通过发展清洁燃料、开发利用太阳能等新能源，减少向环境中排放人为热。同时需要向居民灌输环保生活理念，提倡每个人、每户家庭都要将环保的生活理念贯穿于日常生活的方方面面，变成自觉行为。大量降低交通运输、空调、烹饪及工业生产过程的废热，提高能源利用效率，实行清洁生产，或者开发利用新型高效环保能源。

4. 预防和治理大气污染

根据城市的性质及其定位确定合理的产业结构，发展少污染、无污染的工业，特别要加快第三产业的发展，同时加强工业及机动车尾气治理，限制大气污染物的排放。搞好消烟防尘，积极创建烟尘控制区，减少 CO_2 等大气污染物的排放量，提高大气质量。

5. 加强保留城区水域功能

城市水域不仅能够畅通给排水，增加景观，也是调节城市小气候的一个“肺叶”，在某种程度上是绿化无法代替的。在城市建设中，应尽可能保留水域面积，有条件的地方应恢复或疏通一些市内河道，以增加水域面积。因为水的热容量和导热率远高于陆地，水的升（降）温也远较陆地缓和；水体具有较强的贮热能力，蒸发时又能有效降低贴地气层的温度，因此，增加城区内的湖泊、池塘、溪水、游泳池等水域面积和喷水、洒水设施，这将会对城市气温起到良好的调节作用，有效减轻热岛效应。

6. 采用高反射率的地表材料

合适的建筑材料可以有效提高反射率，降低吸收率，对缓解热岛效应具有明显的作用。使用能降温节能、缓解热岛强度的户外建筑材料，提倡渗透性的地面铺装材料，通过在建筑物屋顶上涂浅色的涂料，垂直墙面上贴白色墙面砖等均可提高城市下垫面对太阳辐射热的反射率，降低吸收率。采用高反射率的地表材料是减轻热岛效应直接而又廉价的方法。利用该方法结合种植树木等，可以有效地降低市中心温度，减少能量消耗，降低烟雾形成，改善城市空气质量。

6.5 温室效应

6.5.1 温室效应与温室气体

1. 温室效应

来自太阳各种波长的吸收，一部分在到达地面之前被大气反射回外空间或者被大气吸收后再辐射而返回外空间；一部分直接到达地面或者通过大气散射到达地面。到达地面的辐射有少量短长的紫外光、大量可见光和长波红外光。这些辐射在被地面吸收之后，最终以长波辐射的形式又返回外空间，从而维持地球的热平衡。

大气中的 CO_2、CH_4 等气体可以强烈地吸收波长为 1200～1630nm 的红外辐射，因而它们在大气中的存在对截留红外辐射能量的影响非常大。这些气体如同温室的玻璃一样，它允许来自太阳的可见光到达地球表面，但阻止地球表面重新辐射出来的红外光返回外空间，如图 6-7 所示。因此，这些温室气体起到了单向过滤器的作用，吸收了地球表面辐射出来的红外光，把能量截留在大气中，从而使大气温度升高，这种现象称为温室效应。

正常的温室效应是有利于全球生态系统的。由于大气中温室效应的存在，地球表面的平均温度才能维持在 15℃左右，特别适合于生命的延续；同时温室效应也和一些“制冷效应”机制相平衡，保持地球热量的平衡。但是如果大气中温室气体增多，使过多的能量保留在大气中而不能正常地向外空间辐射，就会使地球表面和大气的平衡温度升高，对整个地球的生态平衡产生巨大的影响。

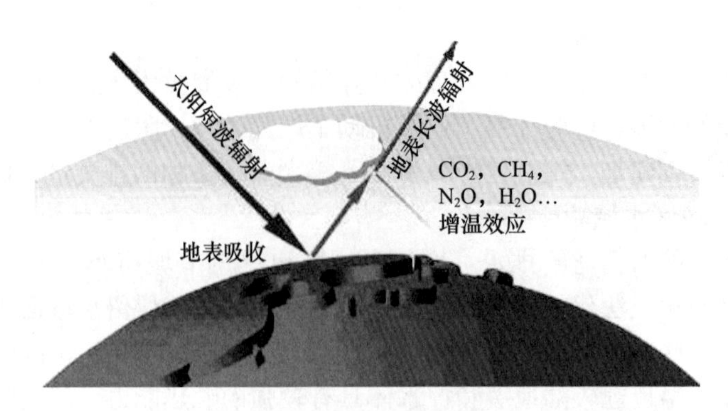

图 6-7 温室效应示意图

2. 温室气体

能够引起温室效应的气体，称为温室气体（greenhouse gas）。温室气体主要有二氧化碳（CO_2）、甲烷（CH_4）、各种氟氯烃（CFCs）、氧化亚氮（N_2O）和臭氧（O_3）。表6-16给出了大气中温室气体的体积分数与年平均增长率，其中五种重要的温室气体对温度升高的影响程度如图6-8所示（陈景文《环境化学》），为 CO_2 > CFCs > CH_4 > O_3 > N_2O。

表 6-16 大气中具有温室效应的气体

气体	大气中体积分数/10^{-9}	年平均增长率/%
二氧化碳	379000	0.4
甲烷	1650	1.0
氧化亚氮	314	0.25
臭氧	不定	—
CFC-11	0.23	5.0
CFC-12	0.4	5.0
四氯化碳	0.125	1.0

注：本表摘自俊腾博俊（1990）。

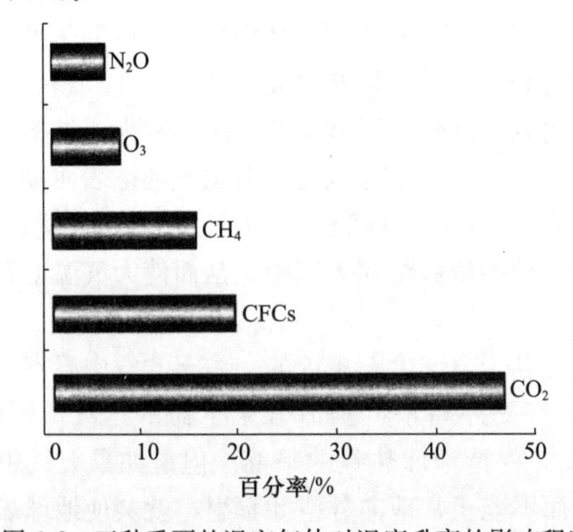

图 6-8 五种重要的温室气体对温度升高的影响程度

CO_2是最重要的温室气体，大气中的 CO_2的体积分数已经从工业化前的约 2.8×10^{-4}，增加到了2005年的 3.79×10^{-4}。在工业化前的8000年里，大气中 CO_2的体积分数仅增加了 2×10^{-5}。然而，自1975年以来，大气中 CO_2体积分数增加了35%。目前，全球的 CO_2的体积分数逐年上升，图6-9就是大气中 CO_2的体积分数升高的一个例子。

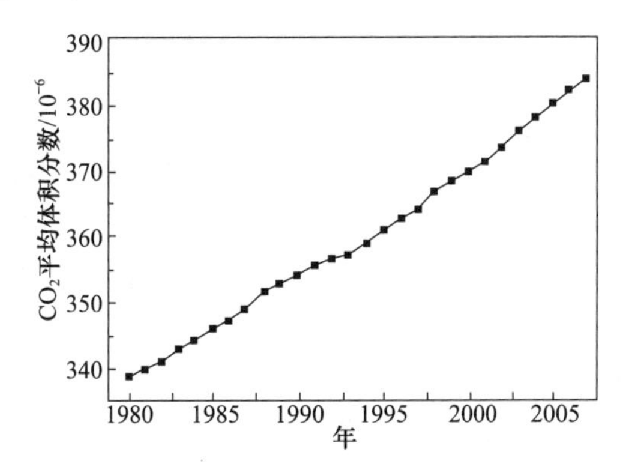

图6-9 夏威夷群岛中 Mauns Loa 岛本底站测定的大气中 CO_2的体积分数变化

大气中的水蒸气也是自然温室效应的主要原因之一，其含量比 CO_2和其他温室气体的总和还高许多，因此自然温室效应主要是水蒸气在起作用，只是有部分波长的红外线它不能吸收，而 CO_2正好吸收这段波长的红外线。由于水蒸气在大气中的含量相对稳定，因此目前普遍认为大气中的水蒸气不直接受人类活动的影响。

甲烷是仅次于 CO_2的重要温室气体。它在大气中的浓度虽比 CO_2少得多，但增长却很大。据联合国政府间气候变化委员会（IPCC）1995年发表的第二次气候变化评估报告（《报告》），从1750—1990年共240年间 CO_2增加了30%，而同期甲烷却增加了145%。甲烷也称沼气，是缺氧条件下有机物腐烂时产生的。例如水田、堆肥和畜粪等都会产生沼气。

氟利昂气体是氯、氟和碳的化合物；自然界里本不存在，完全是人类制造出来的。由于它的融点和沸点都比较低，不燃、不爆、无臭、无害、稳定性极好，因此广泛用来制造制冷剂、发泡剂和清洁剂等。地球大气中浓度最高的CFC-11和CFC-12含量虽都极少，但过去增长率却很高，都是年增长5%。由于执行《蒙特利尔议定书》及其修订案，从1995年开始，许多氟利昂气体在大气中的浓度增长很慢甚至下降。目前，大气中CFC-11和CFC-12的浓度正在降低。

臭氧的作用也与其在大气层中所处的高度密切相关，具有温室效应的臭氧是指地表附近对流层中的臭氧。对流层中的臭氧是一种生命周期较短的气体，主要通过大气光化学反应产生和损耗。自1750年以来，对流层中臭氧的总量增加了36%，这主要是因为一些人为排放的化合物（如甲烷、氮氧化物、一氧化碳和挥发性有机物）增加，破坏了原有的光化学反应的平衡，导致对流层中臭氧的浓度上升。

大气中氧化亚氮的体积分数为 3.19×10^{-7}，大约比工业化前的数值高18%。在过去几十年里，N_2O以每年约 8×10^{-10}的速率线性增加。目前，大气中增加的 N_2O主要来源于人类活动，特别是农业及相关土地利用变化。其他来源还有家畜饲养和化学工业。

6.5.2 温室效应加剧的原因

自然条件下，温室气体在大气层中的含量不足1%，但由于人类活动的影响，导致大气中温室气体，特别是CO_2的含量不断增加，使更多的长波辐射返回地表，加剧了温室效应，引起全球变暖，对气候、生态环境及人类健康等多方面带来负面影响，从而成为一个全球性的生态环境问题。

1. 温室气体排放量增加

随着城市化、工业化、交通现代化以及人口的剧增，煤、石油、天然气等化石燃料的大量消耗，排入大气的CO_2等温室气体迅速增加，从而破坏了自然界的碳循环。2019年有超出410亿tCO_2排入大气。目前，大气中CO_2的含量较18世纪增加了30%，达到150年来的最高水平，而且还以每年0.5%的速度增加。若按此增长速度，估计到2050年大气中CO_2的体积浓度将达到560×10^{-6}，即工业化之前的2倍。根据相关报告，2020年全球大气二氧化碳的体积浓度已达$(413.2\pm0.2)\times10^{-6}$。全球升温的阈值界定为2℃，因此必须将全球大气中二氧化碳体积浓度控制在450×10^{-6}范围内。

表6-17表明，温室气体在大气中的含量都呈现出加速增长的趋势。目前N_2O的年增长量约为3.9×10^6t，估计CH_4的浓度到2050年将增至2.5×10^{-6}（是1950年的2倍），而且可能成为温室效应的主因。另外，气溶胶对全球温度变化的影响十分复杂，据估计1970年以前北半球人为颗粒物的年排放量为4.8×10^8t，而2000年则达7.6×10^8t。

表6-17 人类活动对主要温室气体变化的影响

	CO_2	CH_4	N_2O	CFC-11	HCFC-22
工业革命前体积分数	280×10^{-6}	0.7×10^{-6}	0.275×10^{-6}	0	0
1994年体积分数	358×10^{-6}	1.72×10^{-6}	0.312×10^{-6}	268×10^{-6}	72×10^{-6}
浓度增长速率/（$\%\cdot a^{-1}$）	0.4	0.6	0.25	0	5

注：CO_2、CH_4、N_2O的增长率计算是以1984年为基础，CFC-11和HCFC-22的增长率计算是以1990年为基础。

2. 植被破坏，温室气体吸纳量降低

绿色植物光合作用可以消耗CO_2，海洋中的浮游生物也可以吸收CO_2，但仅占地球表面6%～7%的森林吸收CO_2的量比地球表面70%的海洋还多1/4。据估计，进入大气中的CO_2约有2/3可被植物吸收，但人类大量砍伐森林，地球上的森林，特别是热带雨林的面积急剧减少，对CO_2的吸收能力大大降低，导致大气中CO_2浓度日趋升高。据估计，目前因全球森林植被破坏引起的CO_2浓度上升约占CO_2增加总量的24%。

6.5.3 全球变暖

由于大气层温室效应的加剧，已经导致了严重的全球变暖的发生，这已是一个不争的事实。全球变暖已成为全球环境研究的一个主要课题。已有的统计资料表明，全球温度在过去的20年间已经升高了0.3～0.6℃。全球变暖，会对已探明的宇宙空间中唯一有生命存在的地球环境产生非常严重的后果。

1. 冰川融化

温室效应导致的气温上升和冰川消退之间是一种正反馈的关系。长期的观测结果表

明，由于近百年来海洋温度的升高，海平面已经上升了约2～6cm。由于海洋热容量大，比较不容易增温，陆地的气温上升幅度将会大于海洋，其中又以北半球高纬度地区上升幅度最大，因为北半球陆地面积较大，从而全球变暖对北半球的影响更大。已有的统计资料表明，格陵兰岛的冰雪融化已使全球海平面上升了约2.5cm。冰川的存在对维持全球的能量平衡起到至关重要的作用，对于全球液态水量的调节也起到决定性的作用。如果两极的冰川持续消融的话，其所带来的后果对地球上的生命将会是致命的，而且也是难以预知的。

2. 海平面升高

全球变暖有两种过程会导致海平面升高。第一种是海水受热膨胀使海平面上升。第二种是冰川和格陵兰及南极洲上的冰块溶解使海洋水分增加。有关资料表明，近百年来全球海平面已上升了10～20cm。据预测，依照现在的状况，到21世纪末，海平面将会比现在上升50cm甚至更多。海平面上升对岛屿国家和沿海低洼地区带来的灾害是显而易见的，淹没土地，侵蚀海岸。全世界岛屿国家有40多个，大多分布在太平洋和加勒比海地区，地理面积总和约为77万km^2，人口总和约为4300万，依据《联合国海洋法公约》有关规定，这些岛国将负责管理占地球表面1/5的海洋环境，其重要战略地位是不言而喻的。尽管这些岛国人均国民产值普遍较高，但极易遭受海洋灾害毁灭性的打击，特别是全球气候变暖海平面上升的威胁最为严重，很多岛国的国土仅比海平面高几米，有的甚至在海平面以下，靠海堤保护国土，海平面上升将使这些国家面临淹没的危险。

3. 荒漠化程度加剧

全球变暖，会加快海洋的蒸发速度，同时改变全球各地的雨量分配结果。研究表明，在全球变暖的大环境下，陆地蒸发量将会增大，这样世界上缺水地区的降水和地表径流都会减少，会变得更加缺水，从而给那些地区人们的生产生活带来极大的用水困难。而雨量较大的热带地区，如东南亚一带降水量会更大，从而加剧洪涝灾害的发生。这些情况都将直接影响到自然生态系统和农业生产活动。目前，世界土地沙漠化的速率是6万km^2/a。

4. 危害地球生命系统

全球变暖将会使多种已灭绝的病毒细菌“死灰复燃”，使已控制的有害微生物和害虫得以大量繁殖，人类自身的免疫系统也将因此而降低，从而对地球生命系统构成极大威胁。

已有的研究表明，地球演化史上曾多次发生变暖—变冷的气候波动，但都是由人类不可抗拒的自然力引起的，而这一次却是由于人类活动引起的大气温室效应加剧导致的，从而其后果也是不可预知的，但无论如何都会给地球生命系统带来灾难。

6.5.4　温室效应的综合防治

1. 减少大气中的温室气体

众所周知，要减少温室气体的排放必须控制矿物燃料的使用量，为此必须调整能源结构，增加核能、太阳能、生物能和地热能等可再生能源的使用比例。此外，还需要提高能源利用率，特别是发电和其他能源转换的效率以及各工业生产部门和交通运输部门的能源使用效率。

目前，矿物燃料仍然是最主要的能量来源，因此世界各国需要有效控制CO_2的排放量、协调保护与发展的关系、主动承担责任，并互相合作、联合行动。削减CO_2的排放量，是1992年巴西里约热内卢世界环境与发展大会，各国领导人共同签字的《气候变化框架公约》的主要目的。公约要求在2000年发达国家应把CO_2排放量降回到1990年水平，并向发展中国家提供资金，转让技术，以帮助发展中国家减少CO_2的排放量。此外，1997年的《京都议定书》结合各国的经济、社会、环境和历史等具体情况，规定了发达国家“有差别的减排”：欧盟成员国减排8%、美国减排7%、日本和加拿大减排6%、冰岛减排10%、俄罗斯和乌克兰“零”减排、澳大利亚可增排8%。

为此，荷兰率先征收“碳税”，即是针对CO_2排放，对化石燃料（比如煤炭、石油、天然气等）按照其碳排放量征收的税收。而日本也制定了类似的税收制度。2002年，欧盟地区6种温室气体排放总量均比上年减少了0.5%以上，这主要归功于更先进的垃圾处理方式和以天然气代替煤来发电，从而减少了甲烷和二氧化氮的排放量。

我国碳税征收还处在研究规划阶段，2011年环保部环境规划院曾发布《应对气候变化的中国碳税政策框架》报告，财政部财科所也形成了《开征碳税问题研究》报告。报告称，可以考虑在未来五年内开征碳税，并提出了我国碳税制度的实施框架。我国于2009年12月7～18日，在丹麦首都哥本哈根召开的联合国气候变化框架公约第15次缔约方会议（COP15）和《京都议定书》第5次缔约方会议，向世界做出的承诺：到2020年我国单位国内生产总值CO_2排放比2005年下降40%～45%。这一承诺被认为是将碳税提上日程的重要推动力，也是碳税亟待推出的约束因素。

2. 增加温室气体的吸收

森林是吸收CO_2的大气净化器，它把氧气放回到大气，而把碳固定在植物纤维质里。森林是抑制气候危机、推迟或扭转温室效应最有效的吸收源。保护森林资源，通过植树造林提高森林覆盖面积可以有效提高植物对CO_2的吸收量。试验表明，每公顷森林每天可以吸收大约1t的CO_2，并释放出0.73t的O_2。这样地球上所有植物每年为人类处理的CO_2可接近千亿吨。此外，森林植被可以防风固沙、滞留空气中的粉尘，从而进一步抑制温室效应。每公顷森林每年可滞留粉尘2.2t，降低大气含尘量约50%。

加强二氧化碳固定技术的研究。CO_2可与其他化学原料发生许多反应，可将其作为碳或碳氧资源加以利用。日本学者提出在吸收剂中使用沸石，对火力发电中排出的CO_2进行物理吸收。据日本东北电力公司报道：将1∶4的CO_2和H_2在一定温度和压力下混合，以铑-镁作催化剂可合成甲烷气体；美国学者在加州巨藻上繁殖一种可吸收CO_2气体的海藻，在吸收CO_2后生成碳酸钙沉入海底，巨藻表面又可继续繁殖海藻。

3. 适应气候

除建设海岸防护堤坝等工程技术措施防止海水入侵外，可有计划地逐步改变当地农作物的种类和品种，适应逐步变化的气候。此外，加强温室效应和全球变暖的机理及其对自然界和人类的影响研究，控制人口数量，加强环境保护的宣传教育等对温室效应的控制也具有重要意义。

日本北部因为夏季温度低，过去并不种植水稻，即便种植产量的很低。但是由于培育出了抗寒抗逆品种，连最北的北海道也能种植水稻，而且产量还很高。气候变化是一个相对缓慢的过程，只要能及早预测出气候也变化趋势，就能找到相应对策。

思考题

1. 什么是热污染？其类型有哪些？
2. 热污染的评价包括哪些方面？其指标有哪些？
3. 简述水体热污染的来源和危害。
4. 大气热污染的综合防治措施有哪些？
5. 什么是城市热岛效应？其成因是什么？对环境的影响包括哪些方面？
6. 什么是温室效应？其危害主要包括哪些方面？
7. 谈谈你身边热污染的控制措施有哪些。

思考题参考答案

7　光污染及其控制

内容提要：本章主要介绍了光污染的成因、光污染的度量和测量、光污染的评价方法及其控制技术。学习重点是天然光环境和人工光环境的评价、可见光污染中的直接炫光和反射炫光的污染防控、红外光和紫外光污染的防治以及光污染的相关防治材料和立法现状。

光污染的概念最早在20世纪30年代由国际天文界提出，认为光污染是城市室外照明使天空发亮，而造成对天文观测的光干扰。现在一般认为，光污染是指环境中光照射（即光辐射）过强，对人类或其他生物的正常生存和发展产生不利影响的现象。虽然与空气污染、水污染、土壤污染和噪声污染相比，光污染还是一个较新的概念，但从国际通行的标准来看，光污染不仅仅是让星空"消失"的"天文光污染"，更严重的是它对人类和生态环境造成负面影响所形成的"生态光污染"。有研究认为，光污染极有可能成为21世纪直接影响人类身体健康的又一大"环境杀手"。

7.1　光污染概述

7.1.1　光环境

1. 光环境的定义

光环境是物理环境中的一个组成部分，它与色环境等并列。对建筑物来说，光环境是由光照射于其内外空间所形成的环境。因此光环境形成一个系统，包括室外光环境和室内光环境。前者是在室外空间由光照射而形成的环境。它的功能是要满足物理、生理（视觉）、心理、美学、社会（指节能、绿色照明）等方面的要求。后者是在室内空间由光照射而形成的环境。它的功能是要满足物理、生理（视觉）、心理、人体功效学及美学等方面的要求。上述的光源是天然光和人工光。

光环境和空间两者有着互相依赖、相辅相成的关系。空间中有了光，才能发挥视觉功效，能在空间中辨认人和物体的存在；同时光也以空间为依托显现出它的状态、变化（如控光、滤光、调光、混光、封光等）及表现力。

在室内空间中光通过材料形成光环境，如光通过透光、半透光或不透光材料形成相应的光环境。此外，材料表面的颜色、质感、光泽等也会形成相应的光环境。

2. 光环境的影响因素

光环境有以下基本影响因素：

（1）照度和亮度

保证光环境的光量和光质量的基本条件是照度和亮度。在光环境中辨认物体的条件有：①物体的大小；②照度或亮度；③亮度对比或色度对比；④时间。这四项是互相关连、相辅相成的。其中只有照度和亮度容易调节，其他三项较难调节。

照度的均匀度对光环境有直接影响，因为它对室内空间中人们的行为、活动能产生实际效果。但是以创造光环境的气氛为主时，不应偏重于保持照度的均匀度。

（2）光色

光色指光源的颜色，例如天然光、灯光等的颜色。按照CIE标准色体系，将三种单色光（例如红光、绿光、蓝光）混合，各自进行加减，就能匹配出与任意光的颜色相同的光。此外，人工光源还有显色性，可表现出它照射到物体时的可见度。在光环境中光还能激发人们的心理反应，如温暖、清爽、明快等，因此在光环境中应考虑光色的影响。

（3）周围亮度

人们观看物体时，眼睛注视的范围与物体的周围亮度有关。根据实验，容易看到注视点的最佳环境是周围亮度大约等于注视点亮度。美国照明学会提出周围的平均亮度为视觉对象的1/3～3。就一般经验而论，周围环境较暗，容易看清楚物体，但是周围环境过亮，便不容易看清楚。因此在光环境中周围亮度比视觉对象暗些为宜。

（4）视野外的亮度分布

视野以外的亮度分布指室内顶棚、墙面、地面、家具等表面的亮度分布。在光环境中它们的亮度各不相同，因而构成亮度对比。这种对比当然会受到各个表面亮度的制约。

（5）眩光

在视野中由于亮度的分布或范围不当，或在时空方面存在着亮度的悬殊对比，以致引起不舒适感觉或降低观看细部或目标的能力，这样的视觉现象称为眩光。它在光环境中是有害因素，故应设法控制或避免。

（6）阴影

在光环境中无论光源是天然光还是人工光，当光存在时，就会存在阴影。在空间中由于阴影的存在，才能突出物体的外形和深度，因而有利于光环境中光的变化，丰富了物体的视觉效果。在光环境中希望存在较为柔和的阴影，而要避免浓重的阴影。

3. 光环境中光的效果

在光环境中以光为主体产生出下列的效果：

（1）光的方向性效果

光的方向一般有顺光、侧光、逆光、顶光、底光。在光环境中光的方向性效果主要表现在增强室内空间的可见度，增强或减弱光和阴影的对比，增强或减弱物体的立体感。在室内光环境中只要调整光源的位置和方向，就能获得所要求的方向性效果。这种效果对建筑功能、室内表面、人物形象及人们的心理反应都起着重要作用。

（2）光的造型（立体感）效果

物体表面上由于光的明暗变化就会产生光的造型（立体感）效果，简称立体感。在光环境中室内外表面的细部、浮雕、雕塑等都会体现光的这种效果。在室内光环境中人物形象、表面材料等受光照射后都能表现出立体感来，会使人们获得美好的感受。

（3）光的表面效果

在室内空间中光在各表面上的亮度分布或有无光泽，构成光的表面效果。

① 表面亮度。

室内空间中光在各表面上的反射程度取决于表面与背景之间的亮度比。这种亮度比能为眼睛提供信息，有利于眼睛适应，使视觉功效与工作行为相互协调，并能降低室内眩光。为了获得良好的室内光环境，顶棚、墙面、门、窗、地面、工作面及工作对象等表面之间应力求获得最佳的亮度。

② 表面光泽。

在室内空间中光照射到表面时，在它的定向反射方向射出强烈的反射光，同时在其他方向因散射而出现少量光，由于反射光在空间分布而呈现出表面的外观性质，称为表面光泽。

（4）光的色彩效果

① 光和色彩。

光和色彩不可分割，对室内光环境来说，光和色彩起着相辅相成的作用。光的反射比与色彩的明度直接相关，见表7-1。可见光的反射比越大，色彩的明度也越大。

表7-1　色彩的明度与光的反射比的关系

明度/度	0	1	2	3	4
反射比	0	1.21	3.13	6.56	12.00
明度/度	5	6	7	8	9
反射比	19.77	30.05	43.06	59.10	78.66

② 色彩效果。

在室内光环境中通过光的照射，各种材料的表面会呈现出色彩效果。为了获得明亮的光环境，一般高明度色彩用于室内上部以取得明亮效果，低明度色彩用于室内下部以取得稳定效果，因此在光环境中光除了获得知觉效果以外，还可获得诸如感情、联想等心理效果。

7.1.2　光源及其类型

宇宙间的物体有的是发光的，有的是不发光的，我们把自己能发光且正在发光的物体叫作光源。物理学上光源指能发出一定波长范围的电磁波（包括可见光与紫外线、红外线、X光线等不可见光）的物体，通常指能发出可见光的发光体。凡物体本身能发光者，称作光源，又称发光体，如太阳、恒星、灯以及燃烧的物质等都是。

光源分为自然光源和人工光源。自然光源指日光；人工光源就是人工创造的光源，就其发光机理，可归纳为热辐射光源、气体放电光源和其他光源（激光光源、场致发光光源、半导体光源和化学光源）。下面介绍常见的热辐射光源、气体放电光源，以及新型的固体发光光源。

1. 热辐射光源

热辐射光源是指当电流通过可被加热、安装在填充气体泡壳内的灯丝，其发光光谱

类似于黑体辐射的一类光源。

(1) 白炽灯

普通白炽灯显色性好、光谱连续、结构简单、易于制造、价格低廉、使用方便，是应用最早最广的一种电光源。但其主要缺点是光效较差、平均寿命较短、远程高照度困难。近年发展起来的涂白白炽灯、氪（Kr）气白炽灯和红外反射膜白炽灯发光效率提高、寿命延长。

(2) 卤钨灯

卤钨灯是在白炽灯内填充了卤素，如氟（F）、氯（Cl）、溴（Br）、碘（I）或与其相应的卤化物，使之在灯泡内形成卤钨再循环过程，以防止钨沉积在玻璃内壳上，降低灯丝的老化速度。卤钨灯与普通白炽灯相比，发光效率可提高到30%左右，高质量的卤钨灯寿命可提高到普通白炽灯寿命的3倍左右。在公共建筑、交通和影视照明等方面得到了广泛应用。

(3) 玻璃反射灯

玻璃反射灯，采用聚光技术，使用压制玻璃一体成型，属高光强的光源。可做成均匀的宽/窄光束，寿命比白炽灯长，可达2000h，特殊的外型使得安装拆卸都很容易。

2. 气体放电光源

气体放电光源是电流通过封装在管内的气体或金属蒸气等离子时而发出的电光源。分为两大类：低压气体放电灯和高压气体放电灯。高压气体放电灯主要有高压汞灯和高压钠灯，高压汞灯中使用最多的是荧光高压汞灯和金属卤化物灯两种。低压气体放电灯主要有荧光灯和低压钠灯，在荧光灯中使用最多的是直管型、环管型和紧凑型荧光灯三种。气体放电光源比热辐射光源的发光效率高得多，应用广泛。

(1) 荧光灯

荧光灯是利用低气压的汞蒸气在放电过程中辐射紫外线，从而使荧光粉发出可见光的原理发光，又称日光灯。其发光效率是普通白炽灯的3倍以上，使用寿命大约为普通白炽灯的4倍，且灯壁温度很低，发光比较均匀柔和，应用领域极为广泛。缺点是在使用电感镇流器时的功率因数颇低，还有频闪效应。常见的荧光灯有：

① 直管形荧光灯

有粗管灯（直径38mm）和细管灯（直径26mm）两种类型。粗管灯的灯管内壁一般涂以卤磷酸盐荧光粉，细管灯的灯管内壁涂以三基色荧光粉，三基色荧光粉能把紫外线转换成更多的可见光，因而后者的发光效率高。

② 彩色直管型荧光灯

常见标称功率有20W、30W、40W。彩色荧光灯的光通量较低，适用于商店橱窗、广告牌或类似场所的装饰和色彩显示。

③ 环形荧光灯

除形状外，环形荧光灯与直管形荧光灯没有多大差别。常见标称功率有22W、32W、40W。主要提供给吸顶灯、吊灯等做配套光源，供家庭、商场等照明用。

④ 单端紧凑型节能荧光灯

这种荧光灯的灯管、镇流器和灯头紧密地连成一体（镇流器放在灯头内），除了破坏性打击，无法将它们拆卸，故被称为“紧凑型”荧光灯。由于无须外加镇流器，驱动电路也在镇流器内，故这种荧光灯也是自镇流荧光灯和内启动荧光灯。这种荧光灯大都使用稀土元素三基色荧光粉，可获得很高的发光效率和明显的节电效果，显色性好，可大幅改善频闪效应，提高启动性能，兼有白炽灯和荧光灯的主要优点。

（2）高压汞灯

高压汞灯是利用汞放电时产生的高气压获得可见光的电光源，内部充有汞和氩气，有的内壳涂以荧光粉，有的是完全透明的。其发光效率与普通荧光灯差不多，结构简单。低成本，低维修费用，可直接取代普通白炽灯。具有光效长、寿命长、省电、经济的特点，适用于工业照明、仓库照明、街道照明、泛光照明、安全照明等。缺点是显色性差，发出蓝绿色的光，缺少红色成分，除照到绿色物体上以外，其他多呈灰暗色，而且不能瞬时点亮。

（3）金属卤化物灯

金属卤化物灯是通电后，使金属汞（Hg）蒸气和钠（Na）、铊（Tl）、铟（In）、钪（Sc）、镝（Dy）、铯（Cs）、锂（Li）等金属卤化物分解物的混合体辐射而发光的电光源，是在高压汞灯的基础上发展起来的一个新灯种。结构与高压汞灯相似，但发光效率高得多，显色性较好，使用寿命也比较长，是一种接近日光色的节能新光源。金属卤化物灯除可替代高压汞灯，广泛应用于体育场馆、展览中心、大型商场、工业厂房、街道广场、车站、码头等场所的室内照明。

（4）高压钠灯

高压钠灯是利用高压钠蒸气放电发光的电光源，发光管内除充有适量的汞和氩气或氙（Xe）气外，并加入过量的钠，钠的激发电位比汞低，以钠的放电发光为主，故称钠灯。高压钠灯发出的是金黄色的光，是发光效率很高的一种电光源，发光效率比高压汞灯要高出1倍左右，使用寿命也比高压汞灯要长些。高压钠灯广泛应用于道路、高速公路、机场、码头、车站、广场、街道交汇处、工矿企业、公园、庭院照明及植物栽培。高显色高压钠灯主要应用于体育馆、展览厅、娱乐场、百货商店和宾馆等场所照明。

（5）低压钠灯

低压钠灯是利用低压钠蒸气放电发光的电光源，在玻璃外壳内涂红外线反射膜，是光衰较小且发光效率最高的电光源。低压钠灯发出的是单色黄光，显色性很差，用于对光色没有要求的场所，但它的“透雾性”表现得非常出色，特别适合于高速公路、交通道路、市政道路、公园、庭院照明，能使人清晰地看到色差比较小的物体。低压钠灯也是替代高压汞灯、节约用电的一种高效灯种，应用场所也在不断扩大。

（6）霓虹灯

霓虹灯是依靠灯光两端电极头在高压电场下将灯管内的稀有气体击燃，它不同于普通光源必须把钨丝烧到高温才能发光，造成大量的电能以热能的形式被消耗掉，因此，用同样多的电能，霓虹灯具有更高的亮度。霓虹灯因其冷阴极特性，工作时灯管温度在60℃以下，所以能置于露天（日晒雨淋）或在水中工作。同样因其工作特性，霓虹灯光谱具有很强的穿透力，在雨天或雾天仍能保持较好的视觉效果。霓虹灯是由玻璃管制成，经过烧制，玻璃管能弯曲成任意形状，具有极大的灵活性，通过选择不同类型的管子并充入不同的惰性气体，霓虹灯能得到五彩缤纷、多种颜色的光，是夜晚城市的美容师。

3. 固体发光光源

固体发光光源是指某种固体材料与电场相互作用而发光的现象。主要包括无极感应灯、微波硫灯和发光二极管（LED）。

（1）无极感应灯

无极感应灯是一种新型光源，是综合功率电子学、等离子体学、磁性材料学等理论开发出来的高新技术照明产品，没有传统光源的灯丝和电极。无极感应灯的独特原理和结构使其具有独特的优越性，寿命长、显色性好、无频闪、瞬时启动、宽的稳定电压工作范围、宽的工作温度范围等，因此用于礼堂厅、会议室、大型商场、较高的厂房、运动场、隧道、交通复杂地带（路灯、标灯、桥梁灯）、地铁站危险地域、水下灯、温室蔬菜大棚等。

（2）微波硫灯

微波硫灯，也称硫灯，是一种高效全光谱无极灯，利用2450MHz的微波辐射来激发石英泡壳内的发光物质硫，使它产生连续光谱。该技术最早出现在1990年，但直到2005年微波硫灯才开始商业应用，主要用于大范围室外照明。微波硫灯具有高光效（η>85lm/W）、长寿命（>40000h）、光谱连续、光色好（色温6000～7000K，显色指数R_a>75）、无汞污染、良好的流明维持率、瞬时启动、低紫外和红外输出、发光体小等优点。微波硫灯所发出的光非常接近太阳光。这些特点是其他人造光源所无法比拟的。

（3）发光二极管（LED）

发光二极管简称为LED。由镓（Ga）与砷（As）、磷（P）的化合物制成的二极管，当电子与空穴复合时能辐射出可见光，因而可以用来制成发光二极管，在电路及仪器中作为指示灯，或者组成文字或数字显示。磷砷化镓二极管发红光，磷化镓二极管发绿光，碳化硅二极管发黄光。发光二极管是半导体二极管的一种，可以把电能转化成光能，与普通二极管一样是由一个PN结组成，也具有单向导电性。当给发光二极管加上正向电压后，从P区注入到N区的空穴和由N区注入到P区的电子，在PN附近数微米内分别与N区的电子和P区的空穴复合，产生自发辐射的荧光。不同的半导体材料中电子和空穴所处的能量状态不同。当电子和空穴复合时释放出的能量多少不同，释放出的能量越多，则发出的光的波长越短。

LED具有许多优点，包括：①LED基本上是一块很小的晶片被封装在环氧树脂里面，体积小、质量轻；②LED耗电低，一般工作电压是2～3.6V，只需要极微弱电流即可正常发光；③使用寿命长，在恰当的电流和电压下，LED的使用寿命可达10万小时；④高亮度、低热量，LED使用冷发光技术，发热量比同等功率普通照明灯低很多；⑤LED是由无毒的材料构成，不像荧光灯含水银会造成污染，同时LED也可以回收再利用，是一种环保产品。

7.1.3 光污染

1. 光污染的概念

光污染又被称为光干扰，也有人称为噪光（noisy light）。一般将现代社会产生的过量的或不适当的光辐射对人类生活和生产环境所造成的不良影响现象统称为“光污染”。在我国颁布的行业标准《城市夜景照明设计规范》（JGJ/T 163—2008）中“光污染”的定义是干扰光或过量的光辐射（含可见光、紫外和红外光辐射）对人、生态环境和天文观测等造成的负面影响的总称。

物理意义上的光污染，有广义和狭义之分。广义上的光污染，是指自然界和人类活动产生的光辐射，进入空间，危害环境的一切光污染现象。例如，雷雨中的闪电，火山爆发的火光，森林大火等。狭义的光污染，主要是指人类活动产生的光辐射，进入空间，危害环境的光污染现象。例如，玻璃幕墙的反光，城市景观的过度照明，汽车的远视灯，建筑工地电焊作业产生的弧光，相机的闪光，人类活动使用的激光、紫外线和红外线，以及人类爆炸原子弹和氢弹的光辐射等。在环境科学领域里，我们研究的光污染问题，主要是狭义上的光污染。

2. 光污染的产生

光污染一词，出现于20世纪70年代。光污染的概念最早是由国际天文学界的专家们首先提出来的。天文学家们发现，城市夜景照明时天空亮度增大，对天文观测产生负面影响。于是，他们把这种由于夜景照明而进入环境并妨碍他们进行天文观测的光，称为光污染。自从麦克斯韦电磁场理论建立之后，人们开始认识到光也是电磁波，因此光又被称为光波。不过，在光污染问题研究中所涉及的光波主要是可见光、紫外线和红外线。光污染是伴随现代社会经济发展、科学技术进步而产生的环境问题。光污染现象在许多大城市里已经出现了，光污染对环境已经造成明显的不良影响，已经影响到人们的正常生活，在不同程度上对人们的身体造成伤害。

3. 光污染的特征

光污染是一种物理性的空间环境污染。光波具有一般电磁波的性质和特征，光辐射具有均匀、稳定和各向同性的特征，与位置、时间和方向无关。光辐射的强度只与光源的温度和光波频率有关。光污染对人体和物体的危害程度，除了与光源的辐射强度有关外，还与离开光源的距离有关系。离开光源的距离越远，受到的伤害越小。光污染自身没有残留物。如果光污染源消失，则光污染的危害作用立即消失。

4. 光污染的来源

随着我国现代化城市建设的不断发展，特别是越来越多的城市大量兴建玻璃幕墙建筑和实施“亮化工程”“光彩工程”，使城市的“光污染”问题日益突出。光污染主要来自两个方面：一是指城市建筑物采用大面积镜面式铝合金装饰的外墙、玻璃幕墙所形成的光污染；二是指城市夜景照明所形成的光污染。随着夜景照明的迅速发展，特别是大功率高强度气体放电光源的广泛采用，使夜景照明亮度过高，严重影响了人们的工作和休息，形成“人工白昼”，使人昼夜不分，形成光污染。此外，由于家庭装潢引起的室内光污染也开始引起人们的重视。

（1）玻璃幕墙形成的光污染

由玻璃幕墙导致的光污染产生的特定条件是：使用了大面积高反射率的照明和五彩缤纷、闪烁耀眼的霓虹灯照明，过高的亮度以及夜景照明泛滥使用，形成了严重的光污染，主要包括大气光污染、侵扰光污染、眩光污染、颜色污染等，成为一种新的城市污染源。

① 大气光污染。

指地面发出的人工光在尘埃、空气或其他大气悬浮粒子的散射作用下，扩散入大气层中形成城市上空很亮的大气光污染。

② 侵扰光污染。

夜景照明中没投向投射对象的部分逸散光和建筑（或墙面）的反射光，透过门窗射向不需要照亮的住宅、医院、旅馆等人们休息的场所，形成侵扰光污染。侵扰光污染直接影响到人们的睡眠与健康。

③ 眩光污染。

视野中的道路照明、广告照明、体育照明、标志照明等产生的直接眩光和雨后地面、玻璃墙面等光泽表面的反射眩光都会引起视觉的不适、疲劳及视觉障碍，严重时会损害视力甚至造成交通事故。

④ 颜色污染。

视场中颜色的对比常常引起视觉的不适应，这种不适应将导致视觉对物体颜色的感觉出现差异或不敏感。夜景照明中的有色光易引起驾驶员对交通信号灯及衣着不鲜艳的行人失去正确的判断，从而造成交通事故。

（2）室内光污染的成因

室内光污染的成因主要可概括为三个方面：

① 室内装修采用镜面、釉面砖墙、磨光大理石以及各种涂料等装饰反射光线。

② 室内灯光配置设计不合理，致使室内光线过亮或过暗。室内的一些常用光源其照明亮度和眩光效应各不相同，光源选择不合理会造成不同程度的眩光污染；另外，人眼感觉到的眩光与光源的位置有很大关系，室内光源布置不合理也会产生眩光污染。

③ 夜间室外照明，特别是建筑物的泛光照明产生的干扰光，有的直射到人的眼睛造成眩光，有的通过窗户照射到室内，把房间照得很亮，影响人们的正常生活。

上述原因导致室内产生了不同程度的眩光，引起了严重的光污染，影响了人们的视觉环境，进而威胁人类的健康生活和工作效率。

5. 光污染的分类

依据不同的分类原则，光污染可以分为不同的类型。国际上一般将主要光污染分成白亮污染、人工白昼和彩光污染。

（1）白亮污染

当太阳光照射强烈时，城市里建筑物的玻璃幕墙、釉面砖墙、磨光大理石和各种涂料等装饰反射光线，明晃光亮、炫眼夺目。专家研究发现，长时间在白色光污染环境下工作和生活的人，视网膜和虹膜都会受到程度不同的损害，视力急剧下降，白内障的发病率高达45%。还使人头昏心烦，甚至发生失眠、食欲下降、情绪低落、身体乏力等类似神经衰弱的症状。

（2）人工白昼

夜间，商场、酒店上的广告灯、霓虹灯闪烁夺目，令人眼花缭乱。有些强光束甚至直冲云霄，使夜晚如同白天一样，即所谓人工白昼。在这样的“不夜城”里，光入侵造成过强的光源影响了人们的日常休息，使夜晚难以入睡，扰乱人体正常的生物钟，导致白天工作效率低下。过度照明造成能源浪费。

（3）彩光污染

彩光污染具体是指舞厅、夜总会、夜间游乐场所的黑光灯、旋转灯、荧光灯和闪烁的彩色光源发出的彩光，其紫外线强度远远超出太阳光中的紫外线。这些彩色光源就构成了彩光污染。彩光污染不仅对眼睛不利，而且干扰大脑中枢神经，使人感到头晕目眩，出现恶心呕吐、失眠等症状。

除了上述光污染源外，过白的纸、光滑的粉墙、电视、电脑等也会对视力造成危害。汽车排出的碳氢化合物和NO_x氮氧化物在紫外线作用下会产生光化学烟雾，造成更大污染。工业应用的紫外线辐射（电弧、气体放电等）、红外线辐射（加热金属、熔融玻璃、发光硅碳棒、钨灯、氙灯、红外激光器等）都是人工光污染源。核爆炸、熔炉等发出的强光辐射更是一种严重的光污染。

6. 光污染的危害

（1）破坏夜空环境，影响天文观测

天文观测依赖于夜间天空的亮度和被观测星体的亮度，夜空的亮度越低，越有利于天文观测的进行。各种照明设备发出的光线由于空气和大气中悬浮尘埃的散射使夜空亮度增加，从而对天文观测产生影响。据天文学统计，在夜晚天空不受光污染的情况下，可以看到的星星约为7000颗，而在路灯、背景灯、景观灯乱射的大城市里，可看到的星很少。

（2）干扰人的生理节律，危害人体健康

随着城市建设的发展和科学技术的进步，日常生活中的建筑和室内装修采用镜面、瓷砖和白粉墙日益增多，近距离读写使用的纸张越来越光滑，人们几乎把自己置身于一个“强光弱色”的“人造视环境”中。据科学测定，一般白粉墙的光反射率为69%～80%，镜面玻璃的光反射率为82%～88%，特别光滑的粉墙和洁白的书簿纸张的光反射率高达90%，比草地、森林或毛面装饰物面高10倍左右，这个数值大大超过了人体所能承受的生理适应范围，是现代新的污染源。经研究表明，光污染可对人眼的角膜和虹膜造成伤害，抑制视网膜感光细胞功能的发挥，引起视疲劳和视力下降。过度照明是对能源的无意义使用还造成浪费。

（3）对动植物的影响

人工白昼会伤害鸟类和昆虫，强光可能破坏昆虫在夜间的正常繁殖过程。对野生动物和鱼类动物，除了可见光影响外，照明器具发射出的辐射能量对动物生活和成长也有影响。例如，动物吸收照明辐射能量后，不仅引起温度变化，而且动物细胞的电场和生活也会发生变化。不均匀的光照会导致植物出现黄化现象，破坏植物生存的自然规律，扰乱了他们的“植物钟”。夜间强烈的灯光使短日照植物不能开花结果，对植物开花周期也会产生影响，花期也会提前或延后。光周期的变化在调节植物种子萌发、幼苗生长、茎的伸长、子叶伸展，直至开花控制、休眠等都起着关键性的作用。

（4）对交通的影响

不同种类的光源混杂在一起，会严重影响被动接受者，并且可能导致车祸。更可怕的是，对于夜间飞行的飞行员，需要花精力在这些各式各样的光芒中寻找、辨认航空信号灯，从而引发飞行事故；特别是眩光对汽车或火车司机的视觉作业也会造成不良影响。黑暗中的强光还会使行人或者驾驶员短暂性“视觉丧失”，甚至引发交通事故；对旅客的正常视觉活动，如走路、识辨路标、路障及周围环境状况等也会造成影响；另外还影响为交通运输作业提供视觉信息的信号灯、灯塔和灯光标志等的正常工作，降低其工作效率。

（5）对城市环境和气候的影响

城市照明在美化城市的同时，也消耗了大量资源，并对城市环境造成严重的污染和负面影响。当大量室外照明开放时，在客观上提高了地面气流的上升速度。各种热源对气流加热，并和大气中的CO_2结合，随之上升到空中，形成气云和“温室效应”，最后导致城市气候异常情况的发生。对生态环境造成破坏。

7.2 光污染度量和测量

7.2.1 光污染的度量和单位

1. 光通量（Φ）

光通量指用来表示辐射功率经过人眼的视见函数影响后的光谱辐射功率大小的物理量，它等于单位时间内某一波段的辐射能量和该波段的光视效率的乘积。国际单位制中规定，光通量的单位为流明（lm）。由下式计算：

$$\Phi(\lambda)=P(\lambda)V(\lambda)K_m$$

式中 $\Phi(\lambda)$——波长λ的光通量，lm；

$P(\lambda)$——波长λ的辐射能通量（辐射源在单位时间内发射的能量），W；

$V(\lambda)$——波长λ的光谱光视效率，由图7-1给出；

K_m——最大光谱光视效能，在λ=555nm处其值为683lm/W。

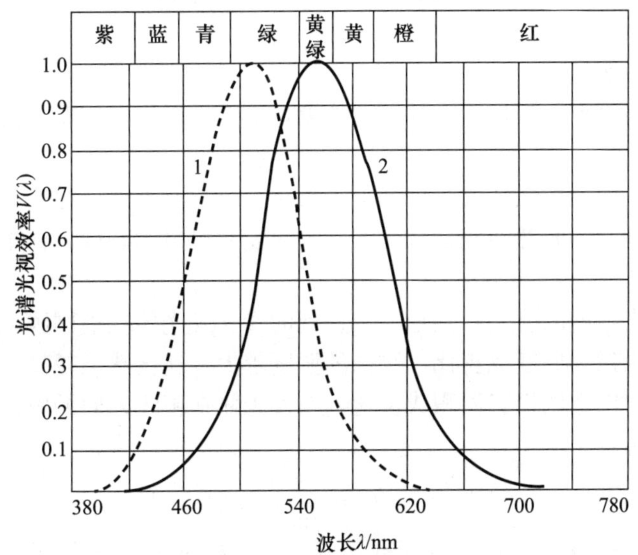

图7-1 光谱光视效率曲线$V(\lambda)$

1—暗视觉；2—明视觉

2. 发光强度（I）

表示光通量的空间密度，即光通量（Φ）与入射光立体角（Ω）的比值，即：

$$I=\frac{\Phi}{\Omega}$$

式中 I——发光强度，cd（坎德拉）；

Φ——立体角，sr，表示为球的表面积 S 对球心所形成的角，即以表面积 S 与球的半径平方之比来度量；

Ω——光通量，lm。

3. 照度（E）

照度表示落在受照物体单位表面积上的光通量，即被照面单位面积 S 上所接受的光通量，用以表示被照物体表面的光照强度。定义式为

$$E=\frac{\Phi}{S}$$

照度的单位是勒克斯（简称勒，lx），1勒克斯等于1流明的光通量均匀分布在 $1m^2$ 的被照面上。

平面照度只说明光通量在某一平面上的密度，不能反映照度在整个空间的分布情况。如一房间具有暗色墙壁的天花板，表面发射系数很低，即使水平照度很高，我们仍然会感觉房间很暗。因此，出现了以下几种照度形式：

（1）照度矢量

表示在某点上照明的方向特性，表示该点上一个无限小的圆盘两侧（正面与背面）可以测得的最大照度值。这个小圆盘的法线即为矢量作用线的方向，从照度高的一侧指向照度低的一侧。照度矢量适用于需要考虑光的方向性的照明场所，如雕塑及其他展品的照明效果评价。

（2）平均球面照度

又称标量照度，指被测点为球心的“小球”面上的平均照度。它给出照度的无方向量，比较接近立体物件的视感。

（3）平均柱面照度

指轴线通过被测点的圆柱面上的平均照度，更接近对室内照明丰满度的主观感觉。

4. 亮度（L_a）

是指发光体表面发光强弱的物理量。人眼从一个方向观察光源，在这个方向上的光强与人眼所“见到”的光源面积之比，定义为该光源单位的亮度，即单位投影面积上的发光强度。

亮度是人对光强度的感受，它是一个主观的量。发光体在视网膜上成像所形成的视感觉与视网膜上物像的照度成正比，物像的照度越大，就会感觉越亮。而该物像的照度与发光体在视线方向上的投影面积成反比，与发光体在视线方向的发光强度成正比，所以亮度可以表示为：

$$L_a=\frac{I_a}{S\cos\alpha}$$

由于物体表面亮度在各个方向上是不等的，因此常常在亮度符号右下角注明角度 α，指明物体表面的法线与光线之间的夹角。亮度的国际单位是nt（尼特），含义为 $1m^2$ 面积上，$\alpha=0°$时产生1cd的发光强度。

7.2.2 电光源的技术参数

现代人类用于照明的光源，一般都是电光源。电光源的技术参数主要有额定电压、

额定功率、发光效率、使用寿命、光源颜色、启动时间等。在选择和使用电光源时，人们最关注的是额定电压、额定功率、发光效率和使用寿命。发光效率是光源发出的光通量与所消耗的功率之比，单位是流明/瓦（lm/W）。过去使用的白炽灯的发光效率一般只有14lm/W左右，现在推广应用的气体放电冷光源的发光效率，可以达到100lm/W以上。光源寿命是指光源的使用时限，通常用小时（h）来表示。过去使用的白炽灯的使用寿命一般只有1000h左右，现在推广应用的气体放电冷光灯的使用寿命，可以达到5000h以上。

1. 发光效率

发光效率，简称光效，是电光源发出的光通量与所用电功率之比，单位是lm/W（流明/瓦），是评价电光源用电效率最主要的技术参数。发光效率值越高，表明照明器材将电能转化为光能的能力越强，即在提供同等亮度的情况下，该照明器材的节能性越强；在同等功率下，该照明器材的照明性越强，即亮度越大。

2. 光源寿命

光源寿命，又称光源寿期。电光源的寿命通常用有效寿命和平均寿命两个指标来表示。有效寿命指灯开始点燃至灯的光通量衰减到额定光通量的某一百分比时所经历的点灯时数，一般规定在70％～80％之间；平均寿命指一组试验样灯，从点燃到其中50％灯失效时，所经历的点灯时数。光源寿命是评价电光源可靠性和质量的主要技术参数，寿命长表明其服务时间长、耐用度高、节电贡献大。

3. 光源颜色

光源的颜色，简称光色，用色温和显色指数两个指标来度量。

（1）色温

当光源的发光颜色与把黑体（能全部吸收光能的物体）加热到某一温度所发出的光色相同（对于气体放电等为相似）时，该温度称为光源的色温。色温用热力学温度来表示，单位是开尔文，符号为K。

光源的色温是灯光颜色给人直观感觉的度量，与光源的实际温度无关。不同的色温给人不同的冷暖感觉（表7-2）。一般地说，在低照度下采用低色温的光源会感到温馨快活，在高照度下采用高色温的光源则感到清爽舒适。在比较热的地区宜采用高色温冷感光源，在比较冷的地方宜采用低色温暖感光源。

表7-2　色温与感觉的关系

色温/K	＞5000	3300～5000	＜3300
感觉	冷	中间	暖

（2）显色指数

显色指数是指在光源照到物体后，与参照光源相比（一般以日光或接近日光的人工光源为参照光源），对颜色相符程度的度量参数，是衡量光源显色性优劣或在视觉上失真程度的指标。参照光源的显色指数定为100，其他光源的显色指数均小于100，符号是R_a，R_a越小，显色性越差，反之显色性越好。

国际照明委员会（CIE）用显色指数把光源的显色性分为优、良、中、差四组，作为判别光源显色性能的等级标准（表7-3）。

表 7-3　显色性的等级标准

显色性组别	优	良	中	差
显色指数范围	80～100	60～79	40～59	20～39

显色性是择用光源的一项重要因素，对显色性要求很高的照明用途，如美术品、艺术品、古玩、高档衣料等的展示销售，为避免颜色失真，不宜采用显色性较差的光源。但在显色性要求不高，而要求彩色调节的场所，可利用显色性的差异来增加明亮提神的气氛。表 7-4 给出了主要光源的光效和显色指数（R_a）的对照。光源中效率最高的是低压钠灯，几乎没有显色性能（计算得出的是无意义的数值）；相反，白炽灯及卤钨灯显色性极好（$R_a=100$），但发光效率很低。

表 7-4　各类主要光源的光效和显色指数

灯类型	光效/（$lm \cdot W^{-1}$）	显色指数
普通照明用灯 150W（1000h）	14.4	100
卤钨灯 150W（2000h）	17	100
多荧光粉	65	95
三基色荧光粉	93	80
陶瓷金属卤化物灯 150W	90	85
高压钠灯 150W 高显色性	86	60
高压钠灯 150W 高光效	116	25
低压钠灯 131W	206	−45
高压汞灯 3500 125W	54	50

4. 光源启动性能

光源的启动性能是指灯的启动和再启动特性，用启动和再启动所需要的时间来度量。一般地讲，热辐射电光源的启动性能最好，能瞬时启动发光，也不受再启动时间的限制；气体发电光源的启动特性不如热辐射电光源，不能瞬时启动。除荧光灯能快速启动外，其他气体放电灯的启动时间至少在 4min，再启动时间最少也需要 3min。

7.2.3　光污染的测量

1. 照度计

照度计（或称勒克斯计）是一种专门测量光度、亮度的仪器仪表。照度计通常是由硒光电池或硅光电池和微安表组成，如图 7-2 所示。当光线射到硒光电池表面时，入射光透过金属薄膜到达半导体硒层和金属薄膜的分界面上，在界面上产生光电效应。产生的光生电流的大小与光电池受光表面上的照度有一定的比例关系。这时如果接上外电路，就会有电流通过，电流值从以勒克斯（lx）为刻度的微安表上指示出来。光电流的大小取决于入射光的强弱。照度计有变挡装置，因此可以测高照度，也可以测低照度。

2. 亮度计

测量光环境亮度或光源亮度用的光电亮度计有两类。一类是遮筒式亮度计，适于测量面积较大、亮度较高的目标，其构造原理如图 7-3 所示。

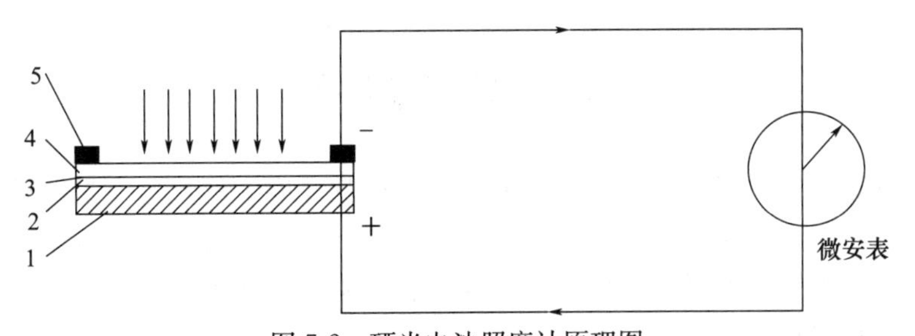

图 7-2 硒光电池照度计原理图

1—金属底板；2—硒层；3—分界面；4—金属薄膜；5—集电环

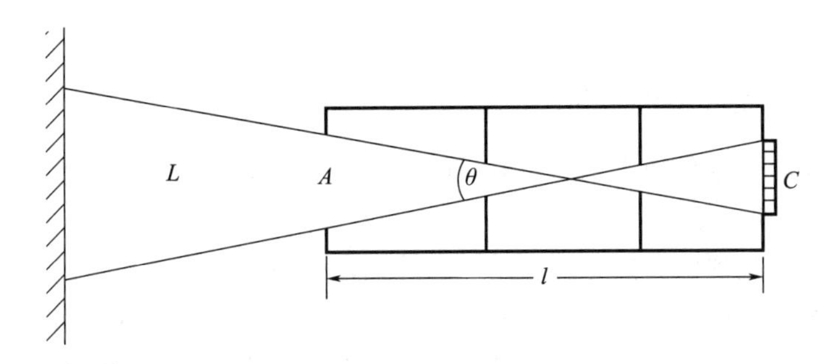

图 7-3 遮筒式亮度计的构造原理

筒的内壁是无光泽的黑色饰面，筒内还设有若干光阑遮蔽杂散反射光。在筒的一端有一圆形窗口，面积为 A；另一端设光电池 C。通过窗口，光电池可以接受到亮度为 L 的光源照射。若窗口的亮度为 L，则窗口的发光强度为 LA，它在光电池上产生的照度则为

$$E=\frac{LA}{l^2}$$

因而

$$L=\frac{El^2}{A}$$

如果窗口和光源的距离不大，窗口亮度就等于光源被测部分（θ 角所含面积）的亮度。

当被测目标较小或者距离较远时，要采用透镜式亮度计来测量其亮度。这类亮度计（图 7-4）通常设有目测系统，便于测量人员瞄准被测目标。光辐射由物镜接收并成像于带孔反射板，光辐射在带孔反射板上分成两路，一路经反射镜反射进入目视系统，另一路通过小孔、积分镜进入光探测器。仪器的视角一般在 0.1°～0.2°之间，由光阑调节控制。

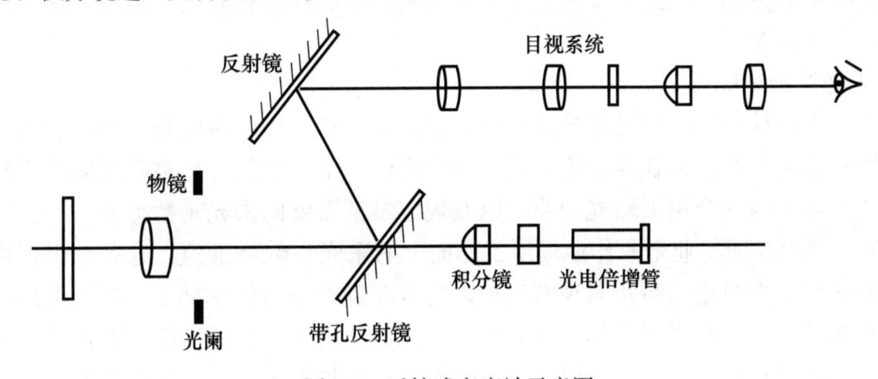

图 7-4 透镜式亮度计示意图

7.3 光污染评价

评价光环境质量的好与坏，主要是依靠人的视觉反应，但是这只是一种感觉，没有具体的物理指标。为了使人的生理和光环境达成和谐一致，科学家进行了大量的研究工作，他们的研究成果被世界各国列入照明规范、照明标准或者照明设计指南，成为光环境设计和评价的准则。

光环境分为天然光环境和人工光环境，对于光环境的评价与质量标准分别从这两个方面进行阐述。

7.3.1 天然光环境的评价

天然光强度高、变化快、不易控制，因而天然光环境的质量评价方法和评价标准有许多不同于人工照明的地方。

采光设计标准是评价天然光环境质量的准则，也是进行采光设计的主要依据。工业发达的国家大都通过照明学术组织编制本国的采光设计规范、标准或指南，国际照明委员会（CIE）1970年曾发表有关采光设计计算的技术文件，其后又组织各国天然采光专家合作编写了《CIE天然采光指南》，我国2001年发布了《建筑采光设计标准》（GB/T 50033）（该标准2013年进行了修订，成为强制性标准）。天然光照明的质量评价主要包括以下内容。

1. 采光系数

在利用天然光照明的房间里，室内照度随室外照度即时变化。因此，在确定室内天然光照度水平时，须同室外照度联系起来考虑。通常以两者的比值作为天然采光的数量指标，称为采光系数，符号为C，以百分数表示。采光系数定义为室内某一点直接或间接接受天空漫射光所形成的照度与同一时间不受遮挡的该天空半球在室外水平面上产生的天空漫射光照度之比，即

$$C=(E_n/E_w)\times 100\%$$

式中 E_n——室内某点的天然光照度，lx；

E_w——与E_n同一时间，室内无遮挡的天空在水平面上产生的照度，lx。

应当指出，两个照度值均不包括直射日光的作用。在晴天或多云天气，在不同方位上的天空亮度有差别，因此，按照上述简化的采光系数概念计算的结果与实测采光系数值会有一定的偏差。

2. 采光系数标准

作为采光设计目标的采光系数标准值，是根据视觉工作的难度和室外的有效照度确定的。室外有效照度也称临界照度，是人为设定的一个照度值。当室外照度高于临界照度时，才考虑室内完全用天然光照明，以此规定最低限度的采光系数标准。

表7-5列出我国工业企业作业场所工作面上的采光系数标准值。这是个最低限度的标准，是在天然光视觉试验及对现有建筑采光状况普查分析的基础上，综合考虑我国光气候特征及经济发展水平制定的。由于侧面采光房间的天然光照度随离开窗子的距离迅速降低，照度分布很不均匀，所以采光系数标准采用最低值C_{min}；顶部采光室内的天然

光照度能达到相当好的均匀度，因而取采光系数平均值 C_{av} 作为标准。此外，开窗位置和面积常受建筑条件的限制，所以采光标准的视觉工作分级较人工照明照度标准粗一些。

表 7-5 视觉作业场所工作面上的采光系数标准值 C/%

采光等级	视觉作业分类		侧面采光		顶部采光	
	作业精确度	识别对象的最少尺寸 d/mm	室内天然光临界照度/lx	采光系数 C_{min}/%	室内天然光临界照度/lx	采光系数 C_{min}/%
Ⅰ	特别精细	$d \leqslant 0.15$	250	5	350	7
Ⅱ	很精细	$0.15 < d \leqslant 0.3$	150	3	225	4.5
Ⅲ	精细	$0.3 < d \leqslant 1.0$	100	2	150	3
Ⅳ	一般	$1.0 < d \leqslant 5.0$	50	1	75	1.5
Ⅴ	粗糙	$d > 5.0$	25	0.5	35	0.7

注：1. 表中所列采光系数标准值适用于我国Ⅲ类光气候。采光系数标准值是根据室外临界照度为 5000lx 制定的。

2. 亮度对比小的Ⅱ、Ⅲ级视觉作业，其采光等级可提高一级采用。

民用建筑的采光系数标准值多数是按照建筑功能要求规定的。例如德国《室内采光》(DIN5034) 规定住宅居室内 0.85m 高水平面上，位于 1/2 进深处，距两面侧墙 1m 远的两点采光系数最低值不得小于 0.75%，且其平均值至少应达到 0.9%，如果相邻的两面墙上均开窗，上述两点的采光系数平均值不应小于 1.0%。

7.3.2 人工光环境的评价

为了建立人对光环境的主观评价与客观的物理指标之间的对应关系，世界各地的科学工作者进行了大量的研究工作，通过大量视觉功效的心理物理实验，找出了评价光环境质量的客观标准，为制订光环境设计标准提供了依据。

下面讨论优良光环境的基本要素与评价方法。

1. 适当的照度水平

对办公室和车间等工作场所在各种照度条件下感到满意的人数百分比调查结果表明，随着照度的增加，满意人数百分比也增加，最大百分比约 1500～3000lx，照度超过此数值范围，满意人数反而减少。不同工作性质的场所对照度值的要求不同，适宜的照度应当是在某具体工作条件下，大多数人都感觉比较满意且保证工作效率和精度均较高的照度值。照度过大，会使物体过亮，容易引起视觉疲劳和眼睛灵敏度的下降。如夏日在室外看书时，若亮度超过 16，就会感到刺眼，不能长久坚持工作。

(1) 照度标准

确定照度标准要综合考虑视觉功效、舒适感与经济、节能等因素。照度并非越高越好，提高照度水平对视觉功效只能改善到一定程度。无论从视觉功效还是从舒适感考虑选择的理想照度，最终都要受经济水平，特别是能源供应的限制。所以，实际应用的照度标准大都是折中的标准。

在没有专门规定工作位置的情况下，通常以假想的水平工作面照度作为设计标准。对于站立的工作人员水平面距地 0.90m；对于坐着的人是 0.75m（或 0.80m）。

任何照明装置的照度在使用过程中都会逐渐降低。所以，一般不以初始照度作为设计标准，而采取使用照度（service illuminance）或维持照度（maintenance illuminance）制定标准。使用照度是在一个维护周期内照度变化曲线的中间值，西欧一些国家采取使用照度标准；维持照度是在必须更换光源或在预期清洗灯具和清扫房间周期终止前，或者同时进行上述维护工作时所应保持的平均照度。通常维护照度不应低于使用照度的 80%。美国、中国采用维持照度标准。

根据韦伯定律，主观感觉的等量变化大体是由光量的等比变化产生的。所以，在照度标准中以 1.5 左右的等比级数划分照度等级，而不采取等差级数。例如，CTE 建议的照度等级（单位为 lx）为 20、30、50、75、100、150、200、300、500、750、1000、1500、2000、3000、5000 等。CIE 为不同作业和活动都推荐了照度标准。并规定了每种作业的照度范围，以便设计师根据具体情况选择适当的数值。

《建筑照明设计标准》（GB 50034—2013）按以下系列分级（单位：lx）：0.5、1、2、3、5、10、15、20、30、50、75、100、150、200、300、500、750、1000、1500、2000、3000 和 5000。设计人员应根据建筑等级、功能要求和使用条件，从中选取适当的标准值，一般情况下应取中间值。表 7-6 为住宅建筑照明的照度标准值。

表 7-6　住宅建筑照明标准值

房间或场所		参考平面及其高度	照度标准值/lx	R_a
起居室	一般活动	0.75m 水平面	100	80
	书写、阅读		300*	
卧室	一般活动	0.75m 水平面	75	80
	床头、阅读		150*	
餐厅		0.75m 餐桌面	150	80
厨房	一般活动	0.75m 水平面	100	80
	操作台	台面	150*	
卫生间		0.75m 水平面	100	80
电梯前厅		地面	75	60
走道、楼梯间		地面	50	60
车库		地面	30	60

注：* 指混合照明照度。

（2）照度均匀度

对一般照明的评价还应当提出照度均匀度的要求。照度均匀度是表示给定平面上照度分布的量。照度均匀度可用工作面最小照度与平均照度之比表示。规定照度的平面（参考面）往往就是工作面，通常假定工作面是由室内墙面限定的距地面高 0.70～0.80m 高的水平面。一般照明是为照亮整个假定工作面而设的均匀照明，不考虑特殊局

部的需要，参考面上的照度应该尽可能均匀，否则易引起视觉疲劳。照度均匀度不得低于0.7，CIE建议值为0.8。此外，CIE还建议工作房间内交通区域的平均照度一般不应小于工作区平均照度的1/3，相邻房间的平均照度相差不超过5倍。但是在一些特殊的工作中则要求有特殊的照明，比如精密机床、钟表的照明则是希望光线是集中的，医生外科手术则要求没有阴影。

(3) 空间照度

在交通区、休息区、大多数的公共建筑，以及居室等生活用房，照明效果往往用人的容貌是否清晰和自然来评价。在这些场所，适当的垂直照明比水平面的照度更为重要。近年来已经提出两个表示空间照明水平的物理指标：平均球面照度与平均柱面照度。实践表明，后者有更大的实用性。

空间一点的平均柱面照度定义为：在该点的一个假想小圆柱体侧面上的平均照度，圆柱体的轴线与水平面垂直，并且不计圆柱体两端面上接受的光量。实际上，它代表空间一点的垂直面平均照度，以符号E_c表示。

2. 舒适的亮度比和亮度分布

舒适的亮度比和亮度分布是对工作面照度的重要补充。人眼的视野很宽，在工作房间里，除了视看对象外，工作面、顶棚、墙、窗户和灯具等都会进入视野，这些物体的亮度水平和亮度对比构成人眼周围视野的适应亮度，若亮度相差过大，则会加重眼睛瞬时适应的负担，或产生眩光，降低视觉功效；此外，房间主要表面的平均亮度，形成房间明亮程度的总印象，其亮度分布使人产生不同的心理感受。因此，舒适并且有利于提高工作效率的光环境还应具有合理的亮度分布。

在工作房间，作业环境的亮度应当尽可能低于作业本身亮度，但最好不低于作业亮度的1/3。而周围视野（包括顶棚、墙、窗子等）的平均亮度，应尽可能不低于作业亮度的1/10。灯和白天的窗子亮度，则应控制在作业亮度的40倍以内。要实现这个目标，需要统筹考虑照度和反射比这两个因素，因为亮度与两者的乘积大致成正比。

3. 适宜的光色

良好的光环境离不开颜色的合理设计。光源的颜色质量常用两个性质不同的术语，即光源的表观颜色（色表）和显色性来同时表征。前者常用色温定量表示，后者是指灯光对被照物体颜色的影响作用，两者都取决于光源的光谱组成。但不同光谱组成的光源可能具有相同的色表，而其显色性却大不相同；同样，色表完全不同的光源可能具有相等的显色性。

CIE取一般显色指数R_a为指标，对光源的显色性能分为5类，并规定了每一类显色性能适用的范围，可供设计时参考。表7-7列出了每一类显色性能的使用范围。虽然高显色性指数的光源是照明的理想选择，但这种类型的光源发光效率不高。与此相反，发光效率高的显色指数低，因此，在工程应用中进行选择时要将显色性和光效各有所长的光源结合使用。

表 7-7 灯的显色类别和使用范围

显色类别	显色指数范围	色表	应用示例	
			优先原则	允许采用
ⅠA	$R_a \geq 90$	暖	颜色匹配	
		中间	临床检验	
		冷	绘画美术馆	
ⅠB	$80 \leq R_a \leq 90$	暖	家庭、旅馆	
		中间	餐馆、商店、办公室、学校、医院	
		冷	印刷、油漆和纺织工业需要的工业操作	
Ⅱ	$60 \leq R_a \leq 80$	暖	工业建筑	办公室、学校
		中间		
		冷		
Ⅲ	$40 \leq R_a \leq 60$	色要求低的工业		工业建筑
Ⅳ	$20 \leq R_a \leq 40$			显色要求低的工业

4. 避免眩光干扰

眩光俗称“晃眼”，CIE 对眩光定义是一种视觉条件，这种条件的形成是由于亮度分布不适当，或亮度变化的幅度太大，或空间、时间上存在着极端的对比以致引起不舒适或降低观察重要物体的能力，或同时产生这两种现象。

眩光按产生方式不同分为直接眩光（direct glare）和反射眩光（reflected glare）。前者是光线直接进人眼内而产生，后者是光线被物体表面反射后进入眼内而形成。反射眩光又分光幕反射、伸展反射、弥漫反射和混合反射。根据眩光对视觉的影响程度，可分为失能眩光和不舒适眩光。失能眩光的出现会导致视力下降，甚至丧失视力。不舒适眩光的存在使人感到不舒服，影响注意力的集中，时间长会增加视觉疲劳，但不会影响视力。对室内光环境来说，遇到的基本上都是不舒适眩光。只要将不舒适眩光控制在允许限度以内，失能眩光也就自然消除了。眩光是评价光环境舒适性的一个重要指标。表 7-8是 CIE 对于眩光限制的质量等级。等级 A 向 E 变化，亮度限制的要求逐渐降低，眩光逐渐增加，照明的质量逐渐下降。A 类照明质量非常好，C 类是中等质量，E 类非常的差。

表 7-8 CIE 对于眩光限制的质量等级

质量等级	作业或活动的类型
A（很高质量）	非常精确的视觉作业
B（高质量）	视觉要求高的作业，中等视觉要求的作业，但需要注意力高度集中
C（中等质量）	视觉要求中等的作业，注意力集中程度中等，工作者有时要走动
D（质量差）	视觉要求和注意力集中程度的要求比较低，而且工作者常在规定区域内走动
E（质量很差）	工作者要求限于室内某一工位，而是走来走去，作业的视觉要求低，或不为同一群人持续使用的室内区域

此外，许多国家对不舒适眩光问题各自提出了实用的眩光评价方法。其中主要有英

国的眩光指数法（BGI 法），美国的视觉舒适概率（VCP）法，德国的亮度曲线法，以及澳大利亚标准协会（SAA）的灯具亮度限制法等，这里不再一一叙述。

5. 立体感

在照明领域，三维物体在光的照射下会呈现具有立体感的造型效果，这主要是由光的投射方向及直射光与漫射光的比例决定的。对造型效果的主观评价，往往是心理因素决定的。但为了指导设计，可采用以下三种评价造型立体感的物理指标定量表达人们对三维物体造型的满意程度，同时提供相应的计算和测量方法来预测并检验室内光环境的造型效果。

7.4 光污染控制技术

光污染按照光波长分为可见光污染、红外线污染和紫外线污染三类，分别采取不同的防治技术。

7.4.1 可见光污染的防治

可见光污染中危害最大的是眩光污染。眩光污染是城市中光污染的最主要形式，是影响照明质量最重要的因素之一。

眩光程度主要与灯具发光面大小、发光面亮度、背景亮度、房间尺寸、视看方向和位置等因素有关，还与眼睛的适应能力有关。所以眩光的限制应分别从光源、灯具、照明方式等方面进行。

1. 直接眩光的限制

限制直接眩光主要是控制光源在 γ 角为 45°～90°范围内的亮度（图 7-5）。一般有两种方法，一种是用透光材料减弱眩光，一种是用灯具的保护角加以控制。此两种方法可单独采用，也可同时使用。透光材料控制法如采用透明、半透明或不透明的格栅或棱镜将光源封闭起来，能控制可见亮度。用保护角可以控制光源的直射光，做到完全看不见光源，有时也可把灯安装在梁的背后或嵌入建筑物等。限制眩光通常将光源分成两大类，一类亮度在 2×10^4 cd/m^2 以下，如荧光灯，可以用前述两种方法，但由于荧光灯亮度较低，在某些情况下允许露天使用；另一类亮度在 2×10^4 cd/m^2 以上，如白炽灯和各种气体放电灯。当功率较小时，以上两种控制方法均可使用，但对大功率光源几乎无例外地采用灯具保护角控制。此时不但要注意亮度，还应考虑观察者视觉的照度。保护角与灯具的光通量、安装高度有关。

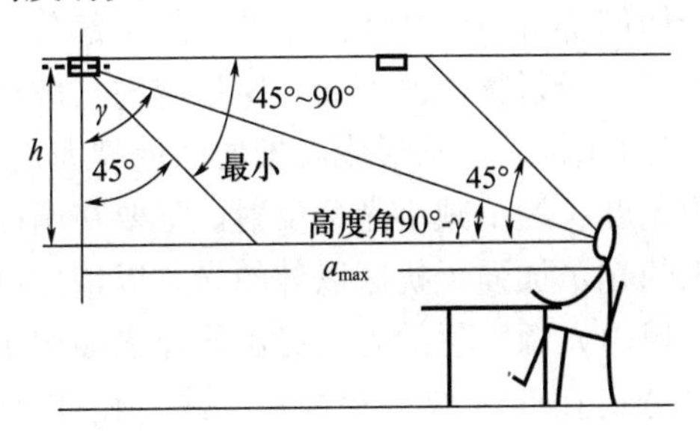

图 7-5 需要限制亮度的照明器发光区

控制直接眩光，除了可以通过限制灯具的亮度和表面面积，通过使灯具具有合适的安装位置和悬挂高度，保证必要的保护角外，还有增加眩光源的背景亮度或作业照度的方法。当周围环境较暗时，即使是低亮度的眩光，也会给人明显的感觉。增大背景亮度，眩光作用就会减小。但当眩光光源亮度很大时，增加背景亮度已不起作用了，它会成为新的眩光源。因此，为了减小灯具发光表面与邻近顶棚间的亮度差别，适当降低亮度对比度，建议顶棚表面应有较高的反射比，可采用间接照明，如倒伞形悬挂式灯具，使灯具有足够的上射光通量。经过一次反射后使室内亮度分布均匀。浅色饰面通过多次反射也能明显地提高房间上部表面的照度。

2. 反射眩光和光幕反射的限制

高亮度光源被光泽的镜面材料或半光泽表面反射，会产生干扰和不适。这种反射在作业范围以外的视野中出现时叫作反射眩光；在作业内部呈现时叫作光幕反射。反射光的亮度与光源亮度几乎一样，在观察物体方向或接近物体方向出现的光滑面包括顶棚、墙面、地板、桌面、机器或其他用具的表面。当视野内若干表面上都出现反射眩光时，就构成了眩光区，反射眩光常比直接眩光讨厌，因为它紧靠视线，眼睛无法避开它，而且往往降低了工件的对比和对细部的分辨能力。一般情况下出现的反射眩光和特殊情况下出现的光幕反射，不仅与灯具的亮度和它们的布置有关，而且与灯具相对于工作区域的放置以及当时的照度水平有关。此外还取决于所用材料的表面特性，

防止反射眩光，首先，光源的亮度应比较低，且应与工作类型和周围环境相适应，使反射影像的亮度处于容许范围，可采用在视线方向反射光通量小的特殊配光灯具。其次，如果光源或灯具亮度不能降到理想的程度，可根据光的定向反射原理，妥善地布置灯具，即求出反射眩光区，将灯具布置在该区域以外。如果灯具的位置无法改变，可以采取变换工作面的位置，使反射角不处于视线内。但是，这种条件在实际中是难以实现的，特别是在有许多人的房间内。通常的办法是不把灯具布置在与观察者的视线相同的垂直平面内，力求使工作照明来自适宜的方向。再次，可增加光源的数量来提高照度，使得引起反射的光源在工作面上形成的照度，在总照度中所占的比例减少。最后，适当提高环境亮度，减少亮度对比同样是可行的。例如，在玻璃陈列柜中照度过低，明亮灯具的反射影像就可能在玻璃上出现，衬上黑暗的柜面为背景，就更突出，影响观看效果。这时，用局部照明增加柜内照度，它的亮度接近或超过反射影像，就可弥补有害反射造成的损失。由于柜内空间小，提高照度较易办到。对反射眩光单靠照明解决有困难时，要精心设计物体的饰面使地板、家具或办公用品的表面材料无光泽。

光幕反射是目前被普遍忽视的一种眩光，它是在本来呈现漫反射的表面上又附加了镜面反射，以致眼睛无论如何都看不清物体的细节或整个部分。

光幕反射的形成取决于：反射物体的表面（即呈定向扩散反射，如光滑的纸、黑板及油漆表面）、光源面积（面积越大，它形成光帷的区域越大）、光源、反射面、观察者之间的相互位置以及光源亮度。为了减小光幕反射，不要在墙面上使用反光太强烈的材料；尽可能减少干扰区来的光，加强干扰区以外的光，以增加有效照明。干扰区是指顶棚上的一个区域，在此区域内光源发射的光线经由作业表面规则反射后均可能进入观察的视野内。因此，应尽量避免在此区域布置灯具，或者使作业区避开来自光源的规则反射。

眩光是衡量照明质量的主要特征，也是环境是否舒适的重要因素。应按照限制眩光的要求来选择灯具的型号和功率，考虑到它在空间的效果以及舒适感，使灯具有一定的保护角，并选择适当的安装位置和悬挂高度，限制其表面亮度。同时把光引向所需的方向，而在可能引起不舒适眩光的方向则减少光线，以期创造一个舒适的视觉环境。

3. 光污染的其他防控措施

降低光污染的另一个措施是采用绿色照明光源，即高效减少污染光源，提高照明质量，提高能源利用水平。优先选用高压钠灯和金属卤化物以及高强度气体放电灯。高压钠灯光效最高，寿命最长。其色黄红，诱虫少，透雾性强，在对光色和显色指数要求不高的场合为首选光源（如道路、港口）。金属卤化物灯不但光色好，光效和显色指数较高，寿命较长，是光色和显色指数要求较高场合的首选光源（如仪表装配车间、机工车间等）。

目前，根据绿色照明节能要求，光源的发光效率也是人们关注的参数之一。住宅中广泛采用的光源有以下三种。

（1）白炽灯

白炽灯尺寸小，即开即亮，无须附件，很受欢迎。随着人们对人工光环境的质量提出更高的要求，透明白炽灯将逐步被造型优美的磨砂灯泡等代替，以减少眩光，但由于白炽灯不节能，使用场所受到一些限制。

（2）管型荧光灯

管型荧光灯由于高效、寿命较长、价格便宜，也是一种受到广泛使用、并被大力推广的家用光源。根据绿色照明和环境保护的要求，细管径管型荧光灯将逐步代替普通荧光灯。

（3）紧凑型荧光灯

紧凑型荧光灯因尺寸小，光效高，灯具配套灵活，容易配合室内灯光装饰，深受人们喜爱，也在住宅建筑中大量使用，但其寿命、工作可靠性、光色一致性等问题有待解决。

另外，灯具在住宅中不仅为光环境提供合理的配光，满足人们视觉功能的要求，而且作为家庭装饰物的组成之一，其作用越来越明显。

人们要求灯具具有多样性，不仅表现在其配光合理（有直接配光、间接配光或半间接配光），眩光得到有效控制，而且也表现在造型多样化、现代化、艺术化上，在造型上使人们有极大的选择余地。简式荧光灯具和普通白炽灯灯具将被逐步淘汰，这是与家庭装饰水平提高分不开的。

人们还要求灯具具有高效节能性。在光环境设计时室内灯具的效率不应低于70%，装有隔栅的灯具其效率不应低于55%。因此灯具用的反射材料需要有较高反射比。

7.4.2 红外线和紫外线污染的防治

红外线近年来在军事、人造卫星、工业、卫生及科研等方面应用较多，因此红外线污染问题也随之产生。红外线是一种热辐射，会在人体内产生热量，对人体可造成高温伤害，其症状与烫伤相似，最初是灼痛，然后是烧伤。还会对眼底视网膜、角膜、虹膜产生伤害。人的眼睛若长期暴露于红外线可引起白内障。

过量紫外线使人的免疫系统受到抑制，从而导致疾病发病率增加。紫外线对角膜、皮肤的伤害作用十分严重。此外，过量的紫外线还会伤害水中的浮游生物，使陆生植物（如某些豆类）减产，加快塑料制品的分解速度，缩短其室外使用寿命。

对这两种类型的污染的控制措施有两方面：

1. 对有红外线和紫外线污染的场所采取必要的安全防护措施

应加强管理和制度建设，对紫外消毒设施要定期检查，发现灯罩破损要立即更换，并确保在无人状态下进行消毒，更要杜绝将紫外灯作为照明灯使用。对产生红外线的设备，也要定期检查和维护，严防误照。

2. 佩戴个人防护眼镜和面罩，加强个人防护措施

对于从事电焊、玻璃加工、冶炼等产生强烈眩光、红外线和紫外线的工作人员，应十分重视个人防护工作，可根据具体情况佩戴反射型、光化学反应型、反射-吸收型、爆炸型、吸收型、光电型和变色微晶玻璃型等不同类型的防护镜。

7.4.3 室内光污染的防治

目前在室内装修时，不少家庭在选用灯具和光源时往往忽视合理的采光需求，把灯光设计得五颜六色，眩目刺眼。室内环境中的光污染已经严重威胁到人类的健康生活和工作效率。在注意室内空气质量的同时，要注意室内的光污染，营造一个绿色室内光环境。

1. 功能要求

室内灯光照明设计必须符合功能的要求，根据不同的空间、不同的场合、不同的对象选择不同的照明方式和灯具，并保证恰当的照度和亮度。例如，卧室要温馨，书房和厨房要明亮、实用等。

2. 美观要求

人们可以通过灯光的明暗、隐现、抑扬、强弱等有节奏的控制，以及选用不同造型、材料、色彩、比例、尺度的灯具，充分发挥灯光的光辉和色彩的作用，为室内环境增添情趣。

3. 协调要求

在选择和设计灯饰和灯具时，一是要考虑灯饰与室内装修及家具风格和谐配套；二是注意灯具与居室空间大小、总面积、室内高度等条件协调，合理选择灯具的尺寸、类型和数量；三是要注意色彩的协调，即冷色、暖色要视用途而定。

4. 科学要求

科学合理的室内灯光布置应该注意避免眩光，要合理分布光源。顶棚光照明亮，使人感到空间增大、明快开朗；顶棚光线暗淡，使人感到空间狭小、压抑。光线照射方向和强弱要合适，避免直射人的眼睛。

5. 经济要求

室内灯光照明为了满足人们视觉生理和审美心理的需要，并不一定以多为好，以强取胜，关键是科学合理，否则会造成能源浪费和经济上的损失。同时应该大力提倡使用节能和绿色灯源。

6. 安全要求

灯饰制作的材料多种多样，玻璃、陶瓷制品晶莹光洁，但质脆易碎；塑料灯具经济美观，但易老化；金属灯具光泽好且坚固，但易导电、漏电和短路。灯具支架、底座等必须坚固。有些灯的金属元件、接线点、铜螺钉、塑料导线、开关，要及时更新。

仅有防治各类光污染的技术是远远不够的，治理光污染，这不单纯是建筑部门和环保部门的事情，更应该将之变成政府行为，只有得到国家和政府部门的足够支持和协助，才能够有理有据地防治光污染，才能更好地限制光污染的发生，解决光污染问题。

7.4.4 光污染防治材料

1. 新型玻璃材料

为了避免日趋严重的城市光污染继续蔓延，我国建设部门已针对城市玻璃幕墙的使用范围、设计和制作安装起草法规，以进行统一有效的管理。专家认为，目前消除光污染只能以预防为主，并应进行严格审批，尽量让这些玻璃幕墙建筑远离交通路口、繁华地段和住宅区。此外对传统的玻璃幕墙进行改进，也是有效的措施之一。例如，以凝胶法镀膜玻璃等作为建筑玻璃幕墙。凝胶法镀膜玻璃是一种新型深加工产品。经凝胶镀膜处理后，改善了原来玻璃的光学性能，使产品具有良好的节能性、遮光性、耐腐蚀性和湿控效应，减少了反射光，并有使反射光线变得柔和的效果且镀膜牢固。

2. 低辐射防晒膜

低辐射防晒膜通常具有隔热、节能、防紫外线、防爆等功效，汽车、火车、轮船等交通工具的玻璃门窗可贴用低辐射防晒膜。另外，低辐射防晒膜具有阳光光谱选择性控制功能，将它贴在玻璃上，能阻隔紫外线的通过，红外线反射率可高达95%，眩光阻隔率超过78%，同时有选择地让可见光透过。该膜材料已成为汽车市场中的“黄金产业”，在汽车后市场中所占的比重已经相当高了，毕竟在夏日里需要防晒隔热，需要防止紫外线的辐射对人体造成伤害，还可以有效防爆以最低限度地减少事故危害。合适的隔热防晒膜可以降低空调费用，在炎热季节里减少大量的热量摄入以保持清爽，同时还能减少眩光和眼睛不适并延长车内织物的使用寿命。

3. 防眩板

防眩板是高速公路上为解决对向车灯眩光，安装在中央分隔带上的一种交通安全产品。防眩板能有效吸收紫外线光源，可以按照设定的角度将其安装在公路的隔离墩上，有效防止对驾驶车辆灯光带来的光晕对驾驶的影响，从而提高行驶安全，它可以取代隔离墩上的轮廓标的作用。防眩板的规格和种类很多。从成型工艺上讲，有玻璃钢模压成型、玻璃钢挤出成型、塑料滚塑成型、塑料吹塑成型、塑料注塑成型和塑料挤出成型等；从尺寸分布上看，高度从70cm至1.1m，宽度从140mm至290mm，厚度从3mm至70mm等各种规格的都有；根据材质不同又分为SMC玻璃钢、DMC玻璃钢，HDPE（高密度聚乙烯）、PVC（聚氯乙烯）、ABS等。

7.4.5 国内外光污染的立法现状

为限制光污染，国外早在20世纪70年代就制定了相关的法规、规范和指南。瑞典《环境保护法》（1969年第387号，1995年修订）详细列举了众多造成环境污染的情形，其中就有光污染。美国、英国、澳大利亚和日本等国在国家或者地方法规层面也都有涉及控制光污染方面的内容。例如，美国密歇根州在1996年与1997年都通过了户外照明法案；马萨诸塞州在2003年通过了限制室外夜间照明、节约能源、减少光污染的法案。

在英国《2005邻里和环境净化法案》中光污染被界定为法定滋扰，规定地区环境健康官员可以根据法案处理本地区那些最严重影响人们生活与睡眠的光污染问题，这也是对英国《环境保护法》的修订，在《环境保护法》第79条第1项法定滋扰的类型中增加建筑物的人工光源可能会导致损害健康或造成滋扰的类型。

从法国立法及司法判例来看，对光的侵害也认定为是近邻妨害侵权的一种类型，是属于相邻关系的范畴。2008年10月法国颁布了新的环境法，规定如果人造光对人、动物、植物或生态环境构成危害，对能源造成浪费，或阻碍了对夜空的观测活动，那么这种光将会受到限制或被禁用。

日本于1994年正式确认光污染的存在，为了进一步遏制光污染，于2002年编写《合理使用灯具指南》，2006年发布《光污染管制指引》。日本对光污染的管理控制源自民间的自发行为，日本冈山县美星町的居民自20世纪80年代就开始自发组织保护当地的光环境，在国家层面，日本环境省已发布属自愿遵守性质的光污染管制指引，协助地方当局制定光污染的管制措施。

我国对于光污染的立法一直处于空白点，还没有专门的光污染防治法律法规，只是在其他的法律法规中提及。《中华人民共和国环境保护法》第42条规定："排放污染物的企业事业单位和其他生产经营者，应当采取措施，防治在生产建设或者其他活动中产生的废气、废水、废渣、医疗废物、粉尘、恶臭气体、放射性物质以及噪声、振动、光辐射、电磁辐射等对环境的污染和危害。"这是我们在实际操作中认定环境污染侵权时所依据的基础性条款，列举了粉尘、噪声等多种环境污染种类，但是对"光辐射过度对人类生产生活的不利影响"却并没有作出明文规定。

在我国的一些地方法规中，将"光污染"作为污染环境的一种形式也有所提及：比如《山东省环境保护条例》（2018年修订）第45条规定："排污单位应当采取措施，防治在生产建设或者其他活动中产生的废气、废水、废渣、医疗废物、粉尘、恶臭气体、放射性物质以及噪声、振动、光辐射、电磁辐射等对环境的污染和危害，其污染排放不得超过排放标准和重点污染物排放总量控制指标。"；《上海市环境保护条例》（2022年修正）第65条规定：本市严格控制建筑物外墙采用反光材料。建筑物外墙采用反光材料的，生态环境部门应当按照规定组织光反射环境影响论证，住房城乡建设行政管理部门应当加强对建筑物外墙采用反光材料建设的监督管理。道路照明、景观照明以及户外广告、户外招牌等设置的照明光源不符合照明限值等要求的，设置者应当及时调整，防止影响周围居民的正常生活和车辆、船舶安全行驶。本市住房城乡建设、绿化市容行政管理部门应当按照职责加强监督管理。本市公安、交通等行政管理部门在监控设施建设过程中，应当推广应用微光、无光技术，防止监控补光对车辆驾驶员和行人造成眩光干扰。第66条规定：在居民住宅区及其周边设置照明光源的，应当采取合理措施控制光照射向住宅居室窗户外表面的亮度、照度等。禁止设置直接射向住宅居室窗户的投光、激光等景观照明。在外滩、北外滩和小陆家嘴地区因营造光影效果确需投射的，市绿化市容行政管理部门应当合理控制光照投射时长、启闭时间，并向社会公布。施工单位进

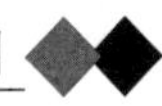

行电焊作业或者夜间施工使用灯光照明的，应当采取有效的遮蔽光照措施，避免光照直射居民住宅。《珠海市环境保护条例》（2020年修正）也都对控制光污染作了相关规定。此外，在澳门，《澳门环境纲要法》已将“光及照度”与“水、空气、土地”等一样作为单独条文列出，但是同样缺乏配套的管理规章。

在大规模的城市化背景下，光污染的危害日益严重，光污染侵害案件不断出现，但是我国现有的法律并不能够提供理想的救济手段，更不能有效保护环境。根据环境污染所体现的环境污染构成要件，光污染应列入环境污染的范畴，建立完善的技术标准体系，以及相应的监管体系，以达到防治光污染，保护和改善光环境，保障人类健康以及生态平衡，构建一个绿色和谐可持续发展的光环境。因此，光污染防治法律法规的制定已经日显其必要性。同时也将促进我国环境保护法体系更加完善。

思考题

1. 什么是光污染？有哪些类型？
2. 已知钠灯的波长为589nm的单色光，其辐射能通量为9.8W，计算其光通量。
3. 简述电光源的技术参数。
4. 如何评价天然光环境和人工光环境？
5. 什么是眩光污染？分析其产生的原因、危害和控制措施。
6. 光污染的防治材料有哪些？试简述其原理。
7. 简述国内外光污染的立法现状。

思考题参考答案

8 课程实验

8.1 驻波管法测量吸声材料垂直入射吸声系数

一、实验目的

掌握用阻抗管法（驻波比法）测量吸声材料的吸声系数及操作方法。

二、实验要求

1. 了解阻抗管的结构原理及功能。
2. 掌握 AWA6290Z 型驻波管测量吸声材料的吸声系数的程序（图 1）。
3. 实验过程和要求参照《声学　阻抗管中吸声系数和声阻抗的测量　第 1 部分：驻波比法》（GB/T18696.1—2004）。

图 1　驻波管实物图

三、实验仪器

1. AWA6290Z 型驻波管吸声系数测量系统。
2. 被测材料：海绵样品或腈纶毛毡，大管直径 960mm 小管直径 300mm。
3. 信号输出。
(1) 频率范围：100Hz～10kHz，频率误差＜0.1%，±0.33Hz。
(2) 信号源输出电压：50～5000mV（RMS：均方根值）。
(3) 频率点：按 1/96 倍频程可选。
4. 幅度测量。
(1) 频率范围：0.02～20kHz，频响≤±0.2dB（以 1kHz 为基准）。
(2) 幅度范围：35～136dB。
(3) 内置频率跟踪 1/3 倍频程带通滤波器。
5. 使用环境。＋10～＋35℃，相对湿度小于 70%。
6. 电源：50Hz，(220±10%) V。

7. 通用计算机及打印机。

8. 声级校准器。

四、实验内容

1. 实验装置

整个实验系统由计算机、显示器、信号源、测量放大器、测试话筒等五部分组成。机内自动进行线路校正，性能相当稳定。能根据测量到的峰谷值计算吸声系数值，并能显示吸声系数值与频率刻度的坐标曲线。仪器的输出信号的频率和幅度在规定范围内可自由设定。数据和曲线可以打印输出。

驻波管装置如图 2：

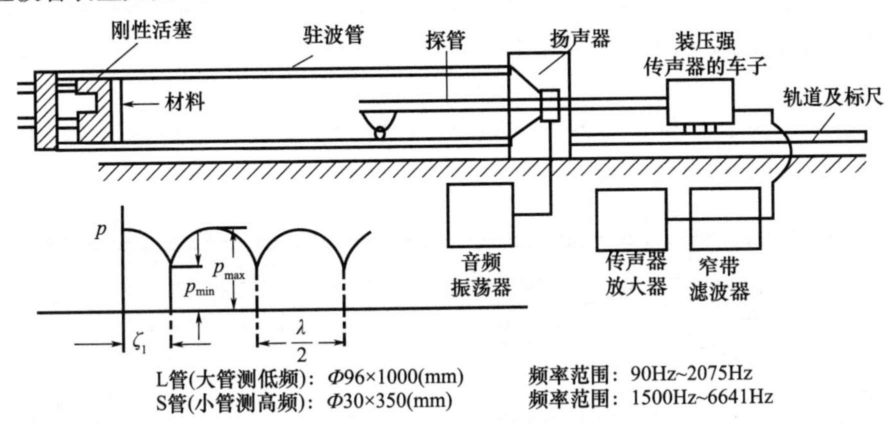

图 2　驻波管的结构及测量装置简图

2. 测量内容

测量海绵样品腈纶毛毡的吸声系数。

3. 实验原理

吸声系数是描述吸声材料吸声本领的物理量，它被定义为被吸声材料吸收的声能和入射声能之比，通常用符号 α 表示。驻波管主要部分是一根内壁光滑、截面均匀的管子，管子的末端装以被测材料的样品，由扬声器向管子辐射的声波在管中以平面波方式传播，平面波在材料表面反射回来，其结果是在管中建立了驻波声场，从材料表面算起管中出现了声压极大和极小的交替分布，利用可移动的探管传声器接收，在测试仪器上测出声压极大与极小的声级差（或极大值与极小值的比值），用试件的反射系数 r 来表示声压的极大值与极小值，便可确定垂直入射吸声系数。即：

$$p_{max}=p_0\ (1+|r|)$$

$$p_{min}=p_0\ (1-|r|)$$

根据吸声系数的定义，吸声系数与反射系数的关系可写成：

$$\alpha_0=1-|r|^2$$

定义驻波比 S 为：

$$S=\frac{|p_{max}|}{|p_{min}|}$$

吸声系数可用驻声系数表示为：

$$\alpha_0 = 1 - |r|^2 = \frac{4S}{(1+S)^2}$$

因此，只要确定声压极大值和极小值的比值，即可计算出吸声系数。如果实际测得的是声压级的极大值和极小值，计算两者之差为 L_P，可由下式计算吸声系数：

$$\alpha_0 = \frac{4\times 10^{(L_P/20)}}{[1+10^{(L_P/20)}]^2}$$

五、实验步骤

1. 开机

上电前应按仪器背后标明的提示连接主机电源线、显示器电源线、显示器信号线，在信号输出口用信号输出线连接驻波管中的声源，在测试传声器端口连接测试话筒，测试话筒通过话筒连接器旋到探测小车上。

2. 上电操作

对于已安装硬盘及 WINDOWS 的用户，开机后仪器进入 WINDOWS，用户点击“驻波管”图标，进入测试状态（图 3）。

材料：＿＿＿＿ 班级：＿＿＿＿ 小组：＿＿＿＿ 姓名：＿＿＿＿

频率		1		2		3		吸声系数%
		峰	谷	峰	谷	峰	谷	
100 Hz	声级dB							
1000 mV	距离mm							
200 Hz	声级dB							
3414 mV	距离mm							
315 Hz	声级dB							
7464 mV	距离mm							
450 Hz	声级dB							
7777 mV	距离mm							
630 Hz	声级dB							
1234 mV	距离mm							
800 Hz	声级dB							
1234 mV	距离mm							
900 Hz	声级dB							
4444 mV	距离mm							
1000 Hz	声级dB	018.7						
1000 mV	距离mm							
1400 Hz	声级dB							
1234 mV	距离mm							
2000 Hz	声级mm							
1234 mV	距离mm							

图 3　测试状态图

3. 仪器校准

（1）声级校准：校准 94dB。

（2）测试声频发生器：白噪声大于 50dB。

4. 安装试件

将试件按照要求装在试件筒内。

5. 输出信号设置

根据所需要测量的频率范围要求及驻波管规定的频率范围，设置仪器输出信号的频率。根据测量到的声压级峰值、谷值设置仪器输出信号的幅度。要求测量到的声压级峰值不超过 136dB，测量到的声压级谷峰值不小于 50dB。

调节声频发生器的频率，一次发出 125Hz、250Hz、500Hz、1000Hz、2000Hz、4000Hz 不同的声频。

注意：

大管的频率测量 100～1000Hz（测量低频声）；小管的频率测量＞1000Hz（测量高频声）。

如何换管：

① 将小车（滑块）移动到导轨的末端。

② 拧下驻波管与音箱连接的螺钉，取下驻波管。

③ 对于大管，取下探管上的支架，然后安装小管。

④ 对于小管，在探管上安装支架，然后安装大管。

6. 读取声压级峰谷值（测量三次）

（1）将固定驻波管的滑块移到最远处。

（2）移动仪器屏幕上的光标，到所要测量的频率的第一个峰值位置，缓慢移动固定驻波管的滑块，同时读取光标位置显示的声压级，将滑块停在声压级为一个极大值的位置。此位置即为峰值位置，输入此时滑块所在位置的刻度。

（3）移动仪器屏幕上的光标，到所要测量频率的第一个谷值位置，缓慢移动固定驻波管的滑块，同时读取光标位置显示的声压级，将滑块停在声压级为一个极小值的位置。此位置即为谷值位置，输入此时滑块所在位置的刻度。

（4）移动仪器屏幕上的光标，到所要测量频率的第二个峰值位置、第二个谷值位置，或到所要测量频率的第三个峰值位置、第三个谷值位置。重复（2）条和（3）条操作。可以测量到第二个峰谷值和第三个峰谷值。（每一频率反复测试三次）

（5）重复（1）条～（4）条操作可以测量到各个频率点的声压级峰谷值。

7. 计算吸声系数

在测量到各个频率点下的声压级峰谷值后，仪器得到该频率下的吸声系数。

8. 计算不同频率下的平均吸声系数

9. 绘制频率特性曲线（图 4）

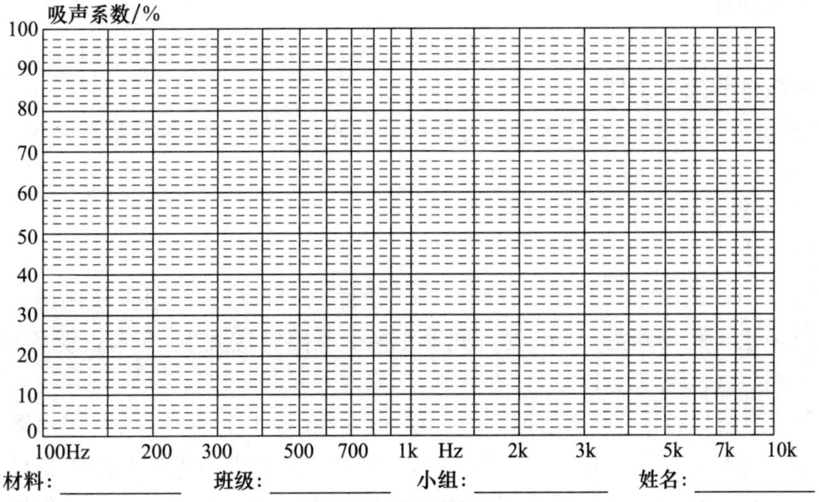

图 4　频率特性曲线

10. 关机

实验注意事项：①安装样品时，不要和后板之间留有间隙，否则曲线上会出现吸收峰；②交叉校准时，完全松开固紧螺丝，轻轻拿出传声器，然后再轻轻放到位后固紧。

六、思考题

1. 简述驻波管法测量吸声系数的原理。
2. 驻波管法测量的吸声系数和混响室法测量的吸声系数有什么区别？各有什么优缺点？

8.2 校园环境噪声监测

一、实验目的

1. 掌握环境噪声监测方法。
2. 熟练掌握声级计的使用方法。
3. 掌握等效连续A声级、标准偏差的计算方法。

二、实验原理

运用声级计测量选定测点的A声级，并对取得的瞬时值进行计算，计算出L_{eq}、L_{10}、L_{50}和L_{90}，并绘制噪声分布直框图。

三、实验仪器

AWA5636声级计，秒表，米尺。

四、实验步骤

1. 测量条件
(1) 天气条件
测量应在无雨、无雪的天气条件下进行，风速要求控制在5m/s以下。
(2) 声级计的操作条件
① 在测量前后使用声级校准器进行校准，要求测量前后校准偏差不大于2dB；
② 距离地面垂直距离>2m；
③ 传声器离人0.5m以上。
2. 测点选择
实验室（1）；教学楼（2）；宿舍楼（3）；道路（4）：校区交通干线两路口之间，道路边的人行道上，距马路沿20cm处，此处距两交叉路口应大于50米，现场测量。
四人一组（A、B、C、D）。
A—手持声级计；B—记录数据；C—每隔5秒给B一个信号；D—记录附近主要噪声来源（如交通噪声、施工噪声、工厂或车间噪声、锅炉噪声等）和天气条件。
注：测点应尽可能避开周围的反射物（离反射物至少3.5m），以减少周围反射对测

试结果的影响。

五、实验过程

1. 打开声级计电源，根据仪器分贝数字变化情况，若数字变化快将“F”改为“S”，若变化小，可直接用“F”，采用“A”计权声压级测量；

2. 在选定的测量位置，布置测点；

3. 按等时间间隔（选取 5 秒），读取各时间间隔内平均 A 声级，连续测量 200 个数据；

4. 数据处理，计算 L_{eq}、L_{10}、L_{50}、L_{90} 和 σ，并绘制噪声分布直框图。

注意事项：声级计属于精密仪器，使用时要格外小心，防止碰撞、跌落、潮湿淋雨。

六、思考题

1. 你的监测点是否超过了环境噪声标准。［参照《声环境质量标准》（GB 3096—2008)］

2. 请提出减少校园环境噪声污染的措施。

8.3 城市区域环境噪声监测

一、实验目的

1. 掌握城市区域噪声监测方法。

2. 熟练掌握声级计的使用。

3. 熟练掌握等效连续 A 声级、昼夜等效声级、标准偏差的计算方法。

二、实验原理

1. A 声级（weighted sound pressure level)

用 A 计权网络测得的声压级，用 L_A 表示，单位 dB（A）

2. 等效连续 A 声级（equivalent continuous A－weighted sound pressure level)

A 声级能够较好地反映人耳对噪声的强度和频率的主观感觉，对于一个连续的稳定噪声，它是一种较好的评价方法。但是对于起伏的或不连续的噪声，很难确定 A 声级的大小。例如测量交通噪声，当有汽车通过时噪声可能是 75dB，但当没有汽车通过时可能只有 50dB，这时就很难说交通噪声是 75dB 还是 50dB。又如一个人在噪声环境下工作，间接接触噪声与直接接触噪声对人的影响也不一样，因为人所接触的噪声能量不一样。为此提出了用噪声能量平均的方法来评价噪声对人的影响，这就是时间平均声级或等效连续声级，用 L_{eq} 表示。这里仍用 A 计权，故亦称等效连续 A 声级 L_{Aeq}。

等效连续 A 声级定义为：在声场中某一固定位置上，用某一段时间能量平均的方法，将间歇出现的变化的 A 声级以一个 A 声级来表示该段时间内的噪声大小，并称这个 A 声级为此时间段的等效连续 A 声级，即

$$L_{eq}=10\lg\left\{\frac{1}{T}\int_0^T\left[\frac{P_A(t)}{P_0}\right]^2dt\right\}$$
$$=10\lg\left(\frac{1}{T}\int_0^T10^{0.1L_A}dt\right)$$

式中　$P_A(t)$——瞬时A计权声压；

P_0——参考声压（2×10^{-5}Pa）；

L_A——变化A声级的瞬时值，dB；

T——某段时间的总量。

实际测量噪声是通过不连续的采样进行测量，假如采样时间间隔相等，则

$$L_{eq}=10\lg\left(\frac{1}{N}\sum_{i=1}^{n}10^{0.1L_{Ai}}\right)$$

式中　N——测量的声级总个数；

L_{Ai}——采样到的第i个A声级。

对于连续的稳定噪声，等效连续声级就等于测得的A声级。

3．昼夜间等效声级（day-night equivalent sound level）

通常噪声在晚上比白天更显得吵，尤其对睡眠的干扰是如此。评价结果表明，晚上噪声的干扰通常比白天高10dB。为了把不同时间噪声对人的干扰不同的因素考虑进去，在计算一天24h的等效声级时，要对夜间的噪声加上10dB的计权，这样得到的等效声级为昼夜等效声级，以符号L_{dn}表示；昼间等效用L_d表示，指的是在早上6点后到晚上22点前这段时间里面的等效值，可以将这段时间内的L_{eq}通过下面的公式计算出来；夜间等效用L_n表示，指的是在晚上22点后到早上6点前这段时间里面的等效值，可以将这段时间内的L_{eq}通过下面的公式计算出来：

$$L_d=10\lg\left(\frac{1}{N}\sum_{i=1}^{n}10^{0.1L_{eqi}}\right)$$

$$L_n=10\lg\left(\frac{1}{N}\sum_{i=1}^{n}10^{0.1L_{eqi}}\right)$$

$$L_{dn}=10\lg\left[\frac{1}{24}(16\times10^{L_d10})+8\times10^{(L_n+10)/10}\right]$$

式中　L_d——白天的等效声级；

L_n——夜间的等效声级；

L_{eqi}——小段时间的等效值；

N——等效值的个数。

白天与夜间的时间定义可依地区的不同而异。16为白天小时数（6：00～22：00），8为夜间小时数（22：00～第二天6：00）。

4．声环境功能区分类

按区域功能特点和环境质量要求，分为5种类型：

（1）0类声环境功能区，康复疗养区等特别需要安静的区域。

（2）1类声环境功能区，以居民住宅、医疗卫生、文化教育、科研设计、行政办公为主要功能，需要保持安静的区域。

（3）2类声环境功能区，以商业金融、集市贸易为主要功能，或者居住、商业、工

业混杂，需要维护住宅安静的区域。

（4）3类声环境功能区，以工业生产、仓储物流为主要功能，需要防止工业噪声对周围环境产生严重影响的区域。

（5）4类声环境功能区，指交通干线两侧一定距离之内，需要防止工业噪声对周围环境产生严重影响的区域，包括4a类和4b类两种类型。4a类为高速公路、一级公路、二级公路、城市快速路、城市主干路、城市次干路、城市轨道交通（地面段）、内河航道二侧区域；4b类为铁路干线两侧区域。

各类声环境功能区适用表1规定的环境噪声等效声级限值。

表1 环境噪声等效声级限值

<table>
<tr><th colspan="2" rowspan="2">声环境功能区</th><th colspan="2">时段</th></tr>
<tr><th>昼间</th><th>夜间</th></tr>
<tr><td colspan="2">0类</td><td>50</td><td>40</td></tr>
<tr><td colspan="2">1类</td><td>55</td><td>45</td></tr>
<tr><td colspan="2">2类</td><td>60</td><td>50</td></tr>
<tr><td colspan="2">3类</td><td>65</td><td>55</td></tr>
<tr><td rowspan="2">4类</td><td>4a类</td><td>70</td><td>55</td></tr>
<tr><td>4b类</td><td>70</td><td>60</td></tr>
</table>

各类声环境功能区夜间突发噪声，其最大声级超过环境噪声限值的幅度不得高于15dB（A）。

三、实验设备

使用仪器是PSJ-2型声级计或其他普通声级计，原理见教材。

测量条件：

（1）天气条件要求在无雨无雪的时间，声级计应保持传声器膜片清洁，风力在三级以上时必须加风罩（以避免风噪声干扰），五级以上时应停止测量。

（2）手持仪器测量，传声器要求距离地面1.2m。

四、实验步骤

（1）将某区域（或学校）划分为25m×25m的网格，测量点选在每个网格的中心，如果中心点的位置不宜测量，可移到旁边能够测量的位置。

（2）每组配置一台声级计，顺序到各测量点测量，分别在昼间和夜间进行测量，每一网格至少测量4次（昼间3次，夜间1次），时间间隔尽可能相同。

（3）读数方式用慢挡，每隔5秒读一个瞬时A声级，每次每点连续测量200个数据。读数同时要判断和记录附近主要噪声来源（如交通噪声、施工噪声、工厂或车间噪声、锅炉噪声……）和天气条件。

五、实验数据处理

（1）根据实验测量结果绘制某区域（或学校）噪声污染图。

环境噪声是随时间而起伏的无规律噪声，因此测量结果一般用等效连续声级来表示，本实验用等效连续A声级表示某时间段该测量点噪声值，用昼夜等效声级作为该测量点的环境噪声评价量，代表该测量点一整天的噪声污染水平。

以5dB为一等级，用不同颜色或阴影线绘制某区城（或学校）噪声污染图，图例说明见表2。

表2　噪声污染图例说明

噪声带	颜色	阴影线
35dB	浅绿色	小点，低密度
36～40dB	绿色	中点，中密度
41～45dB	深绿色	大点，高密度
46～50dB	黄色	垂直线，低密度
51～55dB	褐色	垂直线，中密度
56～60dB	橙色	垂直线，高密度
61～65dB	朱红色	交叉线，低密度
66～70dB	洋红色	交叉线，中密度
71～75dB	紫红色	交叉线，高密度
76～80dB	蓝色	宽条垂直线

（2）进行实验数据的精确性、准确度及其可靠性分析。

（3）撰写实验收获与不足。

六、思考题

1. 为什么测量点要距离任何建筑不小于1m?
2. 标准偏差说明什么问题?
3. 请根据噪声污染图及相关国家标准评价测量区域声环境质量

8.4　光源与照度关系实验

一、实验目的

发光强度以及光照度是描述光源和光环境特征的基本物理量，光环境的设计、应用和评价离不开定量的分析。通过本实验，要求达到以下目的：

1. 熟悉照度计使用方法。
2. 掌握光照度测量方法。
3. 理解照度与距离的平方成反比关系。

二、实验原理

根据不同的测量目的，常用光环境测量仪器有两类，即测量受照面光通量的照度计以及亮度计。为此，本实验主要进行两方面测量：

（1）被光线照射的表面上的照度定义为照射在单位面积上的光通量。

用照度计测量照度与光源的关系，使光源与照度计保持1m距离，分别同时打开1、2、3、4盏灯验证照度

$$E=nE_0$$

式中 E_0——1盏灯打开时测得的照度，勒克斯（lx）；

n——打开的灯盏数。

（2）照度与光源位置有关。

$$E=I/r^2$$

式中 I——发光强度，指光源在空间某一方向上光通量的空间密度，坎德拉（cd）；

r——被照面与光源的距离，m。

通过测量位于光源不同位置的测量点照度的大小，验证照度与距离的平方成反比。

三、实验仪器

（1）TES-1332A型数字式照度计：照度计测量范围为0.1～200000lx。

（2）皮尺。

四、实验步骤

（1）打开光源，照度计选择合适的测量挡位。

（2）打开一盏灯，使光线与照度计垂直，照度计与光源距离分别为0.5、0.6、0.7、0.8、0.9、1.0m，测量照度。读数时，左侧最高位数1显示，即表示出现过载。应立即选择较高挡位的测量，每一位置测量5次。

（3）设定20000lx挡位时，所显示的值须×10才是真值；设定200000lx挡位时，所显示的值须×100才是真值。

（4）读值锁定时，压HOLD开关一下，LCD显示“H”显示锁定读值。压两下HOLD，则可取消读值锁定的功能。

（5）照度计距离光源改为1m，分别同时打开1、2、3、4盏灯，测量照度与光源个数的关系。测量完毕，关上探测器盖子并关闭电源。

五、实验数据处理（表1、表2）

表1 *E-r* 关系实验记录

距离/m	照度 E/lx				
0.5					
0.6					
0.7					
0.8					
0.9					
1.0					

表2 E-n 关系实验记录

开灯/盏	照度 E/lx				
1					
2					
3					
4					

根据测量数据，求出每一条件下照度平均值。在图上绘出 E-r 曲线、E-n 曲线、分析照度变化的原因，讨论光照度测量体会，编写实验报告。

六、思考题

1. 什么是点光源?
2. 分析本实验的实验误差来源。

8.5 道路照明照度与均匀度测量

一、实验目的

对于不同类型的道路，其道路照明评价指标也不同。机动车交通道路照明以路面平均亮度（或路面平均照度）、路面亮度均匀度和纵向均匀度（或路面照度均匀度）、眩光限制、环境比和诱导性为评价指标。照度及其均匀度是最常用的反映道路照明质量的指标。

通过本实验，要求达到以下目的：

1. 熟悉照度计使用方法。
2. 掌握光照度测量方法。
3. 检验照明设施所产生的照明效果。

二、实验原理

1. 照度测量

在照度测量的区域，一般将测量区域划分成矩形网格，网格宜为正方形，应在矩形网格中心点测量照度

中心布点法的平均照度的计算

$$E_{av}=\frac{1}{M\cdot N}\sum E_i$$

式中 E_{av}——平均照度，勒克斯（lx）；

E_i——在第 i 个测量点上的照度，勒克斯（lx）；

M——纵向测量点数；

N——横向测量点数。

2. 照度均匀度的计算

$$U_2 = E_{min}/E_{av}$$

式中 U_2——照度均匀度（均差）；

E_{min}——最小照度，勒克斯（lx）；

E_{av}——平均照度，勒克斯（lx）。

三、实验仪器

（1）对于照明的照度测量，应采用不低于一级的光照度计，对于道路和广场照明的照度测量，应采用分辨力≤0.1lx的光照度计。

（2）照明测量用光照度计在计量性能要求上应满足以下条件：

① 相对示值误差绝对值：≤4%；

② V（λ）匹配误差绝对值：≤6%；

③ 余弦特性（方向性响应）误差绝对值：≤4%；

④ 换挡误差绝对值：≤1%；

⑤ 非线性误差绝对值：≤1%。

（3）光照度计的检定应符合《光照度计检定规程》（JJG 245—2005）的规定

（4）在现场进行测量照明时，现场的照明光源宜应满足下列要求：

① 白炽灯和卤钨灯累计燃点时间在50h以上；

② 气体放电灯类光源累计燃点时间在100h以上。

（5）在照明现场进行照明测量时，应在下列时间后进行：

① 白炽灯和卤钨灯应燃点15min；

② 气体放电灯类光源应燃点40min。

（6）宜在额定电压下进行照明测量。在测量时，应监测电源电压；若实测电压偏差超过相关标准规定的范围时，对测量结果应做相应修正。

四、实验步骤

1. 测量的路段和范围

（1）测量路段的选择

宜选择在灯具的间距、高度、悬挑、仰角和光源的一致性等方面能代表被测道路典型的路段。

（2）照度测量的路段范围

在道路纵向应为同一侧两根灯杆之间的区域；而在道路横向，当灯具采用单侧布灯时，应为整条路宽；对称布灯、中心布灯和双侧交错布灯时，宜取1/2的路宽。

2. 测量方法与步骤

（1）将测量区域划分成矩形网格（网格一般为正方形），然后在每个矩形网格中心点测量照度。

（2）测量时先用大量程挡位，然后根据指示值大小逐步找到需测的挡位，原则上不允许在最大量程的1/10范围内测量。

（3）指示值稳定后读数。

（4）为提高测量的准确性，一个测量点可取2～3次读数，然后取算术平均值。

3. 测量注意事项

（1）室外照明测量应在清洁和干燥的路面或场地上进行测量，不宜在明月和测量场地有积水或积雪时进行测量。室内照明测量应在没有自然光和其他非被测光源影响下进行。

（2）应排除杂散光射入光接收器，并应防止各类人员和物体对光接收器造成遮挡。

五、实验数据处理（表1）

表1　照度测量记录

测量布点	一次读数	二次读数	三次读数	平均读数
1				
2				
3				
4				
5				
6				
7				
8				
9				
10				
11				
12				

根据布点方式和测量数据，算出平均照度值和均匀度值。分析平均照度与均匀度的状况及原因，讨论光照度测量体会，编写实验报告。

六、思考题

1. 分析本实验的实验误差来源。

2. 分析影响平均照度与均匀度的状况及原因。

3. 城市功能照明方式有单侧布置、双侧交错布置、双侧对称布置、中心对称布置和横向悬索布置等多种方式，试分析各种布灯方式的照明效果。

8.6　环境电磁辐射测量

一、实验目的

1. 熟悉电场强度仪（或频谱仪）的使用方法；

2. 掌握一般环境电磁辐射测量方法。

二、实验原理

电磁辐射测量仪器根据测量目的分为非选频式宽带辐射测量仪和选频式辐射测量仪。电场强度仪属于选频式辐射测量仪，这类仪器用于环境中低电平电场强度、电磁兼容、电磁干扰测量。

待测场的电场强度值：

$$\{E\}_{dB} = \{E_0\}_{dB} + \{K_1\}_{dB} + \{L\}_{dB}$$

式中 K_1——天线校正系数，它是频率的函数，可由电场强度仪的附表查得。电场强度仪的读数 E_0 必须加上对应 K_1 值和电缆损耗 L 才能得出电场强度值 E。但现在生产的电场强度仪所附天线校正系数曲线所示 K 值已包括测量天线的电缆损耗 L 值。

当被测场是脉冲信号时，不同带宽 E_0 值不同，此时需要归一化于 1MHz 带宽的电场强度值，即

$$\{E\}_{dB} = \{E_0\}_{dB} + \{K_1\}_{dB} + \{20\lg(BW)^{-1}\}_{dB} + \{L\}_{dB}$$

式中 BW——选用带宽，单位 MHz。

三、实验仪器

天津市德力电子仪器有限公司生产的 DS（B）系列产品，所用天线是该公司生产的 900E 型标准测量天线。

四、实验步骤

1. 监测布点

一般电磁环境的测量可以采用方格法布点：以主要的交通干线为参考基准线，把所要测量的区域划分为 1km×1km 或者 2km×2km 的方格，原则上选每个方格的中心点作为测量点，以该点的测量值代表该方格区域内的电磁辐射水平。实际选择测量点时，还应考虑附近地形和建筑物的影响，测量点应选在比较平坦、开阔的地方，尽量避开高压线和其他导电物体，避开建筑物和高大树木的遮挡，同时测量点不要离大功率的电磁辐射源太近。

2. 环境条件

气候条件：环境温度一般为－10～＋40℃，相对湿度小于 80%。室外测量应在无雨、无雪、无浓雾、风力不大于三级的情况下进行。

在电磁辐射测量中，人体一般可以看作是导体，对电磁波具有吸收和反射作用，为了减少测量误差，保证测量数据的可比性，测量过程中测量人员的操作姿势和与仪器的距离（一般不应小于 50cm）都应保持相对不变，无关人员应该离开天线、馈线和测量仪器 3m 以外。

3. 实验方法和步骤

打开电源开关，选择相对电平测量挡，在某测量位选中某一频道，进行水平极化波测量和垂直极化波测量。进行水平极化波测量时，天线应平行于水平面；进行垂直极化

波测量时，天线应平行于垂直面。无论是水平极化波测量还是垂直极化波测量，均应在360°范围内旋转天线，读出其相对电平最大值，此值用 E_0 表示。某频道实际电场强度 E：

$$\{E\}_{dB}=\{E_0\}_{dB}+\{K_2\}_{dB}$$

式中 E_0——测量的相对电平最大值，dB。

K_2——测量天线校正系数，dB。

对频道表中的其他频道也按上述步骤进行测量，并进行记录。

五、实验数据处理

实验步骤中测量的电场强度 E 是用相对电平（dB）表示的，数据处理中应换算成以 V/m 为单位的电场强度，有关计算公式见《电磁辐射监测仪器和方法》（HJ/T 10.2—1996）。实验结果应给出 E_s［在某测量位、某频段中各被测频率的综合电场强度（V/m）］或 E_G［在某测量位、在24小时（或一定时间内）测量某频段后总的平均综合电场强度（V/m）］的具体值。

六、思考题

1. 一般电磁环境与特殊电磁环境的区别与联系是什么？
2. 一般电磁环境与典型辐射源的测量布点方法有什么区别？

8.7　移动基站电磁辐射近场分布监测

一、实验目的

1. 理解掌握电磁辐射场强的分布特点。
2. 掌握手机基站射频电磁污染的测量技术和评价技术。
3. 了解射频电磁污染控制技术。

二、实验原理

射频辐射场的频率范围从3kHz～3000GHz，在上述频率范围内电磁能量可以向周围空间辐射。基站的通信信号通过基站天线向外辐射，一个典型的移动基站由三组天线组成，每一组有三根，一根用于发射电磁信号，另外两根用于接收手机发出的信号。基站天线的发射功率一般在20～60W范围，移动通信系统主要是以增加基站的方式来扩容，而不是增大发射功率的方法。

三、实验仪器

HF-60105型手持电磁辐射分析仪、秒表、米尺。

四、实验内容

根据电磁辐射测量的国际标准（IEEE Standard C-95.3—1991），对工作日内连续

24h 辐射强度进行监测。实验测量离地 1.7m 高处空间场强，每个测量点每轮读三个数据，三个数据求平均值作为该点的电场强度值，然后按下式计算电磁辐射功率密度。

$$S=E^2/Z$$

式中 S——功率密度，W/m^2；

E——电场强度，V/m^2；

Z——自由空间的阻抗，取值 377Ω。

对于基站电磁辐射的近场分布研究，选取学校附近移动基站，按电磁辐射的国际标准（IEEE Standard C-95.3—1991）进行近距离处电磁场分布监测。

1. 功率密度随距离的变化

在距发射天线 2～12m 范围内每隔 1m 设置一个测点，对各测点的电磁强度进行多次监测，分析射频电磁污染情况（表 1）。

表 1 移动基站电磁辐射量随距离变化记录表

距离（m）	2	3	4	5	6	7
E						
S						
距离（m）	8	9	10	11	12	13
E						
S						

2. 功率密度随时间的变化

在距发射天线 5m 处，0～60min 范围内每隔 5min 设置一个时间控制点，测量各时间监控点上的监测值，分析射频电磁污染情况（表 2）。

表 2 移动基站电磁辐射量随时间变化记录表

时间（min）	0	5	10	15	20	25
E						
S						
时间（min）	30	35	40	45	50	60
E						
S						

五、实验步骤

（1）打开电磁辐射测量仪，完成校准，确保仪器可以正常使用。

（2）以待测移动基站为圆心，在距发射天线 2～12m 范围内每隔 1m 设置一个测点，对各测点的电磁强度进行监测，每个测点读数 3 次，以平均值作为该测点的电磁强度值。选取 3～4 个方向重复上述步骤。

（3）在距待测基站 5m 处设 3～4 个固定测点（每个方向 1 个测点）。每隔 5min 测量一次监控点上的电场强度，每个测点监控 60min。

六、实验数据处理

（1）按照表 1、表 2 格式要求记录监测数据。

（2）讨论分析电磁辐射随距离的变化特征。

（3）绘制与移动基站不同距离处测点的电磁辐射强度图，讨论分析移动基站电磁辐射受距离影响的变化特征。

（4）绘制相同测点电磁辐射强度与时间的关系曲线，讨论分析电磁辐射强度随时间的变化特征。

七、思考题

1. 调查你居住的区域有多少个移动基站？评估你所处空间的电磁辐射强度值。

2. 提出个体防护电磁辐射的建议。

8.8 环境振动的测量

一、实验目的

《城市区域环境振动标准》（GB 10070—1988）是为控制城市环境振动污染而制定的，适用于城市区域环境。该标准规记了城市区域环境振动的标准值及适用区域范围和监测方法。环境振动的测量按照《城市区域环境振动测证方法》（GB 10070—1988）中的有关规定进行。通过本实验，要求达到以下目的：

1. 熟悉环境振动测量仪的使用方法。

2. 掌握环境振动的概念以及监测方法。

3. 通过监测结果对环境振动进行评价。

二、实验原理

本实验采用铅垂向 Z 振级作为环境振动的评价量。根据能量原理用等效连续 Z 振级，可通过以下表达式计算：

$$VL_{zeq} = 10\lg\left\{\frac{1}{T}\int_{0}^{T}\frac{[a_z(t)]^2}{a_0^2}\mathrm{d}t\right\}$$

$$= 10\lg\left(\frac{1}{T}10^{0.1VL_Z}\mathrm{d}t\right)$$

式中　$a_z(t)$——计权加速度值，a_0 为 $10^{-6}\mathrm{m/s^2}$；

VL_Z——Z 计权加速度级或 Z 计权振级。

通常测量或计算累计百分 Z 振级 VL_{ZN} 定义为在规定的测量时间 T 内有 $N\%$ 时间的 Z 振级超过某一 VL_Z 值，这个 VL_Z 值就叫作累计百分 Z 振级 VL_{ZN}，单位为 dB。

三、实验仪器

1. 环境振动测量仪

测量仪器采用环境振动测量仪，其性能必须符合 ISO/DP 8041—1984 有关条款的规定，测量系统每年至少送计量部门校准一次。在测量前后使用进行电校准。本实验采用杭州爱华电子 AWA6256B 环境振动分析仪。

振动传感器灵敏度：40mV/（m • s^{-2}）；

频率范围：1～80Hz；

测率范围：50～140dB（以 $10^{-6}/s^2$ 为参考）；

频率计权：全身垂直（W. B. z），全身水平（W. B. x-y），线性；

检波器特性：有效值，峰值因数≥3；

准确度：2 型；

量程控制：自动或手动，分高低挡；

A/D：10Bit；

显示器：120×32 点阵式 LCD（带背光）；

测量时间：可设定为手动、10s、1min、10min、20min、60min；

积分采样时间间隔：0.01～10s，可设定；

工作环境条件：温度 0～40℃，相对湿度不大于 85%；

2. 被测设备（摇床等振动源）

四、实验步骤

（1）准备好符合要求的环境振动分析仪和被测设备（摇床），打开电源待稳定后，将拾振器垂向放置于被测振动地面上，用电缆线将拾振器和振动仪相连，把振动仪电源开关扳向“开”，同时按输出和清除键，显示屏“▲”消失后，即内存清除。

（2）利用内部电校准信号对仪器进行校准，经 5s 稳定后，读数应为 100dB，如不是，用小起子（改锥）调节右侧校准电位器。把顶盖“时钟/测量”开关扳向“时钟”，通过面板上调节/时间和设定/方式键调节时日月年，调节结束后，开关扳向“测量”。根据监测要求，调整量程，用调节/时间键调节测量时间，用设定/方式键调节显示屏显示参数。

（3）按启动/暂停键开始监测，显示屏上方出现采样符“▲”并闪动，当采样标志消失后，即一次采样结束，可用设定/方式键调节显示参数。如再按一下启动/暂停键，即开始下一次测量。

（4）在机器源强选定的测量位置，布置测量点。

（5）根据振动类别选择采样时间和采样模式，开始监测。

（6）待被测设备未运行、运行正常时，分别开始测量，监测环境振动，监测结果记录在附表内。

注意： 尽量避免周围环境的振动干扰。

五、实验数据处理

测试结果报告中应包括环境简图、测量位置、测量点位、测量时段、测量仪器以及被测设备等情况，填写各种位置的测量数据表，并计算出各种结果，根据不同方法对该环境振动进行评价，并加以讨论，编写实验报告（表 1）。

表1　环境振动测量原始记录

测量时段：测量仪器型号：

被测设备名称：

<table>
<tr><th colspan="2">被测设备及其运行状态</th><th>测量位置及点位</th><th colspan="3">测量结果</th></tr>
<tr><td colspan="2" rowspan="5">被测设备未运行</td><td></td><td></td><td></td><td></td></tr>
<tr><td></td><td></td><td></td><td></td></tr>
<tr><td></td><td></td><td></td><td></td></tr>
<tr><td></td><td></td><td></td><td></td></tr>
<tr><td></td><td></td><td></td><td></td></tr>
<tr><td rowspan="5">被测设备
正常运行</td><td rowspan="5">设备正常放置</td><td></td><td></td><td></td><td></td></tr>
<tr><td></td><td></td><td></td><td></td></tr>
<tr><td></td><td></td><td></td><td></td></tr>
<tr><td></td><td></td><td></td><td></td></tr>
<tr><td></td><td></td><td></td><td></td></tr>
</table>

六、思考题

1. 试分析振动测点选择的重要性。
2. 振动与噪声的联系有哪些？

思考题参考答案

参考文献

[1] 《中国大百科全书·环境科学》编委会．中国大百科全书·环境科学［M］．北京：中国大百科全书出版社，1983.

[2] 何德文，肖羽堂，汪立忠．城市生态失衡的隐患及其防治对策［J］．环境保护科学，2000，26（4）：43-44.

[3] 杜翠凤，宋波，蒋仲安．物理污染控制工程［M］．北京：冶金工业出版社，2005.

[4] 李铌，何德文，李亮．环境工程概论［M］．北京：中国建筑工业出版社，2008.

[5] 何德文，李铌，柴立元．环境影响评价［M］．北京：科学出版社，2008.

[6] 李连山．杨建设．环境物理性污染控制工程［M］．武汉：华中科技大学出版社，2009.

[7] 孙兴滨，闫立龙，张宝杰．环境物理性污染控制［M］．北京：化学工业出版社，2012.

[8] 蒋展鹏，杨宏伟．环境工程学［M］．3 版．北京：高等教育出版社，2012.

[9] 何德文，刘兴旺，秦普丰．环境规划［M］．北京：科学出版社，2012.

[10] 黄勇，王凯全．物理性污染控制技术［M］．北京：中国石化出版社，2013.

[11] 何德文．环境评价［M］．北京：中国建材工业出版社，2014.

[12] 盛连喜，李振新，王娓．环境生态学导论［M］．北京：高等教育出版社，2020.

[13] 王罗春，周振，赵由才．噪声与电磁辐射隐形的危害［M］．北京：冶金工业出版社，2011.

[14] 刘卫先．环境噪声污染侵权归责原则再议［J］．中国地质大学学报（社会科学版），2021，21（3）：40-49.

[15] 黄婧，郭新彪．城镇化过程的交通噪声污染与健康问题［J］．中华疾病控制杂志，2020，24（8）：869-870.

[16] 吴佳．建筑施工中环境污染防治工程造价评估方法研究［J］．环境科学与管理，2020，45（3）：190-194.

[17] 方瑜，何凯军，吴祖咸，等．半户内变电站噪声模拟与减噪措施优选研究［J］．科技通报，2020，36（8）：92-99.

[18] 秦汝男，张明，侯玉更，等．天津市某钢管制造企业噪声作业工人职业健康状况分析［J］．环境与职业医学，2020，37（9）：877-881.

[19] 中华人民共和国环境保护部．声环境质量标准：GB 3096—2008［S］．北京：中国环境科学出版社，2008.

[20] 马大猷．噪声与振动控制工程手册［M］．北京：机械工业出版社，2002.

[21] 中华人民共和国环境保护部．声环境功能区划分技术规范：GB/T 15190—2014［S］．北京：中国环境出版社，2015.

[22] 中华人民共和国住房和城乡建设部．工业企业噪声控制设计规范：GB/T 50087—2013［S］．北京：中国建筑工业出版社，2014.

[23] 中华人民共和国环境保护部．社会生活环境噪声排放标准：GB 22337—2008［S］．北京：中国环境科学出版社，2008.

[24] 中华人民共和国环境保护部．工业企业厂界环境噪声排放标准：GB 12348—2008 [S]．北京：中国环境科学出版社，2008.

[25] 中华人民共和国环境保护部．环境影响评价导则声环境：HJ 2.4－2009 [S]．北京：中国环境科学出版社，2009.

[26] 中华人民共和国环境保护部．建筑施工场界环境噪声排放标准：GB 12523—2011 [S]．北京：中国环境科学出版社，2011.

[27] 赵会平，朱云．电子测量技术 [M]．北京：高等教育出版社，2011.

[28] 张月芳，郝万军．电磁辐射污染及其防护技术 [M]．北京：冶金工业出版社，2010.

[29] 程小兰，胡军武．电磁辐射的污染与防护 [J]．放射学实践，2014 (29)：711-714.

[30] 联合国原子辐射效应委员会（UNSCEAR）．电离辐射源与效应 [R]．北京：原子能出版社，1993.

[31] 核工业标准化研究所．电离辐射防护与辐射源安全基本标准：GB 18871—2002 [S]．北京：中国标准出版社，2002.

[32] 张宇航，高亚华，武明亮，等．美国地下水放射性污染治理管理策略研究 [J]．工业水处理，2020，40 (12)：25-29.

[33] 王罗春，何德文，赵由才．危险化学品废物的处理 [M]．北京：化学工业出版社，2006.

[34] 吴文广．环境放射性污染的危害与防治 [J]．广东化工，2010，37 (7)：194-195.

[35] 杨维耿，黄国夫，赵顺平．我国口岸货物放射性污染标准及检测方法探讨 [J]．环境与可持续发展，2012 (1)：89-92.

[36] 何德文，吴超．防尘与防毒安全知识 [M]．北京：中国劳动社会保障出版社，2005.

[37] 王昆山．稀土生产中的放射性污染及评价 [J]．工业安全与防尘，1997 (5)：28-30.

[38] 康文星，吴耀兴，何介南．城市热岛效应的研究进展 [J]．中南林业科技大学学报，2011，31 (1)：70-76.

[39] 寿亦萱，张大林．城市热岛效应的研究进展与展望 [J]．气象学报，2012，70 (3)：338-353.

[40] 白杨，王晓云，姜海梅，等．城市热岛效应研究进展 [J]．气象与环境学报，2013，29 (2)：101-106.

[41] 王亚军．热污染及其防治 [J]．安全与环境学报，2004，4 (3)：85-87.

[42] 王东，郭键锋．关于建立我国光污染防治体系的思考与建议 [J]．中国环境管理，2012 (5)：31-34.

[43] 郝影，李文君，张朋，等．国内外光污染研究现状综述 [J]．中国人口·资源与环境，2014，24 (3)：273-275.

[44] 高正文，卢云涛，陈远翔．城市光污染及其防治对策 [J]．环境保护，2019，47 (13)：44-46.

[45] 中华人民共和国国家质量监督检验检疫总局，中国国家标准化管理委员会．采光测量方法：GB/T 5699—2017 [S]．北京：中国标准出版社，2017.

[46] 中华人民共和国住房和城乡建设部．建筑照明设计标准：GB 50034—2013 [S]．北京：中国建筑工业出版社，2014.

[47] 建设部住宅产业化促进中心．居住区环境景观设计导则 [M]．北京：中国建筑工业出版社，2009.

[48] 中华人民共和国住房和城乡建设部．建筑采光设计标准：GB/T 50033—2013 [S]．北京：中国建筑工业出版社，2013.

[49] 国家标准化管理委员会．照明测量方法：GB/T 5700—2008 [S]．北京：中国标准出版社，2008.

[50] 陈亢利，叶峰．城镇光环境与绿色照明［M］．北京：中国建筑工业出版社，2010.
[51] 陈亢利，张仁泉，陈亚非．物理性污染及其防治［M］．北京：高等教育出版社，2015.
[52] 刘惠玲，辛言君．物理性污染控制工程［M］．北京：电子工业出版社，2014.
[53] 郭婷，陈建荣，王方园．环境物理性污染控制实验教程［M］．武汉大学出版社，2014.
[54] Nieuwenhuijsen，M. J. （2021） New urban models for more sustainable，liveable and healthier cities post covid19；reducing air pollution，noise and heat island effects and increasing green space and physical activity. Environment International 157.
[55] Griban，R. P.，Lyakhova，N. A.，Fedorchenko，T. Y.，Kukushkin，K. M.，Konovets，S. V.，Pustoliakova，L. M. and Khatko，A. V. （2021） The impact of radiation pollution of environment on students'physical development and health. Acta Balneologica，63 （3），216-222.